算法
图解
视频版
——Python语言实现

陈 屹 编著

中国水利水电出版社
www.waterpub.com.cn
·北京·

内 容 提 要

《算法——Python 语言实现（图解视频版）》在剖析计算机算法理论的基础上致力于实战开发的应用，通过理论与实战相结合的方式帮助读者提升算法设计能力。全书共 11 章，第 1 章介绍了算法效率分析的相关概念和思想；第 2、4、5 章分别讲解了分而治之算法、贪婪算法和动态规划，来传递算法设计思想；第 3 章详细讲解了排序算法，帮助读者奠定算法设计的基石；第 6、7、9、11 章分别阐述了线性规划、图论、字符串匹配算法和计算几何，这几章帮助读者扩展算法设计思维能力；第 8、10 章分别讲解了随机化算法和概率性分析以及 NP 完全问题，这两章更偏向于理论探讨，帮助读者建立扎实的算法设计理论思维能力。

《算法——Python 语言实现（图解视频版）》理论知识与实例应用相结合，大量图示讲解算法的设计思路与流程，用 Python 语言展现算法的代码实现过程，配备了 350 分钟的同步视频教学，赠送本书实例的源码和各章的 PPT 课件，提供 QQ 读者交流群，让读者能够轻松深度学习算法编程。本书既可作为广大编程爱好者深度学习算法的入门图书，又可作为高等院校或者培训机构的教材使用。

图书在版编目（ＣＩＰ）数据

算法：Python 语言实现：图解视频版 / 陈屹编著.
-- 北京：中国水利水电出版社，2020.8
ISBN 978-7-5170-8437-2

Ⅰ. ①算... Ⅱ. ①陈... Ⅲ. ①软件工具－程序设计
Ⅳ. ①TP311.561

中国版本图书馆 CIP 数据核字（2020）第 035081 号

书　　名	算法——Python 语言实现（图解视频版） SUANFA—Python YUYAN SHIXIAN
作　　者	陈　屹　编著
出版发行	中国水利水电出版社 （北京市海淀区玉渊潭南路 1 号 D 座　100038） 网址：www.waterpub.com.cn E-mail：zhiboshangshu@163.com 电话：（010）62572966-2205/2266/2201（营销中心）
经　　售	北京科水图书销售中心（零售） 电话：（010）88383994、63202643、68545874 全国各地新华书店和相关出版物销售网点
排　　版	北京智博尚书文化传媒有限公司
印　　刷	河北华商印刷有限公司
规　　格	190mm×235mm　16 开本　20.5 印张　500 千字
版　　次	2020 年 8 月第 1 版　2020 年 8 月第 1 次印刷
印　　数	0001—5000 册
定　　价	79.80 元

前　言

Preface

　　"阶级分化"是一个令人焦虑但又不得不面对的话题。事实上，任何群居性动物所组成的社会必然会出现这个问题。例如，猩猩中的"老大"依靠强大的武力垄断所有食物和雌性，其他的猩猩在"老大"吃香喝辣时只能干瞪眼。

　　人类社会的"阶级分化"显然比动物世界要复杂得多。财富的多寡仅仅是不同阶层表面上所展现的差异，真正将不同阶层隔离开的，其实是双方所拥有生产力的差别，此话怎讲？让我们看一个例子。

　　亚马逊研发了一套 AI 系统用于自动化监控仓库生产线上的拣货工人。通过算法运行数字追踪器监控工人从货架上挑选和包装物品的速度，同时严格规定时间和目标，而且工人的工作强度不断增加，从原来每小时包装 80 件商品提高到每小时包装 120 件。

　　令人震惊的是，该系统运行的算法还能管理和限制员工离岗时间。在巨大的压力下工人不敢喝水和上厕所。最终算法会对每个工人进行总体评分，如果分数不达标，工人会被算法自动开除。

　　从亚马逊的例子可以看出，人类社会的"阶级分化"将人分为两类："算法"和"数据"。显然谁掌握了算法谁就占据统治地位，掌握不了算法就会沦为"数据"，被"算法"吸收并掌控。这种依靠算法形成的"分化"比动物世界依靠武力形成的分化要险恶得多。

　　因为随着时间的推移，依靠武力实现统治的阶层随着生理衰老会自动实现权力让渡，然而以算法实现统治的阶层恰恰相反，时间越长，算法从数据中抽取的信息越多，其自我改善和进化的能力也就越强，进而统治力就越强。

　　一旦失去对算法的掌控能力，想要"逆袭"将愈发困难。尤瓦尔·赫拉利在《未来简史》中提到一个观点，他说未来世界只有 1% 的人掌握算法，而其他 99% 的人只能提供数据，沦为毫无用处的人。

　　试想亚马逊拣货工人在算法的监控下非常难受，但随着人工智能算法的发展，他们的工作极有可能会被算法控制的机器所代替，到时候他们又会做何感想呢？当你翻开本书第 1 页时你已经站在一个关键点上了。

　　你是想掌握算法，成为那 1% 的"统治阶层"，还是沦为"数据"，被"算法"阶层所压制？这取决于你。在《黑客帝国》里，墨菲斯给尼奥两颗药丸，吞下红色的那颗他就能摆脱超级计算机的算法控制，吞下蓝色的那颗他则继续作为数据，用于滋养强大的算法"母体"。

　　这本书相当于那颗红色药丸，你是否会像尼奥一样做出勇敢的抉择呢？

本书特色

编程的图书会复杂枯燥些，因为涉及知识的深度更深、广度更广。我们尽量将复杂枯燥的理论知识的讲解简单化、趣味化，扩大知识的实用性、易操作性，使得对编程感兴趣的读者能够轻松学习。

本书采用理论知识与实例应用相结合，基础知识铺垫，层层递进；大量图示讲解算法的设计思路和实现流程，用 Python 语言展现算法的代码实现过程，配备了 350 分钟的同步视频教学，赠送本书实例的源码和各章的 PPT 课件，提供 QQ 读者交流群，让读者能够轻松深度学习算法编程。

本书资源获取及联系方式

本书赠送实例的源文件、教学视频和 PPT 课件，读者可以扫描下面的二维码或在微信公众号中搜索"人人都是程序猿"，关注后输入"PY084372"并发送到公众号后台，获取本书资源的下载链接，然后将此链接复制到计算机浏览器的地址栏中，根据提示在电脑端下载。

读者可加入本书 QQ 学习群 1108492466，与作者及广大读者在线交流学习。

致谢

本书能够顺利出版，是作者、编辑和所有审校人员共同努力的结果，在此表示深深的感谢。同时，祝福所有读者在职场一帆风顺。

编　者

目　录

Contents

第 1 章

踏上算法演绎之旅

现在经常听到一个很有科技含量的词叫"算法"。所谓算法，本质上是基于一定的逻辑思维设计出的让计算机遵循的一套指令，我们把数据输入计算机，它会按照我们事先规划好的步骤处理数据，最后给出结果。

可以说，算法是计算机的灵魂。没有算法，我们就设计不出有用的软件，没有软件，计算机不过是一个冰冷冷的铁盒子，毫无用处。

现在人们的生活和思维方式几乎完全被计算机软件所控制。吃饭用手机点外卖；乘车靠滴滴；付款靠微信、支付宝。人们几乎所有的生活习惯都被相应的软件运行方式所控制，而这些软件的核心恰恰就是算法设计，基于此，只要掌握拥有了扎实的算法能力，就有可能实现"工程"用户的灵魂。

1.1 算法初体验：冒泡排序法

在了解算法本质之前，先设计一个算法。就如会游泳之前，我们先把自己浸泡在水里，感知水的浮力。我们要实现的第一个简单算法叫作冒泡排序法。

先看看冒泡排序法的基本流程。假设给定一个元素随机排序的数组，如图 1-1 所示。

图 1-1 数组元素示例

我们希望将数组中的元素按照升序方式进行排列，也就是元素从左到右依次增加。冒泡排序法的基本思想是，从左到右将相邻的两个元素进行比对，如果左边的元素比右边的元素大，那么两者互换，否则保持不变，然后接着比对后两个元素。

把该流程走一遍，首先选择数组开头两个元素，如图 1-2 所示。

图 1-2 选择数组开头两个元素

然后比对两个元素大小，由于左边的元素比右边的元素大，因此交互两者位置，交换后如图 1-3 所示。

图 1-3 两个元素互换位置

接着比对第 2 和第 3 个元素，如图 1-4 所示。

图 1-4 比对第 2 和第 3 个元素

由于左边的元素小于右边的元素，因此它们的位置保持不变，继续比对第 3 和第 4 个元素，如图 1-5 所示。

图 1-5 比对第 3 和第 4 个元素

此时左边的元素比右边的元素大，因此将这两个元素位置互换，如图 1-6 所示。

图 1-6 左右元素互换

此时继续比对第 4 和第 5 个元素，如图 1-7 所示。

图 1-7　比对第 4 和第 5 个元素

由于左边的元素比右边的元素大，因此互换两者位置，如图 1-8 所示。

图 1-8　第 4 和第 5 个元素互换后结果

最后选中第 5 和第 6 个元素进行比对，如图 1-9 所示。

图 1-9　比对最后两个元素

由于左边的元素比右边的元素大，于是把两者互换，结果如图 1-10 所示。

图 1-10　互换最后两个元素

可以看到，经过一轮互换后，最大的元素排在最后，也就是"大数沉底"。接下来继续对前 5 个元素执行相同操作，于是第 2 大的元素 54 会排在第 5 位，然后对前 4 个元素执行相同操作，一直执行到只剩一个元素为止，此时整个数组中的元素会按照升序进行排列。

以上是对这 6 个数进行排列，接下来对 0~299 进行排序。算法的设计逻辑如图 1-11 所示。

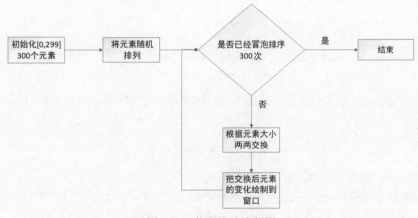

图 1-11　代码设计流程图

根据上面的设计步骤，完成的代码如下：

```
%matplotlib qt
```

```
import pylab
import matplotlib.pyplot as plt
from random import shuffle
def bubblesort_anim(a):
 x = range(len(a))
 swapped = True                                    #标记排序是否已经结束
 while swapped:
  plt.clf()                                        #清空显示窗口以便实现动画效果
  swapped = False
  for i in range(len(a)-1):
   if a[i] > a[i+1]:                               #比较相邻两个元素
    a[i+1], a[i] = a[i], a[i+1]                    #如果左边元素比右边元素值大，则进行互换
    swapped = True
  plt.plot(x,a,'k.',markersize=6)                  #将一次冒泡排序后的元素排列变化显示到窗口
  plt.pause(0.01)

a = list(range(300))                               #初始化 0~299，总共 300 个元素
shuffle(a)                                         #将 300 个元素随机排列
                                                   #执行冒泡排序将 300 个元素进行升序排列
bubblesort_anim(a)
```

执行上面的代码时，会看到一个有趣的动画效果，如图 1-12 所示。

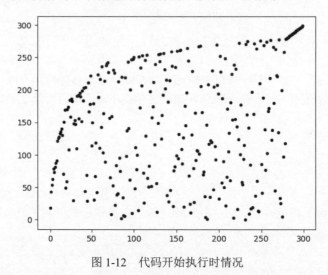

图 1-12   代码开始执行时情况

在代码运行前初始化 300 个元素，并将它们随机排列，对应到图片上就是一系列无规则排列的黑点。随着冒泡排序法的进行，元素的排列变得越来越规律，对应的情况是图片上的黑点会同时向一个固定方向移动，当程序执行结束，所有点排列完毕后，程序显示如图 1-13 所示。

我们把初始化的 300 个元素点大小对应到竖直方向坐标，因此当它们排好序时，图形化显示就是所有点排列成一条斜率为 45°的直线。

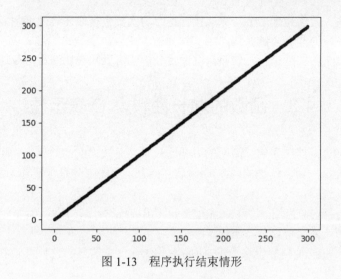

图 1-13　程序执行结束情形

扫一扫，看视频

1.2　理解算法复杂度

看一个算法是好是坏，主要有两个指标，那就是"快"和"省"。

第一，"快"就是程序执行的速度，不同的算法在"快"上有天壤之别，有些算法不到 1s 就能解决问题，而有些算法需要执行几年都完成不了任务。第二就是"省"，算法执行时需要消耗计算机的各种资源，最显著的资源就是内存，算法执行时消耗内存的多少也是衡量算法好坏的一个非常重要的指标。

由此，就必须想办法对这两个指标进行量化。如此我们才能够以客观的方式评判不同算法的好坏。算法被代码实现后，会编译成一系列指令给 CPU 执行，每条指令的执行都需要不同的时间。

简单起见，把所有指令的执行时间都看作单位时间，于是算法的速度就可以通过指令执行的次数来表示，还是以前面的冒泡排序法为例，算法执行时会对相邻两个元素进行比较，由此忽略掉 CPU 执行比较指令所需要的时间，转而研究算法需要进行比较的次数。

假设算法接收的数组含有 n 个元素，算法执行第 1 轮，就会对所有相邻的元素进行比较，从 1.1 节的描述可以看到，需要比较 $n-1$ 次。执行完第 1 轮后，数组中数值最大的元素被转移到末尾，然后启动第 2 轮相邻元素的比较。

在第 2 轮比较时，只对前 $n-1$ 个元素做相邻比对，因此比对的次数是 $n-2$，第 2 轮比对结束后，数组中第 2 大的元素被转移到倒数第 2 位，排在最大元素的前面，然后进行第 3 轮比对，比对的次数为 $n-3$ 次，以此类推，得出比对的总次数为

$$T(n) = (n-1) + (n-2) + \cdots + 1 = \sum_{k=1}^{n-1} k = \frac{n(n-1)}{2} = \frac{1}{2}(n^2 - n) \tag{1.1}$$

式（1.1）是对程序执行进行抽象后得到的数学模型，它忽略了每条指令执行的时间，转而关注指令执行的次数。式（1.1）表明冒泡排序法指令执行的次数与输入数组元素的多少成二次方比例关系。

这意味着随着输入数组元素增多，算法执行指令的次数也会成非线性增加，速度也就越慢，由于速度的"快"和"慢"能够通过像式（1.1）这样的方式以数学公式的形式表现出来，因此对于不同算法，我们就可以不用实际执行，转而通过逻辑分析就可以知道算法在运行速度上的快慢。

1.3 函数的增长性和大 O 表示法

1.2 节中的式（1.1）能让我们以简明的方式比较不同算法之间的效率，为了进一步简化，只考虑公式中指数最高的那一项，例如式（1.1）中包含 3 部分，第 1 部分是常数项 1/2，第 2 部分是 n^2，第 3 部分是 $-n$。

只用 n^2 来评判冒泡排序法的效率。因为当 n 趋向于无穷大时，式（1.1）的结果只会被 n^2 所影响，而其他项的影响完全可以忽略不计。

把这种简化方式叫作大 O 标记法。于是有 $T(n) = O(n^2)$。这里的符号大 O 在数学上称作渐近线上界。具体的定义为

$$f(n) > 0, g(n) > 0, n = 0, 1, 2, 3, \cdots$$

如果存在某个常数 c 以及一个特定的值 n_0 使得有

$$f(n) \leqslant c * g(n), n \geqslant n_0 \tag{1.2}$$

那么就记作 $f(n) = O(g(n))$。大 O 标记法用来简化一个多项式函数的上界，因此对于含有很多项的多项式，只要考虑它指数最大的那项即可，对于两个多项式函数，不管其他项如何变化，只根据它们指数最高项进行比较。例如：

$$f(n) = n^3 + 0.5n$$

$$g(n) = n^2 + 10000n$$

我们看到函数 $g(n)$ 中的第 2 项系数是 10000，远远大于 $f(n)$ 中的第 2 项系数 0.5，但是由于 $f(n)$ 指数最高项的指数 3 比 $g(n)$ 最高项的指数 2 大，因此依然认为 $f(n)$ 对应算法的时间效率比 $g(n)$ 代表的算法时间效率要低。

用类似于式（1.1），$f(n)$ 和 $g(n)$ 这种多项式来表示算法效率，也可以称为算法的时间复杂度。所有算法的时间复杂度可以分为以下几种类型：

$$O(n!) > O(c^n) > O(n * \lg(n)) > O(n^c) > O(\lg(n)) > O(c) \tag{1.3}$$

式（1.3）中的 c 对应常数。其中前两种复杂度，也就是 $O(n!)$、$O(c^n)$ 对应的算法其运行时间最长，对于 $O(n!)$ 复杂度的算法而言，当输入的数据长度增加 1 时，算法运行的时间就变为原来的 $n+1$ 倍。

当设计的算法时间复杂度属于前两者时，就得认真考虑对算法进行优化乃至重新进行设计，以便将时间复杂度降下来。使用代码将这几种时间复杂度对应的函数增长变化绘制出来就可以鲜明地看到不同复杂度算法在运行效率上的优劣：

```
import numpy as np
import math
%matplotlib qt
```

```
import pylab
import matplotlib.pyplot as plt
n = np.arange(1, 6, 1)                          #构造位于区间[1, 6]之间的 6 个整数
n_factory = [math.factorial(nn) for nn in n]    #对应复杂度 O(n!)
plt.plot(n, n_factory, label = "n!")            #在相应位置标注
plt.annotate(
        s="O(n!)",
        xy=(4.8, 100), xytext=(-20, 10),
        textcoords='offset points', ha='right', va='bottom',
        bbox=dict(boxstyle='round,pad=0.5', fc='yellow', alpha=0.5),
        arrowprops=dict(arrowstyle = '->', connectionstyle='arc3,rad=0'))
                                                #用标注和箭头说明对应曲线所表达的复杂度为 n!
constant_n_power = 2**n                          #对应复杂度 O(c^n), c=2
plt.plot(n, constant_n_power, label="c^n")
plt.annotate(
        s="O(c^n, c=2)",
        xy=(4.9, 31.5), xytext=(-15, 10),
        textcoords='offset points', ha='right', va='bottom',
        bbox=dict(boxstyle='round,pad=0.5', fc='yellow', alpha=0.5),
        arrowprops=dict(arrowstyle = '->', connectionstyle='arc3,rad=0'))
                                                #标注出曲线对应复杂度为 c^n
n_with_constant_power = n ** 2                   #对应复杂度 O(n^c), c = 2
plt.plot(n, n_with_constant_power, label="n^c")
plt.annotate(
        s="O(n^c, c=2)",
        xy=(4.5, 19.7), xytext=(-20, 10),
        textcoords='offset points', ha='right', va='bottom',
        bbox=dict(boxstyle='round,pad=0.5', fc='yellow', alpha=0.5),
        arrowprops=dict(arrowstyle = '->', connectionstyle='arc3,rad=0'))
                                                #标注出曲线对应复杂度为 n^c
n_lg_n = [nn * math.log(nn) for nn in n]  #对应复杂度 O(n*lg(n))
plt.plot(n, n_lg_n, label="n*lg(n)")
plt.annotate(
        s="O(n*lg(n))",
        xy=(4.3, 6.5), xytext=(-20, 10),
        textcoords='offset points', ha='right', va='bottom',
        bbox=dict(boxstyle='round,pad=0.5', fc='yellow', alpha=0.5),
        arrowprops=dict(arrowstyle = '->', connectionstyle='arc3,rad=0'))
                                                #标注出曲线对应复杂度为 n*lg(n)
constant_2 = [2 for nn in n]                     #对应复杂度 O(c), c=2
plt.plot(n, constant_2, label="O(c)")
plt.annotate(
        s="O(c), c=2",
        xy=(4.0, 1.9), xytext=(-20, -20),
        textcoords='offset points', ha='right', va='bottom',
        bbox=dict(boxstyle='round,pad=0.5', fc='yellow', alpha=0.5),
```

```
        arrowprops=dict(arrowstyle = '->', connectionstyle='arc3,rad=0'))
                                    #标注出曲线对应时间复杂度为O(c)
plt.legend()
plt.show()
```

上面代码运行结果如图 1-14 所示。

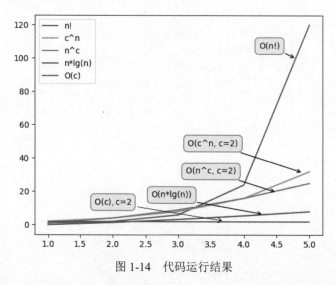

图 1-14　代码运行结果

从图 1-14 中可以看到函数 $O(n!)$ 的增长在超过某个 n 值后非常快，远远将其他曲线抛在下面。增长第二快的是函数 $O(2^n)$，然后是 $O(n^2)$，接下来依次是 $O(n*lg(n))$ 和 $O(2)$，这与前面的分析完全一致。

由此在分析算法好坏时，只根据它对应的大 O 项来判断。因为大 O 项就足以表现出算法速度随着输入数据量的变化而如何增长。

扫一扫，看视频

1.4　使用猜测检验法确定算法复杂度

在 1.3 节中得出的结论是，基本上所有算法的时间复杂度都属于给定几种情况中的一种。问题在于如何确定到底是哪一种，本节就给出具体的分析方法。

一般来说，算法运行的时间与它要处理的数据量大小正相关。我们用 $T(n)$ 来表示算法运行所需要的时间，其中，n 表示输入的数据大小。这里以 1.2 节中冒泡排序法为例，分析一下它的算法复杂度。

在执行冒泡排序时，算法首先将相邻两个元素进行比较，如果左边的元素比右边的元素大，那么两者互换，这里进行两次操作，一是元素比较；二是元素互换，把这些操作所需要的时间用 $O(1)$ 表示。

第一次算法对输入数组中全部 n 个元素进行相邻比较，于是总共需要的操作时间是 $n*O(1) = O(n)$。完成第一次比较后，数组中最大的元素排在数组末尾，然后继续对前面 $n-1$ 个元素进行同样的操作。

如果用 $T(n)$ 表示算法对 n 个元素进行排序的时间，那么经过第一次循环后，最大值元素已经排好序，接下来算法对剩下 $n-1$ 个元素进行排序，因此它需要的时间就是 $T(n-1)$。由此，我们可以发现 $T(n)$ 和 $T(n-1)$ 之间的关系是

$$T(n) = T(n-1) + O(n) \qquad (1.4)$$

接下来就要根据式（1.4）确认 $T(n)$ 到底属于 1.3 节中所说的几种情况中的哪一种。第 1 种分析方法叫猜测检验法，根据分析结果猜测一种可能情况，然后根据分析所得的时间公式进行验证。

例如，猜测式（1.4）中的 $T(n)$ 满足 $T(n) = O(n^2)$，接下来就验证这个猜测。根据大 O 的定义，$T(n) = O(n^2)$ 表示存在一个常数 c 和特定值 n_0 满足 $T(n) \leq c * n^2, n \geq n_0$。

把这个条件代入式（1.4）的右边就有

$$T(n-1) \leq c * (n-1)^2 \qquad (1.5)$$

很容易把 $O(n)$ 进行转换，因为对任意大于 1 的常数 c'，都有 $n < c' * n$，由此，$c' * n$ 满足 $O(n)$ 的定义，于是进一步对式（1.4）进行替换，就有

$$T(n) \leq c * (n-1)^2 + c' * n \qquad (1.6)$$

把式（1.6）右边的平方项展开有

$$T(n) \leq c * (n^2 - 2 * n + 1) + c' * n = c * n^2 + (c' * n + c - 2 * c * n) \qquad (1.7)$$

由于 c 是一个可供选择的常量，可以选取 c，使得有

$$c' * n + c - 2 * c * n < 0 \qquad (1.8)$$

这种选择是完全可能的，因此，n 是一个可以不断增长的变量，于是可以让 $c = c'/2 + 1$，于是当 $n > c$ 时，式（1.8）就可以成立。也就是说，可以确定一个常量 c，使得

$$T(n) < c * n^2 \qquad (1.9)$$

于是根据大 O 的定义，有 $T(n) = O(n^2)$。需要注意的是，猜测检验法很容易出错。例如，可以猜测 $T(n) = O(n)$，然后模仿前面步骤进行验证有

$$T(n) = T(n-1) + O(n) \leq c * (n-1) + c' * n = c * n + c' * n - c = O(n) \qquad (1.10)$$

于是，可以得出结论是 $T(n) = O(n)$，这个结论是错误的。因为必须严格证明 $T(n) \leq c * n$，才能使得结论成立。在推导 $T(n) = O(n^2)$ 时，根据式（1.7）和式（1.8），能推出存在常数 c，使得 $T(n) \leq c * n^2$ 严格成立。

因此，式（1.10）要成立，必须确保存在常量 c，使得 $c' * n - c \leq 0$ 成立才行。但是无论如何确定常量 c，随着 n 的增加就会使得 $c' * n - c \geq 0$，由此，就不能通过式（1.4）严格推导出存在一个常量 c，使得 $T(n) \leq c * n$ 成立。因此，式（1.10）得出的结论是错误的。

如果 $T(n) = O(n^2)$ 成立，那么在 1.3 节中，任何比 n^2 增长更快的函数，如 $n!, c^n$，$T(n) = O(n!)$，$T(n) = O(c^n)$ 也同样成立，由于几乎所有算法的时间复杂度都属于 1.3 节中式（1.3）所描述的几种情况，因此我们可以分别把这几种情况进行猜测验证，然后选择通过验证的几种情况中增长最慢的那种情况作为算法的时间复杂度。

在本例中，$T(n)$ 满足 3 种情况：$T(n) = O(n!)$，$T(n) = O(c^n)$，$T(n) = O(n^2)$，其中，n^2 是 3 种

情况中增长最慢的，因此选择它作为算法的时间复杂度。

在检验过程中，往往需要耍一些"小聪明"，例如时间复杂度公式：

$$T(n) = 2 * T\left(\frac{n}{2}\right) + 1 \tag{1.11}$$

事实上，它满足 $T(n) = O(n)$，但如果用 $T(n) \leqslant c*n$ 进行检验是无法得出结论的，因为

$$T(n) \leqslant 2 * c * \frac{n}{2} + 1 = c * n + 1 \tag{1.12}$$

由于代入后不能严格得出 $T(n) \leqslant c*n$，因此代入检验无法支持结论 $T(n) = O(n)$。如果做一个小变化，将 $T(n) \leqslant c*n$ 换成 $T(n) \leqslant c*n-d$，其中，d 是一个正数，这种替换是成立的。

根据大 O 定义，存在常数 n_0, c，使得 $T(n) \leqslant c*n, n \geqslant n_0$ 成立，于是，只要让 $n > n_0 + d/c$，就有 $T(n) \leqslant c*n-d$。同理可得，一旦后者成立，那么前者也一定成立。

于是就可以使用 $T(n) \leqslant c*n-d$ 进行代入检验，有

$$T(n) \leqslant 2 * \left(c * \frac{n}{2} - d\right) + 1 = c * n + 1 - 2d \tag{1.13}$$

只要让 $d > 1/2$，通过式（1.13）就能严格证明 $T(n) \leqslant c*n$，因此，得出结论 $T(n) = O(n)$ 成立。

第 2 章

分而治之算法

　　《孙子兵法》中有这么一句话："十则围之，五则攻之，倍则分之，敌则能战之，少则能逃之，不若则能避之。"这里注意"倍则分之"的意思是，如果敌军的数量是我军两倍，那么就要使用计谋将对方兵力分割成隔离开的小股部队，然后依次将其歼灭。

　　这种策略不仅仅可以在战争中应用，还可以使用在算法设计上。当面临一个难题时，首先尝试将难题进行分解，将其瓦解成性质和结构相同的问题，其在规模上缩小了。这种分解不断进行，直到问题规模小到很容易解决为止。然后分别解决这些小问题，再把小问题的解决结果集合起来，最终形成大问题的解决方案。说明解决问题的最好方式依然是举实际例子，下面看看如何使用分而治之方法解决具体算法问题。

2.1 求取最大子数组

给定一个含有 n 个元素的数组，要求找到一个起始位置和一个结束位置，使这两个位置之间的元素之和最大，如图 2-1 所示。

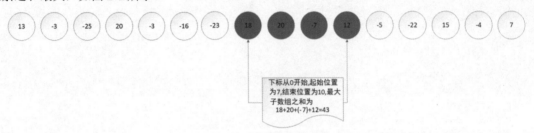

图 2-1 最大子数组示例

图 2-1 中将一个大数组中某一个连续局部选取出来，这部分元素的特点是，元素之和是所有可能的局部子数组中最大的。这种局部元素组合也叫最大子数组，算法问题在于如何快速从一个给定数组中找到最大子数组。

2.1.1 算法流程描述

下面看看如何使用分而治之的方法解决该问题。如果把数组像切西瓜一样，从中间分成等长的两部分，那么最大子数组可能存在 3 种情况，第 1 种是它存在于左半部分，如图 2-2 所示。

图 2-2 最大子数组出现在左半部分

这样的话，完全可以忽略右半边，从而问题的规模就减少了一半。同理，最大子数组也可能出现在右半部分，如图 2-3 所示。

图 2-3 最大子数组出现在右半部分

这样可以抛弃左半部分，只考虑右半部分，于是问题的规模减少了一半。第 3 种情况是，最大子数组出现在中央，于是被切分成两部分，左半边含有最大子数组一部分，右半边含有最大子数组另一部分，如图 2-4 所示。

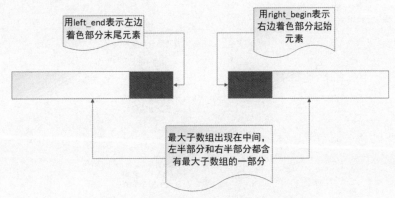

图 2-4　左右各含有最大子数组的一部分

先看第 3 种情况如何处理。如图 2-4 所示，如果两个着色部分合在一起构成最大子数组，那么可以确定地认为，左边着色部分是所有包括最后一个元素 left_end 的子数组中元素和最大的一个。

倘若不是，那么有另外一个包含 left_end 且与着色部分不同的子数组所得到的元素和最大，可以将该子数组替换掉着色部分，从而使得左右两边形成新的子数组，而且它的元素和比当前两个着色部分元素和大，这与原先假设两个着色部分形成的子数组是元素和最大的子数组相矛盾。

同理可证，右边着色部分是包含 right_begin 的所有子数组中元素和最大的子数组。如此就得到了如何找到图 2-4 中着色部分元素的方法。从 left_end 开始，依次向左遍历每个元素，用 i 记录所遍历元素的下标，然后记录所有[i, left_end]形成的子数组中元素和最大的那个 i。

同理，从 right_begin 开始，依次向右遍历每个元素，用 j 记录所遍历元素的下标，然后记录所有[right_begin, j]形成的子数组中元素和最大的那个 j，如此[i,j]对应的子数组就是图 2-4 中着色部分对应的子数组。

由此，可以分别找到左半部分数组的最大子数组、右半部分数组的最大子数组，以及横跨两部分的最大子数组，这 3 种子数组中元素和最大的那个子数组就是我们要找的子数组。由此得到算法流程如图 2-5 所示。

从图 2-5 中可以看到分而治之算法的特性，当输入数组只含有一个元素时，这是最简单情况，我们直接将数组返回即可。如果它的长度大于 1，可以将其分割成元素个数相同的左右两部分。

然后递归地求取左右两部分数组的最大子数组。注意到左右两部分数组的元素减少了一半，这种分割会持续进行，直到抵达最简单情形，那就是数组只有一个元素。当得到左右两部分的最大子数组后，再计算横跨两部分的最大子数组，在得到的 3 个子数组中，元素和最大的那个子数组就是算法需要查找的子数组。

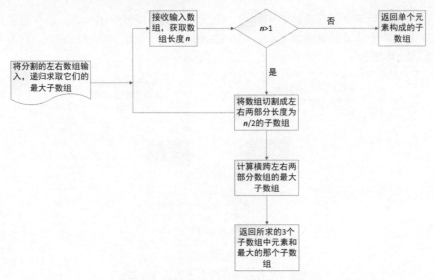

图 2-5　求取最大子数组算法流程图

2.1.2　代码实现算法流程

根据 2.1.1 小节描述的算法流程，使用如下代码实现：

```python
import sys
def find_max_crossing_subarray(array, mid):
    '''
    查找横跨左右两部分的最大子数组，也就是第 3 种情况
    '''
    max_sum = -sys.maxsize - 1
    sum_now = 0
    i = mid
    left = i
    while i >= 0:   #查找包含 left_end 的左边子数组
        sum_now += array[i]
        if sum_now > max_sum:
            left = i    #记录元素和最大时的元素下标
            max_sum = sum_now
        i -= 1
    left_max = max_sum
    j = mid + 1
    sum_now = 0
    right = j
    max_sum = -sys.maxsize - 1
    while j < len(array):   #查找包含 right_begin 的右边子数组
        sum_now += array[j]
        if sum_now > max_sum:
```

```
            right = j
            max_sum = sum_now
        j += 1
    right_max = max_sum
    return array[left:right+1], left_max + right_max
def find_max_subarray(array):
    if len(array) <= 1:
        return array, array[0]   #当数组元素个数小于等于 1 时，直接返回
    left_part = array[0: int(len(array)/2)]   #将数组分割成两部分
    right_part = array[int(len(array)/2):len(array)]
    left_sub_array, left_max = find_max_subarray(left_part)   #递归求取左半部分最大子数组
    right_sub_array, right_max = find_max_subarray(right_part)   #递归求取右半部分最大
子数组
    crossing_sub_array, crossing_max = find_max_crossing_subarray(array, int
(len(array)/2) - 1)   #获得横跨左右两部分的最大子数组
    max_sub_array, max_sum = left_sub_array, left_max
    if right_max > left_max:
        max_sub_array, max_sum = right_sub_array, right_max
    if crossing_max > max_sum:
        max_sub_array, max_sum = crossing_sub_array, crossing_max
    return max_sub_array, max_sum   #3 种情况中，元素和最大的数组就是整个数组的最大子数组
array = [13, -3, -25, 20, -3, -16, -23, 18, 20, -7, 12, -5, -22, 15, -4, 7]
sub_array, max_sum = find_max_subarray(array)
print("the max sub array is {0} and sum is {1}".format(sub_array, max_sum))
```

上面代码运行后，程序输出结果为"the max sub array is [18, 20, -7, 12] and sum is 43"，输出结果与前面给出的最大子数组完全一致。由此可见，算法设计和代码实现正确。

2.1.3　算法时间复杂度分析

分析一下 2.1.1 小节中描述的算法时间复杂度。算法流程主要分成 3 个步骤，首先是将输入数组切分成两部分；其次是递归查找左右两部分对应的最大子数组；最后是查找横跨左右两部分的最大子数组。

如果用 $T(n)$ 表示算法时间复杂度。在第 2 步中把数组分割成两个长度相同的子数组，然后递归查找它们的最大子数组，该步骤对应的时间复杂度为 $T\left(\dfrac{n}{2}\right)+T\left(\dfrac{n}{2}\right)=2*T\left(\dfrac{n}{2}\right)$。其中，$T\left(\dfrac{n}{2}\right)$ 表示算法处理左半部分或右半部分数组所需时间。

第 3 步查找横跨左右两部分最大子数组。从 2.1.2 小节代码中可以看到，查找属于左半部分的子数组时，从 left_end 开始依次往左扫描，直到数组第 1 个元素为止；查找属于右半部分的子数组时，从 right_begin 开始扫描，直到数组最后一个元素。

由此，最多对数组中的所有元素扫描一次就可以获得横跨左右两部分的最大子数组，因此，该步骤所需要的时间为 $O(n)$，由此得到算法时间复杂度公式为

$$T(n) = 2 * T\left(\frac{n}{2}\right) + O(n)$$

使用 1.4 节描述的猜测检验法可以确定 $T(n) = n * \lg(n)$。

2.1.4   求取最大子数组线性时间复杂度算法

我们可以找到时间复杂度更好的算法解决最大子数组问题。我们用$[i:j]$表示一段子数组，其中 i 表示子数组起始元素在原来数组中的下标，j 表示末尾元素在原来数组中的下标。如果$[i:j]$对应最大子数组，那么它一定有

$$\text{sum}([i:k]) \geqslant 0, k = i, i+1, \cdots, j \tag{2.1}$$

式中，$\text{sum}([i:k])$ 表示子数组$[i:k]$所有元素之和。如果式（2.1）不成立，那么存在 k，使得 $\text{sum}([i:k]) < 0$，由于最大子数组的元素和可以分解为

$$\text{sum}([i:j]) = \text{sum}([i:k]) + \text{sum}([k+1:j]) \tag{2.2}$$

由于 $\text{sum}([i:k]) < 0$，根据式（2.2）得到

$$\text{sum}([k+1:j]) = \text{sum}([i:j]) - \text{sum}([i:k]) > \text{sum}([i:j]) \tag{2.3}$$

于是子数组$[k+1:j]$的元素和就会比最大子数组$[i:j]$元素和还要大，这就产生了矛盾，所以式（2.1）一定成立。借助这个特性，可以设计更好的查找算法。其流程图如图 2-6 所示。

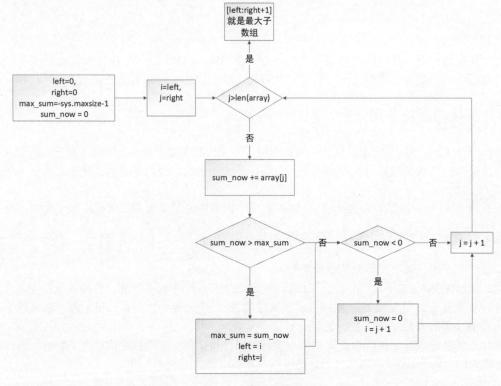

图 2-6   算法流程图

下面通过一个示例对算法流程做进一步理解。如果数组中只有一个元素，那么图 2-6 所表示的算法流程会直接将该元素返回。这里看看如果数组包含多个元素的情形，如图 2-7 所示。

图 2-7 数组元素示例

根据图 2-6 所示流程图步骤，一开始选中第 1 个元素，也就是下标 j 指向元素-2，此时，变量 sum_ now 初始化为 0，执行 sum_now+=array[j]后，它的值为-2。此时 sum_now 的值比 max_sum 大，因此算法将 i,j 的值赋予 left, right。

由于 sum_now 小于 0，因此算法将 i, j 同时指向下一个元素。根据前面推导，算法认为要么-2 本身就是最大子数组，要不然它就不属于最大子数组的一部分。相同的步骤也作用在元素-5 上，此时 left=right=0，也就是在遍历了元素-2，-5 后，算法认为当前最大子数组是[-2]，这显然是正确的。

然后 i,j 都指向元素 6，算法依次让 j 指向后续元素-2,-3,1,5，由于 j 指向这些元素，执行语句 sum_now += array[j]时，sum_now 的值一直保持大于 0，因此 i 的值始终保持不变。

并且当 j 指向 6,1,5 时，条件 sum_now > max_sum 成立，于是算法更新 left,right 的值，当 j 指向元素 5 时，算法将 left 更新为变量 i 的值，也就是 2，同时将 right 更新为变量 j 的值，也就是 6。

由于 sum_now 记录的是 i 和 j 之间的元素之和，每次 sum_now 的值改变后，算法都会判断它是否比 max_sum 大，如果是，意味着找到了一个元素和比以前更大的子数组，于是就更新 left 和 right，记录该子数组的起始位置和结束位置。

当所有元素遍历一遍后，left 和 right 就记录了最大子数组的起始位置和结束位置。

2.1.5 代码实现最大子数组线性时间复杂度算法

根据图 2-6 所示的算法流程，以及 2.1.4 小节描述的算法步骤，在本小节进行代码实现。相关代码如下：

```
def linear_find_max_subarray(array):
    '''
    线性时间复杂度查找最大子数组
    '''
    left = 0
    right = 0
    i = left
    j = right
    max_sum = -sys.maxsize - 1
    sum_now = 0
    while j < len(array):
        sum_now += array[j]
        if sum_now > max_sum:    #元素和增大，调整相关变量记录当前元素构成的子数组
            max_sum = sum_now
            left = i
            right = j
```

```
        if sum_now < 0:  #如果元素和小于 0，那么[i:j]就不属于最大子数组的一部分
            sum_now = 0
            i = j + 1
        j += 1
    return   array[left:right+1], max_sum
array = [13, -3, -25, 20, -3, -16, -23, 18, 20, -7, 12, -5, -22, 15, -4, 7]
max_subarray, max_sum = linear_find_max_subarray(array)
print("the max sub array is {0} and sum is {1}".format(max_subarray, max_sum))
```

上面代码运行后，输出结果与 2.1.2 小节代码输出的结果一样，然而两者相比较，显然这里实现的代码更简洁。通过分析代码，可以推导出算法的复杂度。在代码里只有一个 while 循环，遍历一次数组元素，因此算法的时间复杂度是 $O(n)$。

扫一扫，看视频

2.2　快速查找数组中给定次序的元素

排序几乎是绝大多数计算机算法得以实现的基础。所谓排序，是指将元素集合按照给定规律进行排列。例如，将整型数组中的元素按照升序进行排列。排序是一项耗时、耗力的工作。

幸运的是，很多情况下我们并不需要对数据进行全排序，只需知道排在给定位置的是哪个元素即可。例如，我们可能不需要对整型数组进行升序排序，但需要知道排在中间位置的是哪个元素。本节将研究如何快速查找给定位置的元素。

2.2.1　快速查找数组中位数

所谓数组中位数，是指这样一个元素，数组中一半的元素小于它，一半的元素大于它。例如，给定数组[45, 1, 10, 30, 25]，其中 25 就是中位数，因为小于 25 的元素有 2 个，而大于它的元素也有 2 个，各占总元素个数的一半。

查找数组中位数有很多应用场景，特别是在数理统计上。在统计中，有些例外数值会超出平均值很多，而中位数却能始终保留在均值附近，因此查找中位数对数理统计数据进行研究分析非常重要。

查找中位数常用的方法是，先将数值按照升序排列，然后选取位于排序后中间的元素。在后面章节会看到，排序算法的时间复杂度基本上都为 $O(n*\lg(n))$，然而排序实际上做了很多无用功，只需找到位于中间的元素，排序实际上是找到位于所有位置上的元素，因此，可以找到比排序更有效率的算法来获取中位数。

2.2.2　查找数组中位数的线性时间复杂度算法

本小节介绍如何在线性时间复杂度内快速找到数组中位数。假设给定随机排列的数组元素如图 2-8 所示。

图 2-8　随机排列的数组元素

首先，随机从数组 S 中抽取一个元素。例如，随机选中元素 5，把这个随机选中的元素称为 pivot，然后把数组分成 3 部分，第 1 部分元素小于 5，也就是元素 2,4,1 形成一个集合，用 S_1 表示；第 2 部分等于 5，也就是元素 5,5 形成第 2 个集合，用 S_2 表示；第 3 部分大于 5，也就是元素 36,39,21,8,13,11,20 形成第 3 个集合，用 S_3 表示。

我们要找的元素肯定是在这 3 个集合中的某一个。假设要寻找第 8 小元素，由于第 1 和第 2 个集合包含了 5 个元素，于是就可以递归地在集合 S_3 中寻找第 3 小元素，如果使用 selection(array, k) 表示在数组 array 中查找第 k 小元素，那么有 selection(S, 8) = selection(S_3, 3)。

由此可以总结出如下分而治之的策略：

$$selection(S,k) = \begin{cases} selection(S_1, k), k < |S_1| \\ pivot, |S_1| \leqslant k \leqslant |S_1| + |S_2| \\ selection(S_3, k - |S_1| - |S_2|), k > |S_1| + |S_2| \end{cases}$$

式中，$|S_1|$ 表示集合 S_1 中元素个数。当选中某个集合后，再以相同的方式进行递归查找。由于每次递归，要查找的数组元素个数不断减少，于是问题规模不断缩小，当数组只有 1 个元素时，所得元素就是要查找的元素。

2.2.3　算法时间复杂度分析

在 2.2.2 小节描述的算法中，一个关键步骤是要将大数组分成 3 个子数组。算法随机找到 pivot 后，挪动数组中的元素，将数组分成 3 部分，由于这里需要遍历数组所有元素，因此这个步骤的时间复杂度是 $O(n)$。

算法的有效性数组分割的情况。最坏的情况下是每次分割时，选中的 pivot 总是当前数组的最小元素，于是它将数组分成两部分，第 1 部分只包含 pivot 自己，第 2 部分包含其他 $n-1$ 个元素。这种情况下，算法时间复杂度在最坏情况下为

$$T(n) = T(n-1) + O(n) \tag{2.4}$$

用猜测检验法可以确定，式（2.4）中对应的 $T(n)$ 为 $O(n^2)$。用于采用随机选择的方法选取 pivot，因此每次选中最小元素的概率非常低。如果发现选中的 pivot 对数组形成的分割不"好"，那么就重新选择新的pivot，对数组再次进行分割。

当然需要准确地定义什么叫"好"和"不好"。认为选中的 pivot 足够"好"，只要它能将数组分割后具备如下性质：

$$|S_1| \leqslant \frac{3}{4}|S|, |S_3| \leqslant \frac{3}{4}|S| \tag{2.5}$$

也就是说，只要选中这样的 pivot，它将数组分割后，S_1 或 S_3 的元素个数不超过整个数组的 3/4，我们就认为pivot 是"好"的。为何这样的pivot我们认为"好"呢？假设分割后，每次递归时总进入元素最多的那部分，于是就有算法时间复杂度：

$$T(n) \leqslant T\left(\frac{3}{4}n\right) + O(n) \tag{2.6}$$

可以使用猜测检验法证明 $T(n) = O(n)$，假设存在常数 c,d，使得 $T(n)$ 满足 $T(n) \leqslant c*n - d$，那

么就有

$$T\left(\frac{3}{4}n\right)\le c*\frac{3}{4}n-d$$

$$T(n)\le\frac{3}{4}c*n-d+c_1*n=\left(\frac{3}{4}c+c_1\right)*n-d \qquad (2.7)$$

根据式（2.7）存在一个常量 $c'=\left(\frac{3}{4}c+c_1\right)$，使得有 $T(n)\le c'*n=O(n)$。也就是说，只要每次都能找到给定性质的 pivot，就能在线性时间复杂度内找到中位数。由于 pivot 是算法随机选取，因此需要确定选中"好" pivot 的概率。

可以确定，在随机选择下，选中满足条件 pivot 的概率是 0.5，因为当把数组进行升序排列，并将其分成 4 部分时，如图 2-9 所示。

图 2-9 "好" pivot 元素示例

从图 2-9 中可以看出，只要选中着色部分元素作为 pivot，就可以形成满足式（2.5）的分割，满足这种性质的元素占全部元素的一半左右，因此无论数组中元素如何排列，从中选择一个元素作为 pivot 时，选中"好" pivot 的概率是 1/2。

于是可以形成如下的 pivot 选择策略，随机从数组中选取一个元素作为 pivot，如果它不满足式（2.5），就重新选择，直到选中满足式（2.5）的元素为止。接下来需要搞清楚的是，需要选择几次才能得到满足条件的 pivot。

用 N 表示选择 pivot 的次数，如果 $N=n$，那么表示前 $n-1$ 次都没有选到合适的 pivot，只有最后一次才选中。由于选到合适 pivot 的概率是 1/2，因此没选中的概率也是 1/2，故选择 n 次才选中满意 pivot 的概率是 $\left(\frac{1}{2}\right)^n$。

由此，可以计算 N 的数学期望，也就是预计选择几次可以选中满意的 pivot：

$$E[N]=\frac{1}{2}*1+\left(\frac{1}{2}\right)^2*2+\cdots+\left(\frac{1}{2}\right)^n*n \qquad (2.8)$$

因为有

$$\frac{1}{2}E[N]=\left(\frac{1}{2}\right)^2*1+\left(\frac{1}{2}\right)^3*2+\cdots+\left(\frac{1}{2}\right)^{n+1}*n \qquad (2.9)$$

用式（2.8）减去式（2.9）就有

$$E(N)=\frac{2^{n+1}-n-2}{2n} \qquad (2.10)$$

当 $E(N)=1$ 时，可选中满意的 pivot；

从而得到 $n=2$，也就是说，最多尝试 2 次就可以找到"好"的 pivot。

2.2.4　代码实现中位数选取算法

有了前面的理论支持后，本小节使用代码将算法付诸实践：

```python
import random
def arrange_array_by_pivot(array, pivot):
    '''
    将数组分割成 3 部分，第 1 部分元素小于 pivot，第 2 部分元素等于 pivot，第 3 部分元素大于 pivot
    '''
    i = 0
    j = len(array) - 1
    while i < j:   #将数组分成两部分，小于 pivot 的元素放前面，大于 pivot 的元素放后面
        if array[i] < pivot:
            i += 1
        elif array[i] >= pivot:
            temp = array[j]
            array[j] = array[i]
            array[i] = temp
            j -= 1
    if array[i] < pivot:
        i += 1
    S1 = array[0 : i]
    k = i
    j = len(array) - 1
    while i < j:   #将余下数组分成两部分，第 1 部分元素等于 pivot，第 2 部分元素大于 pivot
        if array[i] == pivot:
            i += 1
        else:
            temp = array[j]
            array[j] = array[i]
            array[i] = temp
            j -= 1
    if array[i] == pivot:
        i += 1
    S2 = array[k : i]
    S3 = array[i:]
    return S1, S2, S3
def selection(array, k):
    '''
    查找数组中第 k 小元素
    '''
    if len(array) <= 1:
        return array[0]
    if k > len(array):
        raise Exception('out of range')
    pivot = array[0]
    is_good_pivot = False
```

```
    while is_good_pivot != True:
        pivot = random.choice(array)  #随机从数组中选取一个元素作为pivot
        S1, S2, S3 = arrange_array_by_pivot(array, pivot)
        if len(S1) <= int((3/4)*len(array)) and len(S3) <= int((3/4)*len(array)):
            is_good_pivot = True
    if len(S1) > 0 and k <= len(S1):  #在第1个集合中进行递归
        return selection(S1, k)
    elif len(S2) > 0 and k <= len(S1) + len(S2):
        return pivot
    else:
        return selection(S3, k - len(S1) - len(S2))  #在第3个集合中递归
    raise Exception('error')
array = [138, 132, 119, 149, 116, 124, 121, 144, 203, 105, 180, 185, 165,
113, 173, 117, 176, 196, 122, 142, 172, 162, 190, 118, 150, 128, 186, 177, 189, 183,
189, 123, 190, 133, 147, 182, 170, 183, 157, 124, 194, 115, 203, 203, 200, 152, 178,
186, 118, 183, 202]
k = 26  #总共有51个元素，中位数是第26大的元素，对应元素165
median = selection(array, k)
print('the element selected is', median)
```

上面代码运行后输出结果为 "the element selected is 165"。也就是说，数组中位数是 165，这个结果是正确的。显然算法不仅仅能选择中位数，它可以选择第 k 小的元素。例如，将 k 设置成 1，代码会返回元素 105；设置成 12，代码会返回元素 124；设置成 8，代码会返回元素 119，读者朋友可以自行尝试。

扫一扫，看视频

2.3 归并排序

分而治之算法策略的一个经典应用是归并排序。给定一个随机排序的数组，我们想将其元素按照升序或降序进行排列。这里可以自然设想到一种算法：如果一个数组的上半部分和下半部分已经排好序，依靠这个条件，我们是否可以快速将整个数组转变为排好序的形式呢？

2.3.1 归并排序算法描述

假设当前有两个已经排好序的数组，如图 2-10 所示。

图 2-10　两个排好序的数组

如何将图 2-10 中已经排好序的数组合并成一个排好序的大数组呢？首先，用两个指针指向数组的首元素；其次，比较指针指向元素大小，将数值小的元素放入第 3 个数组，数值大的元素对应指针不变，然后将指向小元素的指针往后挪一位。

上面操作依次进行，如果某个子数组中的元素已经被挪动完毕，可以将另一个数组剩下的元素

直接插入新数组末尾。以图 2-10 为例,用两个指针分别指向元素 3 和 9,由于 3<9,因此把元素 3 放到新数组,原来指向元素 3 的指针向后移动一个元素指向元素 27。

此时 27>9,因此把元素 9 放入新数组,将原本指向它的指针后移一个元素指向元素 10,这个过程不断进行,最后就能够把两个已经排序好的数组归并成一个排好序的数组。

这给我们的一个启示是,对于一个没有排好序的数组,如果将它分解成两个子数组,然后将两个子数组排好序,使用上面描述的归并方法将两个数组归并成一个排好序的数组,就可以实现数组排序。

当我们把一个大数组分解成两个子数组时,需要对子数组进行排序。此时子数组面临的问题与大数组一模一样,也就是如何将自己排好序。问题的性质没变,但问题的规模变了,显然子数组的元素个数要少于父数组的元素个数。

这个分解过程一直进行,直到子数组只包含一个元素为止。含有一个元素的数组已经自动排序,此时开始进行归并流程,最后归并出一个完整排序的大数组。这个过程可以参看图 2-11。

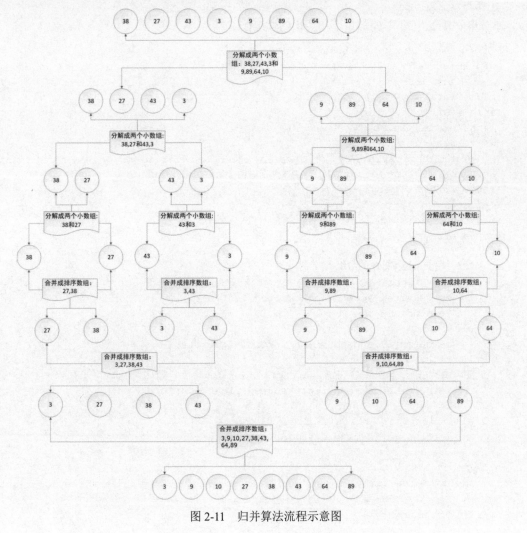

图 2-11　归并算法流程示意图

如图 2-11 所示，归并排序的思想是将一个大数组分化成两个规模小一半的数组，然后将它们排序后再归并成一个排序数组。分化出来的两个小数组会各自继续分化，但数组被分化到只包含一个元素时，排序自动完成。

由此归并排序算法的时间复杂度为

$$T(n) = 2 * T\left(\frac{n}{2}\right) + O(n) \tag{2.11}$$

式中，求 $2 * T\left(\dfrac{n}{2}\right)$ 对应两个分化后子数组的排序时间，而 $O(n)$ 对应合并两个子数组所需要的时间。通过猜测检验法可以确定 $T(n) = O(n * \lg(n))$。

2.3.2　代码实现归并排序

本小节将实现 2.3.1 小节的理论。相关代码实现如下：

```python
def merge_sort(array, verbose = True):
    if len(array) <= 1:  #只有一个元素的数组已经排好序
        return array
    mid = int(len(array) / 2)
    left = array[0 : mid]
    right = array[mid : ]
    if verbose is True:
        print("break array {0} into subarray of {1} and {2}".format(array, left, right))
    left_sorted = merge_sort(left)   #分别对两个子数组进行排序
    right_sorted = merge_sort(right)
    left_ptr = 0
    right_ptr = 0
    merge_array = []
    while left_ptr < len(left_sorted) and right_ptr < len(right_sorted):
        #合并两个已经排好序的数组
        if left_sorted[left_ptr] <= right_sorted[right_ptr]:
            merge_array.append(left_sorted[left_ptr])
            left_ptr += 1
        else:
            merge_array.append(right_sorted[right_ptr])
            right_ptr += 1
        if left_ptr >= len(left_sorted):
            merge_array.extend(right_sorted[right_ptr:])
            break
        elif right_ptr >= len(right_sorted):
            merge_array.extend(left_sorted[left_ptr:])
            break
    if verbose is True:
        print("merge array {0} and {1} into array {2}".format(left_sorted, right_sorted, merge_array))
    return merge_array
```

```
array = [38, 27, 43, 3, 9, 89, 64, 10]
arr_sorted = merge_sort(array)
print(arr_sorted)
```

在代码中将数组的分割和合并情况打印出来，因此我们能从输出信息中掌握算法如何对输入数组进行"分而治之"的处理。上面代码运行后，结果如图 2-12 所示。

```
break array [38, 27, 43, 3, 9, 89, 64, 10] into subarray of [38, 27, 43, 3] and [9, 89, 64, 10]
break array [38, 27, 43, 3] into subarray of [38, 27] and [43, 3]
break array [38, 27] into subarray of [38] and [27]
merge array [38] and [27] into array [27, 38]
break array [43, 3] into subarray of [43] and [3]
merge array [43] and [3] into array [3, 43]
merge array [27, 38] and [3, 43] into array [3, 27, 38, 43]
break array [9, 89, 64, 10] into subarray of [9, 89] and [64, 10]
break array [9, 89] into subarray of [9] and [89]
merge array [9] and [89] into array [9, 89]
break array [64, 10] into subarray of [64] and [10]
merge array [64] and [10] into array [10, 64]
merge array [9, 89] and [10, 64] into array [9, 10, 64, 89]
merge array [3, 27, 38, 43] and [9, 10, 64, 89] into array [3, 9, 10, 27, 38, 43, 64, 89]
[3, 9, 10, 27, 38, 43, 64, 89]
```

图 2-12　代码运行结果

从图 2-12 中可以清楚地看到，代码将输入数组进行分割和归并，最后将输入数组进行排序的过程。这里需要注意的一点是，在合并两个子数组时，需要一个新数组来容纳两个子数组中的元素，这导致算法运行中需要额外内存。

每次分配的额外内存大小等于两个子数组元素之和，因此代码运行时所需要的内存为 $O(n)$，其中 n 对应整个数组的元素个数。

2.3.3　k 路归并排序

扫一扫，看视频

我们看看从归并排序中衍生的新问题，叫作 k 路归并排序。给定 k 个已经排好序的数组，每个数组含有 n 个元素，要求将这 k 个数组合并成一个排好序的大数组。归并过程在 2.3.1 小节中详细讨论过，当时归并的是两个排好序的数组。

在 2.3.1 小节的描述中，对两路排好序的数组进行归并时，会用两个指针指向两个数组首元素，每次对指针指向的元素进行比较，把较小的元素放入新数组，同时对应的指针向后移动一个位置。

这个做法可以推广到 k 路数组，如图 2-13 所示。

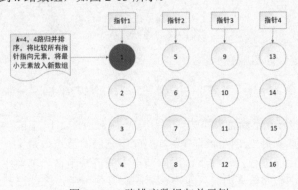

图 2-13　k 路排序数组归并示例

如图 2-13 所示，要比较每个数组指针指向的元素，将数值最小的元素放入新数组。可以看到，由于每次将元素放入新数组时需要进行 k 次比对操作，k 路数组的元素总数为 $m = k*n$，因此总共比对次数就是 $O(k*m)$。

能不能改进算法，提升效率呢？我们再次尝试使用分而治之的思想，把 k 路数组分成两部分，每部分包含 $k/2$ 路数组，然后分别对这两部分数组进行归并，于是得到两个已经排好序的数组，此时对这两个数组进行归并。

由于这两个数组元素个数为 $\dfrac{k}{2}*n$，所需时间复杂度是 $O(k*n)$。由此可以使用下面公式计算这种算法的时间复杂度为

$$T(k) = 2*T\left(\dfrac{k}{2}\right) + O(k*n) \qquad (2.12)$$

可以采用猜测检验法来解出 $T(k)$ 的具体格式。这里介绍一种新的方法，叫作递归树分析法，其基本做法是用多叉树的方式将其展开，对上面公式，展开方式如图 2-14 所示。

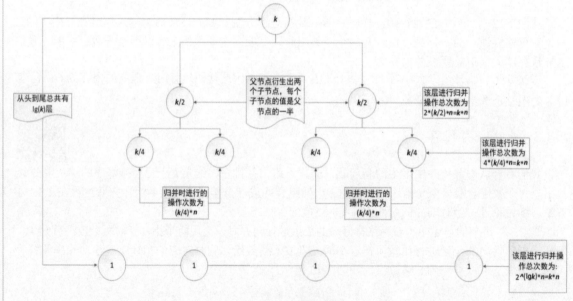

图 2-14 递归树状图

如果把式（2.12）进行递归就有

$$T(k) = 2*\left(\dfrac{k}{2}\right) + O(k*n) = 2*\left[2T\left(\dfrac{k}{4}\right) + O\left(\dfrac{k}{2}*n\right)\right] + O(k*n) = 4T\left(\dfrac{k}{4}\right) + 2*O(k*n) = \cdots \quad (2.13)$$

可以按照式(2.13)的方式不断递归下去，每递归一次对应图 2-14 中的一层。因此在图 2-14 中，每往下一层，每个父节点就衍生出两个子节点，因此下一层的节点数是上一层的 2 倍。

这种延伸不可能无止境进行，每往下一层，节点中的值减半，当节点中的值小于等于 1 时就无法再往下增长。因此对于初始值 k 而言，每增长一层，其值减半，因此总共能增长的层数为 $\lg(k)$。

从图 2-14 来看，每一层进行归并操作的总次数都是 $O(k*n)$，因此这种分而治之的方法进行 k 路归并所需要的时间复杂度为

$$O\big(\lg(k)*(k*n)\big) = O(\lg(k)*m), m = k*n \qquad (2.14)$$

由此把原来算法的时间复杂度从 $O(k*m)$ 改进了一个量级，变成 $O(\lg(k)*m)$。

2.3.4　代码实现 k 路归并排序

本小节将实现 2.3.3 小节的理论。相关代码实现如下：

```python
def create_k_sorted_arrays(k, n):    #创建 k 路排好序的数组，每个数组包含 n 个元素
    begin = 1
    end = n + 1
    arrays=[]
    if k == 0 or n == 0:
        return arrays
    arr_count = 1
    while arr_count <= k:
        array = np.arange(begin, end)
        arrays.append(array)
        arr_count += 1
        begin = end
        end = arr_count * n + 1
    return arrays
arrays = create_k_sorted_arrays(4, 10)
for i in range(len(arrays)):
    print(arrays[i])
```

上面代码根据输入参数创建 4 路排序数组，每个数组含有 10 个元素。输入参数不同，代码就会创建指定数量的数组，数组包含给定数量的元素。上面代码运行后，结果如图 2-15 所示。

```
[ 1  2  3  4  5  6  7  8  9 10]
[11 12 13 14 15 16 17 18 19 20]
[21 22 23 24 25 26 27 28 29 30]
[31 32 33 34 35 36 37 38 39 40]
```

图 2-15　代码运行结果

有了排好序的多个数组后，就可以实现 2.3.3 小节描述的归并算法，并检验上面生成的多路排序数组输入算法。相关代码如下：

```python
def merge_sorted_arrays(arrays):
    if len(arrays) == 0:
        return arrays
    if len(arrays) == 1:    #如果只有一个数组，那么已经合并完毕
        return arrays[0]
    first_half = arrays[0: int(len(arrays) / 2)]
    second_half = arrays[int(len(arrays) / 2) : len(arrays)]
    left_sorted = merge_sorted_arrays(first_half)
```

```
#将 k 路数组分成两部分，各自合并后再做总合并
right_sorted = merge_sorted_arrays(second_half)
left_ptr = 0
right_ptr = 0
merged_array = []
while left_ptr < len(left_sorted) and right_ptr < len(right_sorted):
    if left_sorted[left_ptr] <= right_sorted[right_ptr]:
    #比较两个指针指向元素，将较小一个元素放入新数组
        merged_array.append(left_sorted[left_ptr])
        left_ptr += 1
    else:
        merged_array.append(right_sorted[right_ptr])
        right_ptr += 1
    if left_ptr >= len(left_sorted):
        merged_array.extend(right_sorted[right_ptr:])
        break
    elif right_ptr >= len(right_sorted):
        merged_array.extend(left_sorted[left_ptr:])
        break
    return merged_array
final_array = merge_sorted_arrays(arrays)
print("the final merged array is: ", final_array)
```

上面代码运行后，输出结果如图 2-16 所示。

```
the final merged array is:  [1, 2, 3, 4, 5, 6, 7, 8, 9, 10, 11, 12, 13,
14, 15, 16, 17, 18, 19, 20, 21, 22, 23, 24, 25, 26, 27, 28, 29, 30, 31,
32, 33, 34, 35, 36, 37, 38, 39, 40]
```

图 2-16　代码运行结果

结合图 2-15 和图 2-16 来看，上面代码输出的结果的确是输入的 4 路排序 4 组合并后的排序结果，由此可见，我们的算法实现是正确的。在 2.3.3 小节中已经分析了算法的时间复杂度，这里还要注意到，我们创建了一个新数组去容纳两路数组合并结果，因此算法的空间复杂度为 $O\left(\dfrac{k}{2}*n\right)=O(m)$。

扫一扫，看视频

2.4　快速傅里叶变换

有过一定人生阅历的人或许都会有这样的体验：有些问题一直困扰你很多年，突然有一天你遇到了"启蒙"或"点拨"，你意识到应该换一个角度去审视问题。当视角切换后原来无解的问题居然瞬间迎刃而解，这就是所谓的"顿悟"，这种情况在宗教故事中经常出现。

这种方法不仅在精神世界中有用，在我们认知客观规律时也时常发挥巨大作用。我们看到很多

客观现象以时间为变化基础，如股票的走势、人身高的变化、汽车行驶的轨迹、人说话的声音，如果告诉你，这些看似完全没有联系的现象如果切换一个观察角度，它们实际上有相同的本质，这个事实会不会让你很惊讶？

上面提到的现象变化基于时间、不同的时间点，它们有不同的表象。如果把时间转换为频率，就可以看到它们遵守相似的变化规律，研究事物从时间域到频率域上的变化也叫信号处理。

本节不对信号处理做深入研究，但我们关心一个具体问题，那就是如何将信号从时间域转换为频率域，这种转换方法叫作傅里叶变换。

2.4.1　多项式的两种表达方式

傅里叶变换的核心是完成两个多项式相乘。所谓多项式，就是类似于 $1+x+x^2$ 和 $2-x^2$ 这种类型的算式。用严谨的数学公式表示就是

$$P(x) = a_0 + a_1 x + a_2 x^2 + \cdots + a_{n-1} x^{n-1} \tag{2.15}$$

式中，$a_0, a_1, \cdots, a_{n-1}$ 称为多项式的系数，其中 x 的最高指数叫作多项式的度数。例如，多项式的度数为 $n-1$，那么其系数 a_{n-1} 就不能为 0，至于其他系数可以是 0，也可以是其他任何数值。

式（2.15）也叫作多项式的系数表示法，对应的还有多项式的数值表示法，也就是让 x 取不同值，然后计算多项式结果 y，对于维度为 $n-1$ 的多项式，让 x 取 n 个不同的值，得到 n 个对应结果，就可以构造多项式的系数表示法。

例如，对于多项式 $1+x+x^2$，对 x 依次取值 0,1,2，得到的结果为 1,3,7，于是该多项式就可以用点集 $\{(0,1),(1,3),(2,7)\}$ 来表示。对于多项式 $2-x^2$，对 x 取值依次为 0,1,2，得到的计算结果为 2,1,-2，于是该多项式就可以表示为 $\{(0,2),(1,1),(2,-2)\}$。

这里需要注意的是，对于维度为 $n-1$ 的多项式，它对应的点集必须包含 n 个点才行。给定一个多项式的系数形式，可以计算出它对应的数值形式，只要对 x 取 n 个不同的值代入计算即可。

反过来，给定包含 $n+1$ 个数值点集合，可以反过来计算出如式（2.15）那样的系数表示形式，这个过程叫作插值，同时根据线性代数原理可以证明，给定任意包含 n 个点的数值集合 $\{(x_0, y_0), (x_1, y_1), \cdots, (x_{n-1}, y_{n-1})\}$，可以找到唯一一个多项式的系数形式，使它满足 $p(x_i) = y_i$，$i = 0, 1, 2, \cdots, n-1$，在此不对该结论进行数学证明。

如果给定包含 $n+1$ 个数值点集合，如何找到对应的多项式形式呢？这里需要使用拉格朗日公式：

$$p(x) = \sum_{k=0}^{n-1} y_k \frac{\prod_{j \neq k}(x - x_j)}{\prod_{j \neq k}(x_k - x_j)} \tag{2.16}$$

用多项式 $2-x^2$ 对应的数值形式 $\{(0,2),(1,1),(2,-2)\}$ 来检测一下式（2.16）是否成立。首先 $k=0$ 时，对应的 y_0 是 2，同时 $\dfrac{\prod_{j \neq 0}(x - x_j)}{\prod_{j \neq 0}(x_k - x_j)}$ 对应的是 $\dfrac{(x-x_1)*(x-x_2)}{(x_0-x_1)*(x_0-x_2)} = \dfrac{(x-1)*(x-2)}{(0-1)*(0-2)} = \dfrac{x^2-3x+2}{2}$，

于是有 $y_0 * \dfrac{\prod\limits_{j \neq 0}(x - x_j)}{\prod\limits_{j \neq 0}(x_k - x_j)} = 2 * \dfrac{x^2 - 3x + 2}{2} = x^2 - 3x + 2$ ； $k = 1$ 时， $y_1 = 1$ ，同时 $\dfrac{\prod\limits_{j \neq k}(x - x_j)}{\prod\limits_{j \neq k}(x_k - x_j)}$ 对应

$\dfrac{(x - x_0) * (x - x_2)}{(x_1 - x_0) * (x_1 - x_2)} = \dfrac{(x - 0) * (x - 2)}{(1 - 0) * (1 - 2)} = \dfrac{x^2 - 2x}{-1} = 2x - x^2$ ，于是 $y_1 * \dfrac{\prod\limits_{j \neq 1}(x - x_j)}{\prod\limits_{j \neq 1}(x_k - x_j)} = 1 * \dfrac{x^2 - 2x}{-1} = 2x - x^2$ 。

当 $y_2 = -1$ 时， $\dfrac{\prod\limits_{j \neq 1}(x - x_j)}{\prod\limits_{j \neq 1}(x_k - x_j)}$ 对应 $\dfrac{(x - x_0) * (x - x_1)}{(x_2 - x_0) * (x_2 - x_1)} = \dfrac{(x - 0) * (x - 1)}{(2 - 0) * (2 - 1)} = \dfrac{x^2 - x}{2}$ ，因此有

$y_2 * \dfrac{\prod\limits_{j \neq 2}(x - x_j)}{\prod\limits_{j \neq 2}(x_k - x_j)} = (-2) * \dfrac{x^2 - x}{2} = x - x^2$ 。

最后把 3 个结果加总有 $x^2 - 3x + 2 + 2x - x^2 + x - x^2 = 2 - x^2$ 。由此可见，通过拉格朗日公式，可以将多项式的数值形式转变为对应的系数形式。

2.4.2　多项式的和与积

无论使用系数形式还是数值形式，对两个多项式求和都很方便。例如两个多项式：

$$q_1(x) = a_0 + a_1 x + a_2 x^2 + \cdots + a_{n-1} x^{n-1}$$
$$q_2(x) = b_0 + b_1 x + b_2 x^2 + \cdots + b_{n-1} x^{n-1}$$

当两者相加时，只要把指数相同的 x 项对应系数相加即可。也就是

$$q_1(x) + q_2(x) = (a_0 + b_0) + (a_1 + b_1)x + (a_2 + b_2)x^2 + \cdots + (a_{n-1} + b_{n-1})x^{n-1}$$

对于数值形式，只要做相应加法即可。例如， $q_1(x)$ 的数值形式为 $\{(x_0, y_0), (x_1, y_1), \cdots, (x_{n-1}, y_{n-1})\}$ ， $q_2(x)$ 的数值形式为 $\{(x_0', y_0'), (x_1', y_1'), \cdots, (x_{n-1}', y_{n-1}')\}$ ，于是两个多项式相加后的对应形式为 $\{(x_0 + x_0', y_0 + y_0'), (x_1 + x_1', y_1 + y_1'), \cdots, (x_{n-1} + x_{n-1}', y_{n-1} + y_{n-1}')\}$ 。

由此两个维度为 n 的多项式相加时，算法复杂度为 $O(n)$ ，问题难在于两个多项式相乘，通常做法是把第 1 个多项式某个系数与第 2 个多项式某个系数做乘法，然后再求和，也就是

$$q_3(x) = q_1(x) * q_2(x) = c_0 + c_1 x^1 + c_2 x^2 + \cdots + c_{2n} x^{2n}$$

其中对应系数的计算方式为 $c_k = \sum\limits_{i + j = k} a_i * b_j$ ， $k = 0, 1, 2, \cdots, 2n - 2$ ，于是要想在系数模式下实现多项式相乘，就得计算相乘后多项式对应的系数 c_k ，而它的运算复杂度是 $O(n)$ ，于是算完所有系数所需要的时间是 $O(n^2)$ 。

如果使用的是多项式的数值形式，那么计算就容易得多，这里要注意两个多项式相乘后，所得多项式的度数是两个多项式之和，因此两个多项式度数为 n 时，相乘后得到的多项式度数是 $2n$ 。

因此，在使用数值法表示乘积多项式时，需要把每个多项式的数值点从 n 扩展到 $2n$ ，也就是对

x 取 $2n$ 个不同值，计算出 $2n$ 个 y 值，然后再对 $2n$ 个点做乘积，假设第 1 个多项式的数值表示形式为 $q_1(x) = \{(x_0, y_0), (x_1, y_1), \cdots, (x_{2n-2}, y_{2n-2})\}$，$q_2(x) = \{(x_0', y_0'), (x_1', y_1'), \cdots, (x_{2n-2}', y_{2n-2}')\}$，那么两者做乘积后对应的数值形式为

$$q_3(x) = \{(x_0 * x_0', y_0 * y_0'), (x_1 * x_1', y_1 * y_1'), \cdots, (x_{2n-2} * x_{2n-2}', y_{2n-2} * y_{2n-2}')\}$$

因此在数值形式下，两个多项式相乘所需的时间复杂度是 $O(n)$。于是只要能得到多项式的数值形式，就能在线性时间复杂度内实现两个多项式相乘。问题在于，对于一个度数为 n 的多项式，要获得它对应的数值形式，需要对 x 取 n 个不同值，然后计算结果。

由于维度为 $n-1$ 的多项式最多有 n 项，也就是有 n 个形式如 $a_i x^i$ 的部分，于是确定一个 x 值后，要计算 $a_i x^i, i = 0, 1, 2, \cdots, n-1$，因此时间复杂度为 $O(n)$，要求 n 个值时间复杂度得是 $O(n^2)$，这意味着要求两个维度为 n 的多项式乘积，时间复杂度得是 $O(n^2)$。

如果能够加快多项式从系数形式到数值形式的转换，那么就可以加快多项式的乘积运算。幸运的是，只要对 x 取特定值，就能将多项式从系数形式转换为数值形式，所需的时间从 $O(n^2)$ 转变为 $O(n * \lg(n))$。

当获得多项式的数值形式后，通过拉格朗日差值公式转换为系数形式，这个过程所需时间复杂度也是 $O(n^2)$，但是同样可以通过特定算法将复杂度减少为 $O(n * \lg(n))$，这个转变过程就是快速傅里叶变换。

2.4.3　复数单位根

在前面提到，只要对 x 取"特定"值，就能加速计算多项式的数值形式。这些"特定"值有什么特点呢？特点之一就是它们是复数，第 2 个特点是，它们的 n 次方为 1，用数学公式表示为

$$w^n = 1 \tag{2.17}$$

满足 w 的复数就是我们要找的"特定"值。如果构造一个复平面坐标，其中横坐标对应复数的实数部分，纵坐标对应复数的虚数部分。此时从原点开始，以半径为 1 画圆，然后把圆周进行 n 等分，那么圆周上的等分点就是满足式（2.17）的复数，它们也称为 n 次复方根。

用如下代码可以把满足式（2.17）的"特定"值绘制出来：

```python
import numpy as np
import matplotlib.pyplot as plot
plot.axes(projection='polar')  #使用极坐标
plot.title('Circle in polar format:r=R')
rads = np.arange(0, (2*np.pi), 2*np.pi / 8)  #设置8等分点
for radian in rads:
    plot.polar(radian,1,'o')
plot.show()
```

上面代码运行后结果如图 2-17 所示。

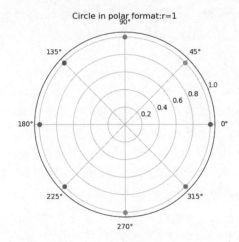

图 2-17　代码运行结果

图 2-17 中圆周上的 8 个点对应式（2.17）在 $n=8$ 时所对应的值。对于这些点，还可以使用如下公式表示：

$$w_n^k = \cos\left(\frac{2\pi k}{n}\right) + \mathrm{i} * \sin\left(\frac{2\pi k}{n}\right), \quad k = 0, 1, 2, \cdots, n-1 \tag{2.18}$$

式中，i 对应虚数单位，它满足 $\mathrm{i}^2 = -1$。如此可以观察到这些分点的性质。性质 1 是，如果把圆周分成 $d*n$ 等份，那么第 $d*k$ 个分点与把圆周分成 n 等份后的第 k 个分点相同，也就是 $w_{d*n}^{k*d} = w_n^d$。

直接通过式（2.18）可以得到上面结论：

$$w_{dn}^{dk} = \cos\left(\frac{2\pi dk}{dn}\right) + \mathrm{i} * \sin\left(\frac{2\pi dk}{dn}\right) = \cos\left(\frac{2\pi k}{n}\right) + \mathrm{i} * \sin\left(\frac{2\pi k}{n}\right) = w_n^k, \quad n \geq 0, k \geq 0, d > 0$$

这些复方根的第 2 个性质是，如果 n 是大于 0 的偶数，那么就有 $w_n^{\frac{n}{2}} = w_n^2 = -1$，这个结论也能从式（2.18）获得，因为 n 是偶数，所以 $n/2$ 是整数，于是将 $n/2$ 代入式（2.18）就有

$$w_n^{\frac{n}{2}} = \cos\left(\frac{2\pi \frac{n}{2}}{n}\right) + \mathrm{i} * \sin\left(\frac{2\pi \frac{n}{2}}{n}\right) = \cos(\pi) + \mathrm{i} * \sin(\pi)$$

$$= \cos\left(\frac{2\pi}{2}\right) + \mathrm{i} * \sin\left(\frac{2\pi}{2}\right) = w_2 = -1 + \mathrm{i} * 0 = -1$$

复方根有一个特性，那就是 $(w_n^k)^2 = w_n^{2k}$，根据式（2.18）将左边部分展开有

$$(w_n^k)^2 = \left[\cos\left(\frac{2\pi k}{n}\right) + \mathrm{i} * \sin\left(\frac{2\pi k}{n}\right)\right]^2 \tag{2.19}$$

$$= \cos\left(\frac{2\pi k}{n}\right)^2 - \sin\left(\frac{2\pi k}{n}\right)^2 + 2 * \mathrm{i} * \sin\left(\frac{2\pi k}{n}\right) * \cos\left(\frac{2\pi k}{n}\right)$$

根据三角公式中的二倍角公式：

$$\cos(2a) = \cos(a)^2 - \sin(a)^2$$
$$\sin(2a) = 2*\sin(a)\cos(a)$$

于是就能把式（2.19）化简成

$$
\begin{aligned}
(w_n^k)^2 &= \left[\cos\left(\frac{2\pi k}{n}\right) + 2*\mathrm{i}*\sin\left(\frac{2\pi k}{n}\right) \right]^2 \\
&= \cos\left(\frac{2\pi k}{n}\right)^2 - \sin\left(\frac{2\pi k}{n}\right)^2 + 2*\mathrm{i}*\sin\left(\frac{2\pi k}{n}\right)*\cos\left(\frac{2\pi k}{n}\right) \\
&= \cos\left(\frac{4\pi k}{n}\right) + \mathrm{i}*\sin\left(\frac{4\pi k}{n}\right) = w_n^{2k}
\end{aligned}
\tag{2.20}
$$

于是可以推导出复方根的第 3 个性质，如果 n 是偶数，那么有

$$\left(w_n^{k+\frac{n}{2}} \right)^2 = w_n^{2k+n} = w_n^{2k} = (w_n^k)^2$$

这个性质可以结合式（2.18）和式（2.20）直接推导而得，读者朋友可以自己尝试一下。

再看第 4 个重要性质，那就是

$$\sum_{j=0}^{n-1} (w_n^k)^j = 0 \tag{2.21}$$

式（2.21）其实是一个等比数列求和，根据等比数列求和公式 $\sum_{j=0}^{n-1} p^j = \dfrac{p^n - 1}{p - 1}$，于是式（2.21）可以展开为

$$\sum_{j=0}^{n-1} (w_n^k)^j = \frac{(w_n^k)^n - 1}{w_n^k - 1} = \frac{w_n^{kn} - 1}{w_n^k - 1} = \frac{1 - 1}{w_n^k - 1} = 0 \tag{2.22}$$

最后看第 5 个性质，即

$$w_n^{k+j} = w_n^k * w_n^j \tag{2.23}$$

把式（2.18）代入式（2.23）就有

$$
\begin{aligned}
w_n^k * w_n^j &= \left[\cos\left(\frac{2k\pi}{n}\right) + \mathrm{i}*\sin\left(\frac{2k\pi}{n}\right) \right] * \left[\cos\left(\frac{2j\pi}{n}\right) + \mathrm{i}*\sin\left(\frac{2j\pi}{n}\right) \right] \\
&= \cos\left(\frac{2k\pi}{n}\right)*\cos\left(\frac{2j\pi}{n}\right) - \sin\left(\frac{2k\pi}{n}\right)*\sin\left(\frac{2j\pi}{n}\right) + \\
&\quad \mathrm{i}*\left[\sin\left(\frac{2k\pi}{n}\right)*\cos\left(\frac{2j\pi}{n}\right) + \cos\left(\frac{2k\pi}{n}\right)*\sin\left(\frac{2j\pi}{n}\right) \right]
\end{aligned}
$$

根据三角公式中的积化和差公式，有

$$\cos\left(\frac{2k\pi}{n}\right)*\cos\left(\frac{2j\pi}{n}\right) = \frac{1}{2}\left[\cos\left(\frac{2k\pi - 2j\pi}{n}\right) + \cos\left(\frac{2k\pi + 2j\pi}{n}\right) \right]$$

$$\sin\left(\frac{2k\pi}{n}\right)*\sin\left(\frac{2j\pi}{n}\right)=\frac{1}{2}\left[\cos\left(\frac{2k\pi-2j\pi}{n}\right)-\cos\left(\frac{2k\pi+2j\pi}{n}\right)\right]$$

因此有

$$\cos\left(\frac{2k\pi}{n}\right)*\cos\left(\frac{2j\pi}{n}\right)-\sin\left(\frac{2k\pi}{n}\right)*\sin\left(\frac{2j\pi}{n}\right)=\cos\left(\frac{2(k+j)\pi}{n}\right)$$

同理有

$$\sin\left(\frac{2k\pi}{n}\right)*\cos\left(\frac{2j\pi}{n}\right)=\frac{1}{2}\left[\sin\left(\frac{2k\pi+2j\pi}{n}\right)+\sin\left(\frac{2k\pi-2j\pi}{n}\right)\right]$$

$$\cos\left(\frac{2k\pi}{n}\right)*\sin\left(\frac{2j\pi}{n}\right)=\frac{1}{2}\left[\sin\left(\frac{2k\pi+2j\pi}{n}\right)-\sin\left(\frac{2k\pi-2j\pi}{n}\right)\right]$$

于是就有

$$\sin\left(\frac{2k\pi}{n}\right)*\cos\left(\frac{2j\pi}{n}\right)+\cos\left(\frac{2k\pi}{n}\right)*\sin\left(\frac{2j\pi}{n}\right)=\sin\left(\frac{2k\pi+2j\pi}{n}\right)$$

由此得出

$$w_n^k*w_n^j=w_n^{k+j}$$

由此，式（2.23）成立。

这些性质在后面研究快速傅里叶变换的时候都会用到，因此需要读者朋友对它们多加关注。

2.4.4 离散傅里叶变换和快速傅里叶变换

在 2.4.1 小节中提到过多项式的两种表达方式，一种是系数表达方式，也就是

$$P(x)=a_0+a_1x+a_2x^2+\cdots+a_{n-1}x^{n-1} \tag{2.24}$$

另一种是数值表达方式，也就是对 x 取不同数值，计算出对应的结果，由此形成 n 个二维数值点的集合。如果把 x 的取值设置成 n 次复方根，由此得到多项式的数值形式，这个过程就称作离散傅里叶变换，也就是

$$\left\{\left(w_n^0,p\left(w_n^0\right)\right),\left(w_n^1,p\left(w_n^1\right)\right),\cdots,\left(w_n^{n-1},p\left(w_n^{n-1}\right)\right)\right\} \tag{2.25}$$

在 2.4.1 小节中提到过，将多项式从系数形式转换为数值形式所需时间复杂度为 $O(n^2)$，但如果能利用 2.4.3 小节中提到的 n 次复方根性质，可以将转换的时间复杂度提升为 $O(n*\lg(n))$。

为了方便算法描述，在此先假设 n 满足 $n=2^k$，其中 k 是大于 0 的正数，如果 n 不是 2 的指数形式，算法经过相应调整后也能成立，这里只研究 n 是 2 的指数时的情况。使用分而治之的方法，在给定 x 的具体值后，根据式（2.24）计算结果。

首先根据多项式（2.24）构造两个多项式，一个只包含 x 的偶数指数部分对应系数；另一个只包含 x 的奇数指数部分对应系数，也就是

$$p^{\text{even}}(x)=a_0+a_2x^1+a_4x^2+\cdots+a_{n-2}x^{\frac{n-2}{2}}$$

$$p^{\text{odd}}(x)=a_1+a_3x^1+a_5x^2+\cdots+a_{n-1}x^{\frac{n-2}{2}} \tag{2.26}$$

于是有

$$P(x) = p^{\text{even}}(x^2) + x * p^{\text{odd}}(x^2) \tag{2.27}$$

不难验证式（2.27）的正确性。这样就将一个大问题分解成两个规模较小的问题，解决两个规模较小的问题后，把结果结合起来就得到大问题的解。为何要使用 n 次复方根呢？关键就在于其让 p^{even} 和 p^{odd} 能按照式（2.27）的方式继续往下分解。

如果将 x 取值为 n 次复方根，那么就必须计算每个根的平方：

$$\left(w_n^0\right)^2, \left(w_n^1\right)^2, \cdots, \left(w_n^{\frac{n}{2}-1}\right)^2$$
$$\left(w_n^{\frac{n}{2}}\right)^2, \left(w_n^{\frac{n}{2}+1}\right)^2, \cdots, \left(w_n^{\frac{n}{2}+\left(\frac{n}{2}-1\right)}\right)^2 \tag{2.28}$$

把 n 个复方根分成上下两部分以便比较，根据 2.4.3 小节中描述的性质 3：$\left(w_n^{k+\frac{n}{2}}\right)^2 = w_n^{2k+n} = w_n^{2k} = \left(w_n^k\right)^2$，当对 n 次复方根求平方后，所得的结果前一半和后一半相等。也就是式（2.28）中上半部分的数值与下半部分相同。

此外，再看一个特点，如果把这 n 个值平分成两半，即

$$\left(w_n^0\right), \left(w_n^1\right), \cdots, \left(w_n^{\frac{n}{2}-1}\right)$$
$$\left(w_n^{\frac{n}{2}+0}\right), \left(w_n^{\frac{n}{2}+1}\right), \cdots, \left(w_n^{\frac{n}{2}+\left(\frac{n}{2}-1\right)}\right) \tag{2.29}$$

根据 2.4.3 小节提到的性质 5：$w_n^{k+j} = w_n^k * w_n^j$，式（2.29）可以转换为

$$\left(w_n^0\right), \left(w_n^1\right), \cdots, \left(w_n^{\frac{n}{2}-1}\right)$$
$$\left(w_n^{\frac{n}{2}} * w_n^0\right), \left(w_n^{\frac{n}{2}} * w_n^1\right), \cdots, \left(w_n^{\frac{n}{2}} * w_n^{\frac{n}{2}-1}\right) \tag{2.30}$$

再根据 2.4.3 小节提到的性质 2：如果 n 是偶数，那么有 $w_n^{\frac{n}{2}} = w_n^n = -1$，于是式（2.30）可以转变为

$$\left(w_n^0\right), \left(w_n^1\right), \cdots, \left(w_n^{\frac{n}{2}-1}\right)$$
$$\left(-w_n^0\right), \left(-w_n^1\right), \cdots, \left(-w_n^{\frac{n}{2}-1}\right) \tag{2.31}$$

也就是说，在 n 次复方根中，后一半的数值其实是前一半的相反数。正是这些特性使得基于

式（2.27）所示的分而治之算法能实现速度更快的多项式计算。

2.4.5　快速傅里叶变换的算法实现

由于快速傅里叶变换具有强烈的递归性，因此无论使用语言描述还是流程图都很难把算法流程解释清楚，掌握算法步骤的最好方法还是通过代码，先展示出代码实现，然后在基于代码逻辑的基础上进一步理解快速傅里叶变换的算法流程。

```
%matplotlib qt5
import cmath
import matplotlib.pyplot as plt
def  create_n_complex_roots(n):  #构造 n 次复方根
    nth_roots = []
    for k in range(n):
        w_k = complex(math.cos(2*k*np.pi / n), math.sin(2*k*np.pi / n))
        nth_roots.append(w_k)
    return nth_roots
nth_roots = create_n_complex_roots(16)
polar = []
for root in nth_roots:  #将复数转换为对应的极坐标
    polar.append(cmath.polar(root))
for r in polar:
    plt.polar(r[1], r[0], 'o')  #r[1]和 r[0]对应复数在极坐标的度数
```

代码中，函数 create_n_complex_roots(n)的作用是创建 n 次复方根，接下来的代码调用该函数创建 8 次复方根，然后在极坐标上将复方根对应的点绘制出来，如果创建的复方根正确，则绘制出来的点应该成为单位圆的 16 等分点。上面代码运行后结果如图 2-18 所示。

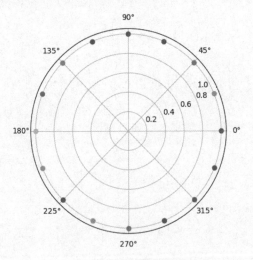

图 2-18　代码运行结果

从图 2-18 中可以看到，绘制的点的确是单位圆的 16 等分点，因此可以确保函数 create_n_complex_ roots(n)能正确生成给定的 n 次复方根。接下来看看快速傅里叶变换的代码实现。

```
def  fast_fourier_transform(coefficients):  #传入多项式系数数组,确保多项式维度是 2 的指数
    if len(coefficients) <= 1:
        return coefficients
    degree = len(coefficients)
    n_complex_roots = create_n_complex_roots(degree)  #1 创建 n 次复方根
    even_coefficients = coefficients[0 : degree : 2]  #2 获取偶数项系数
    odd_coefficients = coefficients[1 : degree : 2]  #3 获取奇数项系数
    even_fft = fast_fourier_transform(even_coefficients)  #4 根据式（2.27）计算右边第
1 部分
    odd_fft = fast_fourier_transform(odd_coefficients)  #5 根据式（2.27）计算右边第 2
部分
    fft_first_part = []
    fft_second_part = []
    for k in range(0, int(degree / 2)):  #6 根据式（2.27）将两个结果合并起来
        w = n_complex_roots[k]
        fft_first_part.append(even_fft[k] + w * odd_fft[k])  #7
        fft_second_part.append(even_fft[k] - w * odd_fft[k])  #8 根据式（2.30），n 次
复方根中后一半的值是前一半的值的相反数
    fft = []
    fft.extend(fft_first_part)
    fft.extend(fft_second_part)
    return fft
```

根据代码来理解快速傅里叶变换的算法逻辑。函数 fast_fourier_transform()接收多项式参数组成的数组，数组的长度对应多项式的度数。如果传入的参数数组中只有一个元素，那么意味着多项式的度数是 0，也就是说，多项式只包含一个常量 a_0，因此代码直接将该元素返回。

如果多项式系数度数大于 0，根据#1 对应的语句，程序根据多项式系数度数创建对应个数的复方根。接着#2 和#3 对应的语句抽取出偶数项与奇数项对应的系数，然后#4 和#5 对应的语句根据式（2.27）将问题分解成两个规模更小的子问题进行递归求解。

这里需要特别注意的是，能够递归要依赖于 n 次复方根的特性。例如，#6 语句执行递归时，希望它计算当 x 取值 $w_n^0, w_n^2, \cdots, w_n^{n-2}$ 时 $p^{\text{even}}(x^2)$ 对应多项式的值，但是当执行#6 语句后，程序进行递归再次进入 fast_fourier_transform()函数。

进入函数时，在函数起始处又构造了度数为 $n/2$ 的复方根。在递归前，代码希望对 x 取值 $w_n^0, w_n^2, \cdots, w_n^{n-2}$ 进行计算，但是递归后代码是对 $w_{\frac{n}{2}}^0, w_{\frac{n}{2}}^2, \cdots, w_{\frac{n}{2}}^{\frac{n-2}{2}}$ 进行计算。根据 n 次复方根性质 1：

$$w_{d*n}^{k*d} = w_n^d，\text{ 就有 } w_{\frac{n}{2}}^0, w_{\frac{n}{2}}^1, \cdots, w_{\frac{n}{2}}^{\frac{n-2}{2}} = w_{\frac{n}{2}*2}^{0*2}, w_{\frac{n}{2}*2}^{1*2}, \cdots, w_{\frac{n}{2}*2}^{\left(\frac{n-2}{2}\right)*2} = w_n^0, w_n^2, \cdots, w_n^{n-2}。$$

所以递归前 x 的取值和递归时 x 的取值是一样的，这是由 n 次复方根的特性决定的。如果 x 取值不是 n 次复方根而是 n 个实数，那么上面代码的递归就会出错，因为我们无法保证递归前 x

的取值和递归后 x 的取值依然相同，这就是要使用 n 次复方根来进行快速傅里叶变换的原因。

同时注意到#6 的循环只进行到度数的一半，这是因为根据式（2.28）n 次复方根在取平方后，前一半的值与后一半的值完全相同，因此#6 在循环时只需执行一半即可。同时注意#7 对应的语句，由于代码只循环到度数的一半，在计算时只有 n 次复方根中的前一半参与运算，但根据式（2.30）n 次复方根后一半的值是前一半的相反数，由此通过前一半的值可以轻易获得后一半的值。

因为在#6 的循环中，使用 w 对应当前复方根前一半，于是-w 就自然对应复方根的后一半，这就是语句#7 是+w*odd_fft[k]而语句#8 是-w*odd_fft[k]的原因。

由于算法将一个度数为 n 的多项式分解成两个度数减半的多项式 p^{even}, p^{odd} ，如果使用 $T(n)$ 表示计算维度为 n 的多项式所需要时间，那么计算多项式 p^{even}, p^{odd} 所需要的时间就是 $2*T(n)$ ，由于#6 对应的循环是 $O(n)$ ，于是算法的复杂度可以用如下公式表示：

$$T(n) = 2*T\left(\frac{n}{2}\right) + O(n)$$

使用猜测检验法可以确定 $T(n) = O(n*\lg(n))$ 。这里使用代码尝试一下维度为 8 的多项式对应的快速傅里叶变换：

```python
import numpy as np
degree = 8
coefficients = np.arange(degree)   #创建多项式参数[0, 1, 2, 3, 4, 5, 6, 7]
print("polynominal coefficients are: ",coefficients)
fft_results = fast_fourier_transform(coefficients)
print("fast fourier results are : ", fft_results)
```

上面代码运行后结果如图 2-19 所示。

```
In [55]: import numpy as np
         degree = 8
         coefficients = np.arange(degree) #创建多项式参数[0,1,2,3,4,5,6,7]
         print("polynominal coefficients are: ",coefficients)

         fft_results = fast_fourier_transform(coefficients)
         print("fast fourier results are : ", fft_results)

         polynominal coefficients are:  [0 1 2 3 4 5 6 7]
         fast fourier results are :  [(28+0j), (-4-9.65685424949238j), (-4-4j), (-4-1.6568542494923797j), (-4+0j),
         (-3.9999999999999996+1.6568542494923797j), (-3.9999999999999996+4j), (-3.9999999999999987+9.65685424949238j)]
```

图 2-19　代码运行结果

现在的问题是，如何检验变换的结果是否正确呢？这就需要引入逆向傅里叶变换，根据傅里叶变换的结果计算出多项式系数。如果给定图 2-19 所示的变化结果，经过逆向傅里叶变换后能得到对应的多项式系数，那么代码实现的快速傅里叶变换就是正确的。

2.4.6　逆向傅里叶变换

傅里叶变换把多项式从系数形式转换为数值点形式，而逆向傅里叶变换则把多项式从数值点形式转换为系数形式。在进行傅里叶变换时，让 x 分别取值为 n 次复方根，然后代入多项式进行计算，因此得到 n 个表达式：

$$a_0 + a_1 * 1 + a_2 * 1 + \cdots + a_n * 1 = y_0$$

$$a_0 + a_1 * w_n^1 + a_2 * \left(w_n^1\right)^2 + \cdots + a_n * \left(w_n^1\right)^n = y_1$$

$$\vdots \tag{2.32}$$

$$a_0 + a_1 * w_n^{n-1} + a_2 * \left(w_n^{n-1}\right)^2 + \cdots + a_n * \left(w_n^{n-1}\right)^n = y_{n-1}$$

把式（2.32）转换成矩阵格式就有

$$\begin{bmatrix} y_0 \\ y_1 \\ \vdots \\ y_{n-1} \end{bmatrix} = \begin{bmatrix} 1 & 1 & \cdots & 1 \\ 1 & \left(w_n^1\right)^2 & \cdots & \left(w_n^1\right)^{n-1} \\ \vdots & \vdots & \vdots & \vdots \\ 1 & \left(w_n^{n-1}\right)^2 & \cdots & \left(w_n^{n-1}\right)^{n-1} \end{bmatrix} * \begin{bmatrix} a_0 \\ a_1 \\ \vdots \\ a_{n-1} \end{bmatrix} \tag{2.33}$$

式（2.33）中右矩阵称为范德蒙矩阵，其第 i 行第 j 列对应的元素是 $\left(w_n^j\right)^j = w_n^{i*j}$，根据线性代数理论，如果方程组 $y = Ax$ 有唯一解，那么右边矩阵 A 必须是可逆的，而式（2.33）中的范德蒙矩阵是可逆的，因此可以从式（2.33）中将 $\begin{bmatrix} a_0 \\ a_1 \\ \vdots \\ a_{n-1} \end{bmatrix}$ 解出。

为此只要找到它的逆矩阵，然后等号两边分别左乘该逆矩阵即可。如果用 V 记作式（2.33）中等号右边的范德蒙矩阵，用 V^{-1} 记作它对应的逆矩阵，那么根据线性代数理论有

$$V^{-1} = \frac{1}{n} \begin{bmatrix} 1 & 1 & \cdots & 1 \\ 1 & w_n^{-1} & \cdots & \left(w_n^{-1}\right)^{n-1} \\ \vdots & \vdots & \vdots & \vdots \\ 1 & w_n^{-1*(n-1)} & \cdots & \left(w_n^{-(n-1)}\right)^{n-1} \end{bmatrix} \tag{2.34}$$

可以检验一下，$V^{-1} * V = I$ 是否成立。用 $\left[V^{-1} * V\right]_{ij}$ 表示两个矩阵相乘后第 i 行第 j 列的元素，于是有

$$\left[V^{-1} * V\right]_{ij} = \frac{1}{n} \sum_{k=0}^{n-1} \left(w_n^{-i}\right)^k * \left(w_n^k\right)^j = \frac{1}{n} \sum_{k=0}^{n-1} w_n^{k(j-i)} \tag{2.35}$$

如果 $j=i$，那么式（2.35）算出的值为 1；如果 $j!=i$，根据 n 次复方根性质 4：$\sum_{j=0}^{n-1} \left(w_n^k\right)^j = 0$，式（2.35）对应结果就是 0，也就是说，矩阵 $V^{-1} * V$ 对角线上的元素全是 1，其他元素都是 0，$V^{-1} * V = I$ 成立，式（2.34）对应的矩阵的确是式（2.33）中范德蒙矩阵的逆矩阵。

结合式（2.33）和式（2.34），当有了傅里叶变换得到的数值点后就可以将多项式系数反解出来：

$$\begin{bmatrix} y_0 \\ y_1 \\ \vdots \\ y_{n-1} \end{bmatrix} * \frac{1}{n} \begin{bmatrix} 1 & 1 & \cdots & 1 \\ 1 & w_n^{-1} & \cdots & \left(w_n^{-1}\right)^{n-1} \\ \vdots & \vdots & \vdots & \vdots \\ 1 & w_n^{-1*(n-1)} & \cdots & \left(w_n^{-(n-1)}\right)^{n-1} \end{bmatrix} = \begin{bmatrix} a_0 \\ a_1 \\ \vdots \\ a_{n-1} \end{bmatrix} \tag{2.36}$$

根据式（2.36）得到给定系数 a_j 的计算方法为

$$a_j = \frac{1}{n} \sum_{k=0}^{n-1} y_k \left(w_n^{-j} \right)^k \tag{2.37}$$

注意看式（2.37）右边部分 $y_k (w_n^{-j})^k$，它等价于一个多项式系数是 y_k，然后将 x 取值为 n 次复方根的倒数 $w_n^{-1}, w_n^{-2}, \cdots, w_n^{-(n-1)}$，$n$ 次复方根的倒数与 n 次复方根具有完全相同的性质。

由此完全可以采用快速傅里叶变换完成式（2.36）右边的运算，只要把 2.4.5 小节代码实现中使用的 n 次复方根转换为其对应倒数，然后再将最终结果除以多项式对应度数即可。相应代码实现如下：

```python
def fast_fourier_transform_with_minus_roots(coefficients):    #传入多项式系数数组,确保
多项式维度是 2 的指数
    if len(coefficients) <= 1:
        return coefficients
    degree = len(coefficients)
    n_complex_roots = create_n_complex_roots(degree)    #1 创建 n 次复方根
    n_complex_roots = [(root ** -1) for root in n_complex_roots]    #逆向傅里叶变换时 n
次复方根的指数要取-1
    even_coefficients = coefficients[0 : degree : 2]    #2 获取偶数项系数
    odd_coefficients = coefficients[1 : degree : 2]    #3 获取奇数项系数
    even_fft = fast_fourier_transform_with_minus_roots(even_coefficients)    #4  根据
式（2.27）计算右边第 1 部分
    odd_fft = fast_fourier_transform_with_minus_roots(odd_coefficients)    #5 根据
式（2.27）计算右边第 2 部分
    fft_first_part = []
    fft_second_part = []
    for k in range(0, int(degree / 2)):    #6 根据式（2.27）将两个结果合并起来
        w = n_complex_roots[k]
        fft_first_part.append(even_fft[k] + w * odd_fft[k])
        fft_second_part.append(even_fft[k] - w * odd_fft[k])    #7 根据式（2.30），n 次
复方根中后半的值是前一半的值的相反数
    fft = []
    fft.extend(fft_first_part)
    fft.extend(fft_second_part)
    return fft
def inverse_fast_fourier_transform(fft_results):
    p = fast_fourier_transform_with_minus_roots(fft_results)
    degree = len(fft_results)
    p = [i/degree for i in p]
    return p
coefficients = inverse_fast_fourier_transform(fft_results)
for i in range(len(coefficients)):
    print(coefficients[i])
```

在上面的代码实现中，函数 fast_fourier_transform_with_minus_roots()的代码实现与 2.4.5 小节快

速傅里叶变换的实现一模一样，唯一不同在于，它创建 n 次复方根后再求它们的倒数。在 inverse_fast_fourier_transform() 函数中，调用 fast_fourier_transform_with_minus_roots() 函数获得结果后，再将结果除以多项式对应度数，由此得到原有多项式的系数。

把 2.4.5 小节得到的傅里叶变换结果输入上面的代码中，如果上面的代码实现正确，就能把对应的多项式系数还原回来。上面代码运行后，结果如图 2-20 所示。

```
(2.220446049250313e-16+0j)
(1.0000000000000002-2.2776579365114115e-16j)
(2+9.957992501029599e-17j)
(3-2.1632341619892146e-16j)
(4+0j)
(5+2.1632341619892146e-16j)
(6-9.957992501029599e-17j)
(7+2.2776579365114115e-16j)
```

图 2-20　代码运行结果

从运行结果可知，输出的 8 个数值中，虚部非常接近 0，在数值上看作等于 0，实部在数值上等于 [0,1,2,3,4,5,6,7]，由此逆向傅里叶变换能正确地通过快速傅里叶变换计算的结果反算出其对应的多项式系数。

由于逆向傅里叶变换算法与快速傅里叶变换算法如出一辙，因此它的算法复杂度为 $O(n*\lg(n))$。接下来看看如何使用两种傅里叶变换实现多项式相乘。假设有两个多项式为

$$\begin{cases} p_1(x) = 1 + 2x + 3x^2 + 4x^3 \\ p_2(x) = 5 + 6x + 7x^2 + 8x^3 \end{cases} \tag{2.38}$$

它们相乘后所得多项式为

$$\begin{aligned} p_1(x)*p_2(x) &= (1 + 2x + 3x^2 + 4x^3)*(5 + 6x + 7x^2 + 8x^3) \\ &= 5 + 16x + 34x^2 + 60x^3 + 61x^4 + 52x^5 + 32x^6 \end{aligned} \tag{2.39}$$

为了计算两个多项式相乘，首先使用快速傅里叶变换计算 $p_1(x)$ 和 $p_2(x)$ 对应的数值点形式；其次将数值点相乘；最后使用逆向傅里叶变换转换成对应的系数，于是就可以得到多项式相乘后对应乘积多项式的系数。

我们看到乘积多项式最高项的指数是 6，在代码中要求输入系数的个数必须满足 2 的指数次，因此需要把系数用 0 填充成满足条件的形式。于是 $p_1(x)$ 对应的系数向量为 [1,2,3,4,0,0,0,0]，$p_2(x)$ 对应的系数向量为 [5,6,7,8,0,0,0,0]。由此对应的代码实现如下：

```
p1 = [1,2,3,4,0,0,0,0]  #p1 多项式对应系数
p2 = [5,6,7,8,0,0,0,0]  #p2 多项式对应系数
fft_p1 = fast_fourier_transform(p1)  #通过快速傅里叶变换计算 p1 多项式对应的数值形式
print('fast fourier transform for p1 is : ', fft_p1)
fft_p2 = fast_fourier_transform(p2)  #通过快速傅里叶变换计算 p2 多项式对应的数值形式
print('fast fourier transform for p2 is : ', fft_p2)
fft_p12 = [a * b for a, b in zip(fft_p1, fft_p2)]  #多项式相乘可以直接用数值形式相乘
coefficients_p1_p2 = inverse_fast_fourier_transform(fft_p12)  #将相乘后的数值形式经过
逆向傅里叶变换后得到对应系数形式
print('coefficients of p1 * p2 are :', coefficients_p1_p2)
```

上面代码运行后，结果如图 2-21 所示。

```
fast fourier transform for p1 is : [(10+0j), (-0.41421356237309426+7.242640687119286j), (-2-2j), (2.4142135623730954
+1.2426406871192848j), (-2+0j), (2.414213562373095-1.2426406871192857j), (-1.9999999999999998+2j), (-0.4142135623730958
-7.242640687119285j)]
fast fourier transform for p2 is : [(26+0j), (3.585786437626906+16.899494936611667j), (-2-2j), (6.414213562373097+
2.899494936611636j), (-2+0j), (6.414213562373094-2.899494936611667j), (-1.9999999999999998+2j), (3.5857864376269033-
16.899494936611664j)]
coefficients of p1 * p2 are : [(5+4.9960036108132044e-15j), (16+7.116869735053221e-15j), (34+7.055637395095854e-15j),
(60+1.7649144619480308e-15j), (61-4.773959005888173e-15j), (52-7.093984980148782e-15j), (32-7.277682000020885e-15j),
-1.78779921685247e-15j]
```

图 2-21　代码运行结果

从图 2-21 中可以看到，输出的虚部在数值上接近 0，实部在数值上等价于[5,16,34,60,61,52,32]，这与前面展示的多项式相乘后的系数完全一致。

2.5　在平面点集中查找距离最近两点

假定二维平面上有一系列点组成的集合：$\{p_1 = (x_1, y_1), p_2 = (x_2, y_2), \cdots, p_n = (x_n, y_n)\}$，取其中两个不相同的点 p_i, p_j，即 $p_i \neq p_j$，并将两点距离定义为

$$L_{i,j} = \sqrt{(x_i - x_j)^2 + (y_i - y_j)^2}$$

请问如何找到距离最近的两点呢？为了有更直观的理解，用代码绘制出随机分布的点集。

```python
import random
%matplotlib qt5
import numpy as np
import matplotlib.pyplot as plt
N = 50  #在平面上随机绘制 20 个点
x = np.random.rand(N)
y = np.random.rand(N)
x_t = [int(x_pt) + int(np.random.randint(2*N)) + 2*N  for x_pt in x]   #让点与点之间
不重合
y_t = [int(y_pt) + int(np.random.randint(3*N)) + 3*N  for y_pt in y]
plt.scatter(x_t, y_t)
plt.show()
```

代码运行结果如图 2-22 所示。

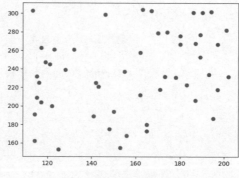

图 2-22　代码运行结果

2.5.1 查找算法的基本步骤描述

在算法设计中，当需要在一个集合中查找满足某种条件的元素时，常用的一种手段是将集合分成多个部分，然后在各个部分中递归地查找某种条件的元素，接下来再检验是否存在不同集合之间的元素，它们之间的关系更能满足给定条件，具体到现在面临的问题，可以采用如下步骤进行查找。

（1）先以 x 轴为基础，也就是以点集的 x 分量为基础，找到其中位数 x'，然后将点集平分成两部分，注意到在 2.2 节中详细描述了如何在线性时间内从数组中找到给定次序的元素，显然这里可以直接应用 2.2 节中讲解到的算法。

需要注意的是，如果点集中包含相同的两点，这两点可能会分别属于 L 和 R。例如，点集包含 6 个点，分别为（0,1）、（1,2）、（2,3）、（2,3）、（3,4）、（5,6），其中点集中 x 分量的中位数为 2，于是属于 L 的点集为（0,1）、（1,2）、（2,3），属于 R 的点集为（2,3）、（3,4）、（5,6），注意到重复点（2,3）分属于两个集合。

（2）假设第（1）步将点集分成两部分，分别用 L 和 R 表示，然后分别在两部分中找到距离最近的两点，假设在集合 L 中找到的距离最近两点为 p_L, q_L，在集合 R 中递归地找到距离最近的两点为 p_R, q_R，用 d 表示两个距离中较小的那个。

（3）检验是否存在这样的情况：在集合 L 中存在一点 p，在集合 R 中存在一点 q，使得两者间的距离小于 d。如果存在，则抛弃那些 x 分量小于 $x'-d$ 或大于 $x'+d$ 的点，对剩下的点按照 y 分量进行排序，注意到这里可以使用 2.3 节描述的归并排序。

（4）从步骤（3）中排好序的数组中遍历每一点，再计算排在该点后面不超过 7 个点的距离，然后记录距离最小的两个点，用 p_M, q_M 来表示。

（5）距离最短的两点就是如下三者中距离最短的那一对：
$$\{p_L, q_L\}, \{p_R, q_R\}, \{p_M, q_M\}$$

2.5.2 算法的正确性说明

为何 2.5.1 小节中给出步骤找到的两点是距离最小的两点呢？为了确定算法的正确性，需要搞清楚几个问题。

首先在步骤（4）中，为何要计算给定点与排在它后面的 7 个点的距离呢？这是因为，当我们在平面上任意位置绘制一个高和宽都为 d 的矩形，那么集合 L 或 R 中，落入该矩形的点最多不超过 4 个。

注意到 d 是集合 L 和 R 中沿着 x 轴方向上距离最近的两点之间的距离，这里通过图形看看，如果集合 L 或 R 中的点落入长和宽都是 d 的矩形时会是什么情况，如图 2-23 所示。

根据图 2-23 中的描述，无论集合 L 还是 R 中的点，最多有 4 个点会落入给定矩形，如果有超过 2 个以上的点落入矩形，根据 d 的性质，这些点必须位于矩形的顶点上。

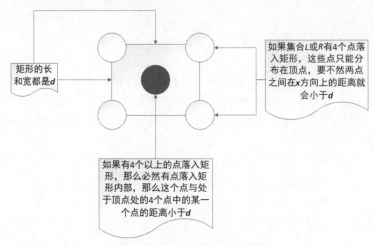

图 2-23　点在矩形内的分布情况

接下来，需要考虑当距离最短的两点分别位于集合 L 和 R 的情况，如图 2-24 所示。

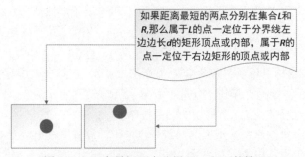

图 2-24　距离最短两点分属于 L 和 R 的情况

如图 2-24 所示，当最短距离对应的两点分属于 L 和 R 时，那么肯定可以找到两个并列的边长为 d 的矩形将这两个点圈起来，因为这两点之间的距离小于 d，因此这两点距离中间分界线的距离绝对不能大于 d，要不然两点在 x 方向上的距离就已经大于 d。

同理，两点在竖直方向上的距离也不能超过 d，因此总能找到两个边长为 d 的衔接矩形，或是宽为 $2d$，高为 d 的矩形将两点圈在一起。注意前面说过，左边矩形最多包含 4 个来自集合 L 的点，右边矩形最多包含 4 个来自集合 R 的点，如图 2-25 所示。

根据图 2-25 所示，圈住左边点和右边点的矩形最多能包含 8 个点，其中 4 个来自集合 L，它们分布在左边矩形 4 个顶点上，4 个来自集合 R，它们分布在右边矩形 4 个顶点上，其中中间两个顶点可能产生点的重合。

不失一般性，假设来自集合 L 的点的 y 坐标值比来自集合 R 的点的 y 坐标值要小，根据 2.5.1 小节中的步骤（3），来自集合 L 的点会最先遍历到，根据图 2-25 所示，来自集合 R 的点一定与它处于同一个矩形中。

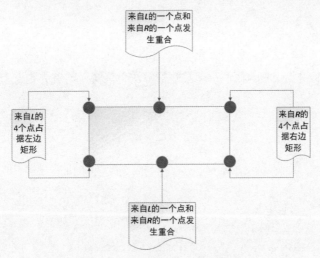

图 2-25　两边矩形包含点的情况

同时与来自 L 的点处于同一矩形的点不超过 8 个，除去它自己最多还有 7 个点可能与它处于同一个矩形中，由于这些点都根据 y 坐标排好序了，于是它只要遍历排在它后面的 7 个点就一定能找到属于集合 R 的点，然后计算这两点之间的距离，由此就获得了想要的最短距离。

我们分析一下算法的时间复杂度。用 n 表示点的数量，用 $T(n)$ 表示总算法执行时间。根据 2.5.1 小节中的步骤（1），把点分割成两组，此时需要遍历点集中每个点，因此时间复杂度为 $O(n)$。

在步骤（2）中，算法递归地计算两个子集 L 和 R 中最短距离点，由于它们的点数为 $n/2$，因此该步骤需要的时间为 $2*T(n/2)$。在步骤（3）中，排除掉 x 分量不满足条件的点，该步骤需要的时间复杂度为 $O(n)$。

在步骤（3）中，算法还对满足条件的点根据分量 y 进行排序。根据 2.3 节描述的归并排序算法，该步骤需要的时间复杂度为 $O(n*\lg(n))$。在步骤（4）中，遍历排序后的每一个点，计算它与后面 7 个点的距离，该步骤需要的时间复杂度为 $O(n)$，因此得到算法的总时间为

$$T(n) = 2*T\left(\frac{n}{2}\right) + O(n*\lg(n)) + O(n) = 2*T\left(\frac{n}{2}\right) + O(n*\lg(n)) \tag{2.40}$$

应用 1.4 节描述的猜测检验法，可以根据上面公式计算出算法的时间复杂度为 $T(n) = O(n*\lg^2(n))$。还可以对算法做进一步优化，在步骤（3）中对满足条件的点进行排序，它会在算法每次递归中进行。

如果在执行 2.5.1 小节所描述的 4 个步骤前就根据所有点的 y 分量进行排序，同时在代码实现中做一些优化改进，那么就可以省去步骤（3）中的排序部分。于是式（2.40）就转换为

$$T(n) = 2*T\left(\frac{n}{2}\right) + O(n) \tag{2.41}$$

使用猜测检验法解出 $T(n)$ 的值为 $O(n*\lg(n))$，再考虑到一开始对所有点进行排序所需要的时间复杂度为 $O(n*\lg(n))$，于是得到算法的总时间复杂度为 $O(n*\lg(n))$，具体如何改进请参看 2.5.3 小节的描述。

2.5.3　算法的代码实现

本小节看看如何使用代码将前面两小节描述的算法付诸实现。首先定义点对应的数据结构，同时构造出点的集合。

```python
import math
import sys
class Point:
    def __init__(self, x, y):
        self.x = x
        self.y = y
        self.is_left = False
    def __str__(self):
        return "x: {0}, y: {1}".format(self.x, self.y)
    def distance(self, other_point):
        if other_point == self:
            return sys.maxsize
        return math.sqrt((self.x - other_point.x) ** 2 + (self.y - other_point.y)
** 2)

point_list = []
for x, y in zip(x_t, y_t):  #构造点集
    p = Point(x,y)
    point_list.append(p)
point_list.sort(key=lambda p : p.y)  #将点集根据 y 分量排序
for p in point_list:
print(p)
```

在上面代码中构造点集后，将所有点根据它的 y 坐标进行排序，上面代码运行后，可以看到所有点在队列中按照 y 坐标升序排列。在类 Point 中，有一个标志位叫 is_left，它的作用在于帮助省去 2.5.1 小节算法步骤（3）中对点在 y 分量上进行排序的需要。

根据算法描述，需要将点集分割成两个点数相近的子集，然后分别在两个子集中递归地查找两点之间最短距离。点集的分割功能实现如下：

```python
def seperate_points_by_median(points, median):
    #将点集根据中位数分成子集 L,R。输入的点集 points 已经在 y 上排好序，函数确保输出的两个子点集
    同样在 y 上排好序
    L = []
    R = []
    i = 0;
    left = []
    right = []
    for p in points:  #1  根据中位数将点集分成两部分，如果点属于左边集合，它对应的 is_left 标
    志位设置为 True
        if p.x <= median:
```

```
            left.append(p)
            p.is_left = True
        else:
            right.append(p)
    left_more = len(left) - int(len(points) / 2)   #2  在某些特殊情况下左右两个集合中点的
数量会失衡，这里进行平衡校正
    right_more = len(right) - int(len(points) / 2)
    if left_more > 0:
        for p in left:
            if p.x >= median:
                p.is_left = False
                left_more -= 1
            if left_more == 0:
                break
    if right_more > 0:
        for p in right:
            if p.x <= median:
                p.is_left = True
                right_more -= 1
    for p in points:   #3  根据每个点 is_left 标志位从输入点集中将点分配给集合 L,R，这样能确保
子集中的点依然在 y 上保持排序
        if p.is_left is True:
            L.append(p)
        else:
            R.append(p)
    return L, R
```

上面函数中输入的点集 points 中包含的点在坐标 y 上已经排序，我们把它分割成两个子集 L,R，在某些特殊情况下，分割可能会导致 L,R 中元素不平衡的情况。假设有这样的点集 {(3,0),(3,1),(3,2),(3,3),(4,4),(3,5)}。

该点集在 x 分量上的中位数是 3，于是分割后集合 L 包含的点有 {(3,0),(3,1),(3,2),(3,3),(3,5)}，而集合 R 包含的点有 {(4,4)}，如此分割就不能满足算法要求两个子集点的数量接近一半的要求。

根据算法要求，还需要将 L 根据 x 分量中位数分割成两个子集，但 L 中所有点在 x 坐标上都一样，因此它无法继续往下分割。出于这些原因，在 #2 对应的语句部分会对分割后的子集进行再平衡。

同理，如果把例子中点集 x 坐标对应的 3 换成 4，4 换成 3，那么分割成两个子集时，几乎所有的元素都会被归入集合 R，于是导致点集分割不平衡。因此，#2 对应部分的语句就会进行相应调整。

需要注意的是，#1 和 #2 仅仅决定了元素应该属于集合 L 还是 R，并没有进行实际元素分配，如果元素属于集合 L，那么元素对应的标志位 is_left 就设置为 True；如果元素属于集合 R，那么元素对应的标志位 is_left 就设置为 False。

在 #3 对应的语句处，我们才依次遍历点集中的元素，根据它的标志位将元素分配给集合 L 和 R，这一步很重要，因为输入该函数的点集 points 确保已经在 y 上排序，因此从头遍历点集时，能确保获取的点在坐标 y 上排好序。如此能保证元素加入集合 L 和 R 时，两个集合中的元素依然在坐标

y 上是排序的。

接下来看算法其他步骤的实现。

```
def find_closest_pair(points):
    if len(points) == 1:
        return sys.maxsize, points[0], points[0]
    if len(points) == 2:
        return points[0].distance(points[1]), points[0], points[1]
    points_x = [p.x for p in points] #根据步骤（1），获取点集关于 x 分量的中位数
    x_median = selection(points_x, int(len(points) / 2) + 1)
   # print("median is : ", x_median) #调试信息
    L,R = separate_points_by_median(points, x_median) #根据步骤（2），将点集分成 L,R
两部分
   # print("points in L are:")  #调试信息
   # print_points(L)  #调试信息
   # print("points in R are:")  #调试信息
   # print_points(R)  #调试信息

    L_d,point1_L, point2_L = find_closest_pair(L)   #递归地查找 L,R 中两点最短距离
    R_d ,point1_R, point2_R= find_closest_pair(R)
    #print("closest pair of L is {0}, {1}, with distance {2}".format(point1_L,
point2_L, L_d)) #调试信息
    #print("closest pair of L is {0}, {1}, with distance {2}".format(point1_R,
point2_R, R_d))  #调试信息
    point_1 = None
    point_2 = None
    d = min(L_d, R_d)
    if L_d == d:
        point_1 = point1_L
        point_2 = point2_L
    else:
        point_1 = point1_R
        point_2 = point2_R
    points_in_rectangle = []
    for p in points: #根据步骤（3），排除 x 坐标位于[x_median-d,x_median+d]之外的点
        if p.x >= x_median - d and p.x <= x_median + d:
            points_in_rectangle.append(p)
    #print("points in rectangle :")  #调试信息
    #print_points(points_in_rectangle)  #调试信息

    for k in range(0, len(points_in_rectangle)): #根据步骤（4），计算每个点与后面 7 个点
之间的距离
        follows = min(len(points_in_rectangle) - k - 1 , 7)
        p = points_in_rectangle[k]
       # print("current point: ", p)  #调试信息
        for j in range(k+1, k + 1 + follows):
```

```
          # print("follow point: ", points_in_rectangle[j])  #调试信息
         if p.distance(points_in_rectangle[j]) < d:
             d = p.distance(points_in_rectangle[j])
             point_1 = p
             point_2 = points_in_rectangle[j]
             #print('found closer pair between L and R with point {0}, {1} and distance
{2}'.format(point_1, point_2, d))  #调试信息
     return d, point_1, point_2
d, p1, p2 = find_closest_pair(point_list)
print('divide and conque->p1:{0}, p2:{1}, distance: {2}'.format(p1, p2, d))
```

函数 find_closest_pair() 执行 2.5.1 小节中描述的算法步骤，唯一不同的是，通过算法改进省去了步骤（3）中需要对集合中的点按照坐标 y 进行排序的需要。在代码中专门留下了标明有"#调试信息"的语句，反注释掉这些语句，就能在算法运行过程中输出关键信息，这就有利于帮助读者进行有效调试，从而能快速掌握代码设计原理。

函数 find_closest_pair() 的实现基本按照 2.5.1 小节中描述的算法步骤，在调用该函数前，必须对输入的点集先根据坐标 y 进行排序。在函数运行时，它调用在 2.2 节实现的函数 selection() 获得点集在 x 坐标上的中位数。

接着调用 separate_points_by_median() 函数将点集分成两部分，集合 L 中的点 x 坐标都小于等于中位数，R 中的点 x 坐标都大于等于中位数，然后它通过递归调用自己去查找集合 L 和 R 中点的最短距离，注意到该函数要求输入点集必须在坐标 y 上排好序，这也就是在实现函数 separate_points_by_median() 时需要确保两个集合中的点按照坐标 y 排序的原因。

获得两个集合中点的最短距离后，代码查找存在"跨界"情况，也就是有一个点在 L，另一个点在 R，使得两点之间距离最短。代码中用 d 表示集合 L 和 R 中最短距离较小的那个，根据 2.5.2 小节中的推导，如果存在"跨界"情况，那么这两个点一定落入宽为 $2d$、高为 d 的矩形之内。

由于集合 L 最多有 4 个点落入该矩形，同理，R 也最多有 4 个点落入该矩形，并且这些点都已经根据 y 坐标排序，于是遍历满足条件的每个点，然后计算它与排在后面 7 个点的最短距离，并与前面计算得到的距离 d 相比较，最小的那个就是点集中最接近的两点间距离。

为了验证代码实现的正确性，先实现一个暴力查找函数，也就是遍历集合中每两个点从而找到最短距离。

```
def  find_closest_pair_by_brute_force(points):  #通过全遍历查找距离最短点
   d = sys.maxsize
   p1 = points[0]
   p2 = points[1]
   for i in range(0, len(points)):
       for j in range(i+1, len(points)):
           if points[i].distance(points[j]) < d:
               d = points[i].distance(points[j])
               p1 = points[i]
               p2 = points[j]
   return d, p1, p2
```

上面代码由于需要遍历集合中点所有可能的两两组合，因此算法时间复杂度是 $O(n^2)$。接下来构造含有 51 个点的集合，分别使用前面的查找函数和暴力查找函数获得点集中最近两点的距离，如果得出的结果相同，则表明前面的代码实现就是正确的。

```python
error = False
for i in range(0, 100):
    N = 51  #在平面上随机绘制 N 个点
    x = np.random.rand(N)
    y = np.random.rand(N)
    x_t = [int(x_pt) + int(np.random.randint(2*N)) + 2*N for x_pt in x]  #让点与点
之间不重合
    y_t = [int(y_pt) + int(np.random.randint(3*N)) + 3*N for y_pt in y]
    point_list = []
    x_l = []
    y_l = []
    for x, y in zip(x_t, y_t):  #构造点集
        p = Point(x,y)
        x_l.append(x)
        y_l.append(y)
        point_list.append(p)
    point_list.sort(key=lambda p : p.y)  #将点集根据 y 分量排序
    mini_d, mini_p1, mini_p2 = find_closest_pair_by_brute_force(point_list)
    d, p1, p2 = find_closest_pair(point_list)
    if mini_d != d:
        print("error!")
        error = True
        print("x_l: ", x_l)
        print("y_l: ", y_l)
        break
if error is False:
    print("totally correct")
```

在上面的代码中，连续进行 100 次模拟。每次模拟都随机生成含有 51 个点的集合，然后分别调用 find_closest_pair_by_brute_force()函数和 find_closest_pair()函数去查找最短距离，如果得到的结果相同，则表明 find_closest_pair()函数对算法的实现是正确的；如果得到的结果不同，则会打印错误信息，并把点集的内容打印出来，坦白地说，就是依靠这个方法找到了代码实现中的很多 bug。

上面代码运行后输出结果为 totally correct，这表明代码对算法的实现是正确的。

第3章

学会排序

在计算机应用中，最常用的算法莫过于排序。搜索引擎需要根据网页的相关性大小在页面上排列；电商平台会根据销售量大小、顾客评级等指标对商家进行排序。尽管现在信息技术的发展呈现出越来越复杂的形态，如大数据、人工智能等。

然而这一切都必须建立在排序的基础上，如果没有排序，当前让我们眼花缭乱的一切应用都没有存在的可能。本章将深入研究和掌握几种重要排序算法的原理与实现。

3.1　堆排序和优先级队列

有过系统编程经验的人都会熟悉一个函数——Timer。也就是你向系统申请一个时钟，里面指定了超时时长，一般以 ms 为单位，一旦经过了你指定的时长后，系统会调用你提供的函数。

Timer 回调机制在需要异步处理的应用中时常用到，在任意时刻，系统中的 Timer 会随机地增加或减少，问题在于系统是如何保证 Timer 对应的时间片结束后能准确地调用附带函数呢？本节就来探究 Timer 的实现原理。

3.1.1　数据结构：堆

堆排序依赖于一种特定的数据结构——堆。它与二叉树非常类似，与二叉树不同的是，它不需要左右指针指向孩子节点，给定一个数组，将数组中的元素进行特定排序后，就可以得到一个堆。

如图 3-1 所示为一个数组。

图 3-1　数组给定元素

该数组对应的大堆如图 3-2 所示。

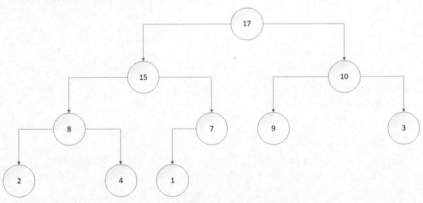

图 3-2　根据数组元素形成的堆结构

从图 3-2 中可以看到，堆在结构上与二叉树几乎一模一样，但图 3-2 中显示的左右指针指向孩子节点，只要将图 3-1 对应的数组元素按照图 3-2 显示的层级进行排列即可，也就是将图 3-1 中的元素按照图 3-3 排列后就能满足堆的性质。

图 3-3　数组元素排列成堆结构

我们不用构造像图 3-2 那样的二叉树结构，只要把图 3-1 中的元素按照图 3-3 所示进行排列就能形成堆。从图 3-3 对应的元素排列中可知，在给定一个元素下标后，可以快速查找到该元素对应的父节点和左右孩子节点。

先假设元素下标起始为 1，当给定元素下标 i，我们使用操作 parent(i) 返回该元素对应的父节点下标，left(i) 返回它对应的左孩子，right(i) 返回它对应的右孩子，这 3 种操作对应的代码如下。

```
def  parent(i):  #返回给定下标元素对应的父节点下标
    return int((i+1)/2) - 1  #由于数组下标从 0 开始，因此 i 要加1，同样原因返回结果要减1
def  left(i):  #返回给定下标元素的左孩子下标
    return 2*(i+1) - 1
def  right(i):  #返回给定下标元素的右孩子下标
    return 2*(i+1)
```

例如在图 3-3 中，元素 7 的下标是 4，根据 parent(4) 返回的结果是 1，下标 1 对应的元素是 15，对应到图 3-2 中我们发现，元素 7 的父节点的确是 15。left(4)=9，在图 3-3 中下标 9 对应的元素为 1，后者在图 3-2 中正好是元素 7 的左孩子。

堆有大堆和小堆之分，大堆的特点是父节点的值大于等于孩子节点，小堆的特点是父节点的值小于等于孩子节点。于是在大堆中，在数组中值最大的元素一定在堆的顶部，对应于数组就是排在首位。对小堆而言，值最小的元素在堆的顶部，对应于数组就是最小值元素排在首位。

可以像二叉树那样定义堆的高，由于每个节点最多只能包含两个子节点，因此对于 n 个元素的数组而言，它对应堆的高度就是 $\lg(n)$。接下来看看如何将一个数组转换为堆。

3.1.2　将数组转换为堆

本小节看看如何将一个任意数组转换为堆结构。假设要将给定数组转换为大堆，如果数组只包含一个元素，那么它就已经满足大堆的性质。设想当数组中的元素排列已经满足大堆性质时，在末尾新增一个元素后，如何调整元素位置使得最终数组元素的排列依然能满足大堆性质。

依据图 3-2 所示的大堆，假设在末尾加入一个元素，如图 3-4 所示。

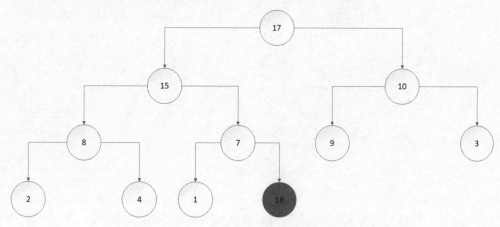

图 3-4　在大堆基础上添加新元素

　　如图 3-4 所示，在原来大堆基础上，在数组末尾新添加一个元素 18，这个元素的加入破坏了大堆父节点大于等于孩子节点的性质。元素 18 的父节点数值为 7，因此需要进行调整以便元素排列满足大堆要求。

　　此时可以把父节点和孩子节点对换，如图 3-5 所示。

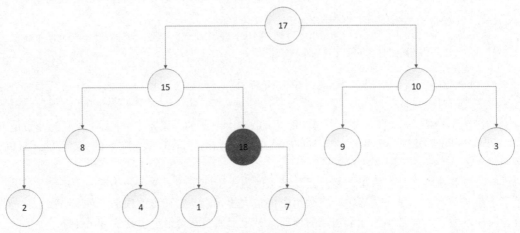

图 3-5　节点调整（1）

　　由于父节点的值 7 比孩子节点 18 要小，因此对调两者位置，但是对调后问题没有彻底解决，因为此时元素 18 的父节点是 15，此时大堆性质依然不能满足，于是继续对调父节点和孩子节点的位置，如图 3-6 所示。

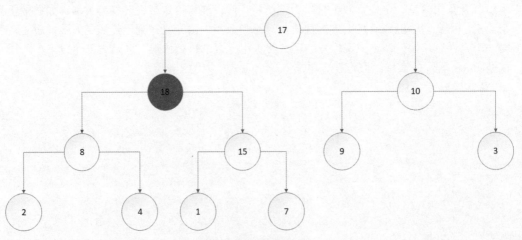

图 3-6　节点调整（2）

　　这时以节点 18 为根节点的部分满足大堆性质，但是从整体而言还有问题，那就是节点 18 的父节点 17 比它要小，因此继续对调两者位置，最后得到如图 3-7 所示的情形。

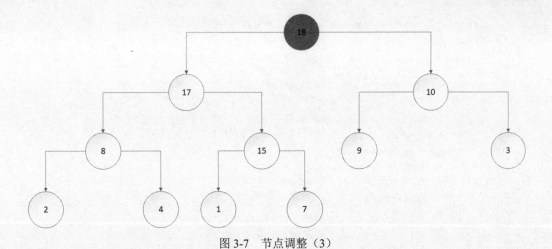

图 3-7　节点调整（3）

　　此时当前所有节点的排列满足大堆性质，由此得到在给定一个任意数组时，将其元素调整为满足大堆性质的算法步骤可以用图 3-8 来表示。

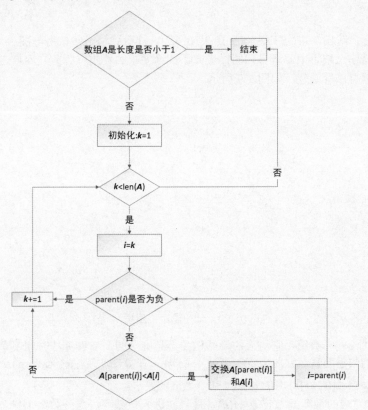

图 3-8　堆构建算法流程图

　　根据图 3-8 所示的算法流程，代码实现堆构建如下：

```
def build_big_heap(A):    #将输入数组中的元素排列成满足大堆形式
    if len(A) <= 1:
        return A
    k = 1
    while k < len(A):
        i = k
        while parent(i) >= 0:    #循环结束后[0:i]之间的元素满足大堆性质
            if A[parent(i)] < A[i]:    #如果父节点的值比孩子节点小，交换两者
                temp = A[parent(i)]
                A[parent(i)] = A[i]
                A[i] = temp
                i = parent(i)
            else:
                break
        k += 1
    return A
A = [1,3,4,2,9,7,8,10,15,17]
heap_A = build_big_heap(A)
print(A)
```

上面代码运行后输出结果为[17,15,8,9,10,3,7,1,4,2]，注意到输出的数组与图3-3中数组元素的排列并不一样，但是输出结果中元素排列同样遵守了大堆要求的性质，因此它同样是正确的，将它转换为二叉树结构就可以看清楚，如图3-9所示。

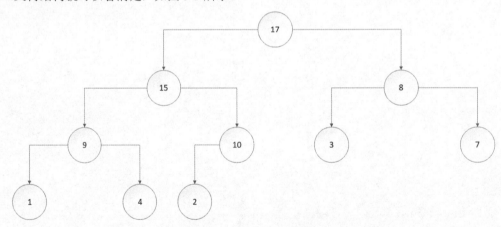

图 3-9   输出结果堆结构

由此可见，对于同一数组，它对应的堆结构并不是唯一的。看看算法时间复杂度，前面提到对于含有 n 个元素的数组而言，它对应堆的高度是 $\lg(n)$，在算法实现中，while parent(i) >= 0 这个循环结束后，我们确保 A[0:i+1] 对应的元素排列满足堆的要求。

因此 A[0:i+1] 对应的堆高度为 $\lg(i)<\lg(n)$，每一次进入该循环，拿到数组下一个元素，然后通过 parent(i) 获得它对应的父节点，如果父节点的值大于当前节点，则交换两者并执行 i=parent(i)。

这意味着 i 对应的元素提升一层，由于当前对应的层次最大不超过 $\lg(n)$，因此 while parent(i)>=0

对应的循环操作次数不超过 lg(n)，而对外层循环 while k < len(A)而言，它的循环次数不超过 n，因此算法的时间复杂度为 $O(n*\lg(n))$。

3.1.3　实现堆排序

同时注意到，在堆结构中，数值最大的元素总是在顶部，同时父节点如果存在孩子节点，那么孩子节点同样是一个大堆的顶部元素，利用这个性质可以实现排序，还是用图 3-9 所示的大堆为例。

首先将末尾节点 2 的连接断开，如图 3-10 所示。

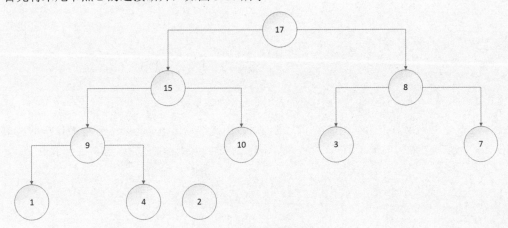

图 3-10　断开末尾节点

将堆顶节点值与断开连接的节点值相交换，如图 3-11 所示。

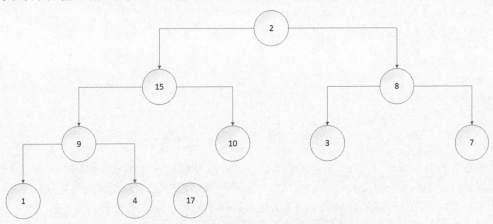

图 3-11　堆顶节点值与断开节点值交换

此时最大值已经转移到了数组的末尾，同时前 $n-1$ 个节点形成的排列如图 3-11 所示，无法满足大堆的性质，但是可以通过简单地调整让前 $n-1$ 个节点满足大堆性质。我们将顶节点与它的左右孩子相比较，将它与数值最大的孩子互换。

根据图 3-11 所示，首节点 2 应该与左孩子 15 交换，如图 3-12 所示。

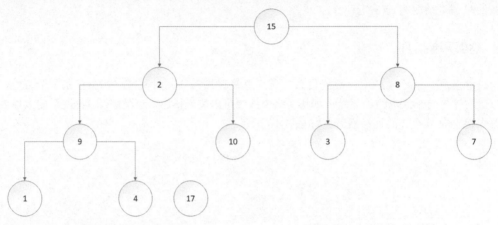

图 3-12　顶节点与左孩子交换

此时以节点 2 为顶节点的结构破坏了大堆性质，因此继续像上一个步骤那样操作。取出节点 2 的左右孩子，将它与最大的孩子节点交换。从图 3-12 中可以看出，它应该与右孩子节点 10 交换，如图 3-13 所示。

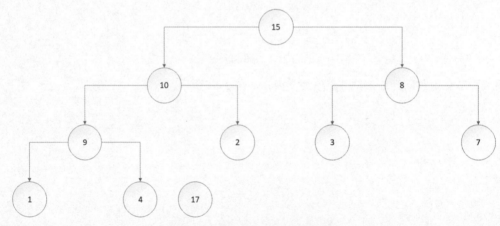

图 3-13　节点 2 与右孩子节点交换

此时除了断开的节点 17 外，其他节点形成了一个大堆结构，也就是当前数组中前 $n-1$ 个节点满足大堆性质，于是我们对前 $n-1$ 个节点采取同样的操作就能把倒数第 2 大的数值 15 放入数组倒数第 2 位，如此依次进行直到堆只剩下一个元素时，整个数组就完成了排序。

下面看看如何使用代码实现上面所描述的流程。

```
def maxify_heap(heap, size):   #当处理堆顶元素不满足大堆性质的情况
    parent = 0
    while left(parent) < size or right(parent) < size:   #将父节点与值最大的孩子节点进行
互换
```

```
        max_val = heap[parent]
        child = parent
        if left(parent) < size and heap[left(parent)] > max_val:
            max_val = heap[left(parent)]
            child = left(parent)
        if right(parent) < size and heap[right(parent)] > max_val:
            max_val = heap[right(parent)]
            child = right(parent)
        if child == parent:  #如果当前节点比左右孩子的节点值要大，则调整结束
            return
        temp = heap[parent]
        heap[parent] = max_val
        heap[child] = temp
        parent = child
def heap_sort(A):
    A = build_big_heap(A)   #将数组元素排列成大堆
    heap_size = len(A)
    while heap_size > 1:
        temp = A[0]   #断开末尾节点，并将顶节点与末尾节点交互
        A[0] = A[heap_size - 1]
        A[heap_size - 1] = temp
        heap_size -= 1
        maxify_heap(A, heap_size)   #将断开节点前面的节点调整成大堆
    return A
A = [1,3,4,2,9,7,8,10,15,17]
A = heap_sort(A)
print(A)
```

上面代码运行后输出结果为[1,2,3,4,7,8,9,10,15,17]，由此可见排序正确。在代码中，我们每次都将堆顶元素与末尾元素互换，然后调整堆顶元素，使得末尾元素前面的所有元素排列满足大堆性质。

在调整过程中，父节点如果与孩子节点有交换，则每交换一次当前节点所处的高度就降低一层，由于 n 个元素形成的大堆高度为 $\lg(n)$，因此调整过程所需要的时间复杂度就是 $O(\lg(n))$。

由于在 heap_sort()函数中，只要变量 heap_size 大于 1，那么循环就会继续，一开始 heap_size 的值为 n，每循环一层它的值减小 1，因此总共循环 n 次，于是堆排序总的算法时间复杂度就是 $O(n*\lg(n))$。

3.1.4　优先级队列

前面提到堆能够实现系统时钟功能。假设在 3.1.3 小节中，用于构造堆的数组中所包含元素对应时间片，如果将这些元素取反，也就是在这些元素对应数字的前面加个负号，然后进行大堆排序，那么值最小的元素就会排在数组首位。

要想实现系统时钟功能，每经过一个单位时间我们就对数组中每个元素值加 1，当它的头元素

对应值变为 0 时，系统就触发该节点时间片对应的回调函数，然后把头元素从数组中抽离，调整剩下元素排序，让它们继续满足大堆性质。

如果在数组首元素对应的时间片没有结束前突然有时间片更小的时钟产生，该如何应对？此时就需要基于堆的优先级队列来处理。优先级队列是在满足堆排序的基础上支持以下几种操作。

（1）insert(heap, x)，将新元素 x 插入堆，并保持插入后堆的性质不变。

（2）maximun(heap)，返回堆中的最大值元素。

（3）extractMax(heap)，将堆中的最大值元素去除，并保持堆的性质不变。

（4）increaseKey(heap, i, k)，将堆中下标为 i 的元素值增加到 k，并保持堆的性质不变。

下面看看 4 种操作的相应实现。首先最简单的操作是 maximun，它返回堆的最大值，根据堆排序原理，我们知道最大值就处于数组首位，因此实现简单。

```python
def  maximun(heap):  #返回堆的最大值
    return heap[0]
```

接下来看看去除堆最大值元素，也就是 extractMax 的实现，这个功能在 3.1.2 小节已经实现，我们在实现堆排序时，会把堆最大值元素与末尾元素交换，然后调用 maxify_heap()函数调整前面 $n-1$ 个元素，让它们保持大堆性质，这个过程就等价于 extractMax。看相应实现：

```python
def extractMax(heap):  #抽取堆的最大值元素
    if len(heap) < 1:
        raise Exception("heap underflow")
    m = heap[0]
    heap[0] = heap[len(heap) - 1]    #将末尾元素放到首位，然后调节元素排序
    heap.pop(len(heap) - 1)
    maxify_heap(heap, len(heap))
    return m
```

构造一个大堆，然后调用上面的函数将堆的最大值抽取出来，接着打印剩余元素看看它们是否维持大堆性质。

```python
A = [1,3,4,2,9,7,8,10,15,17]
heap_A = build_big_heap(A)
m = extractMax(heap_A)
print(m)
print(heap_A)
```

上面代码运行后输出结果为 17 和[15,10,8,9,2,3,7,1,4]，由此确定 extractMax 能正确抽取大堆中的最大值，并将剩余元素排列成大堆。接下来看如何增加一个给定元素的值。

在大堆中，元素如果有孩子节点，那么以该元素为根节点的元素组合构成一个大堆。如果增加该元素的值，以它为根节点的大堆不产生任何变化，问题在于它的值增加后有可能超过其父节点，此时就需要不断交换它与父节点的相互位置以便让元素保持大堆性质。相应实现如下：

```python
def  increaseKey(heap, i, k):  #将大堆中下标为 i 的元素值增加到 k
    if k < heap[i]:
        return
```

```
    heap[i] = k
    while i > 0 and heap[parent(i)] < heap[i]:  #如果值比父节点大，就调整它与父节点的位置
        temp = heap[parent(i)]
        heap[parent(i)] = heap[i]
        heap[i] = temp
        i = parent(i)
    return heap
```

为了验证代码正确性，先构造一个大堆，然后增加其中一个元素的值，最后看看元素值增加后，元素的排列是否还满足大堆性质。

```
A = [1,3,4,2,9,7,8,10,15,17]
heap_A = build_big_heap(A)
A = increaseKey(heap_A, 2, 18)   #将大堆中下标为 2 的元素值增加到 18
print(A)
```

上面代码将数组 A 先构建成大堆，然后将下标为 2 的元素值增加到 18 并把增加后的结果输出，上面代码运行后输出结果为[18,15,17,9,10,3,7,1,4,2]，通过检查发现元素排列满足大堆性质。

最后看看如何插入一个新元素，并使得插入元素后的新数组满足大堆性质。在 3.1.3 小节中实现堆排序时，将末尾元素断开，然后调节剩下元素满足大堆性质。现在反其道而行之，将一个新元素连接到大堆中，然后调整 $n+1$ 个元素满足大堆性质。其过程如图 3-14 所示。

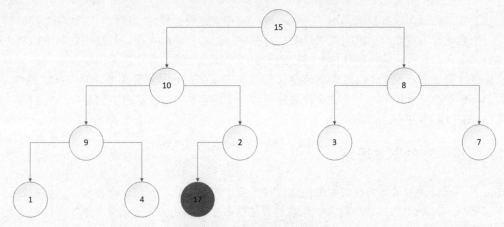

图 3-14　在堆中插入新节点

如图 3-14 所示，着色点 17 是要加入大堆的新元素，空心点元素满足大堆性质。当把新元素加入大堆后，它的值可能会大于父节点，于是破坏大堆性质。此时可以不断将子节点与父节点的值互换，直到所有元素的排列满足大堆性质为止。代码实现如下：

```
def insert(heap, x):  #将新元素 x 插入大堆
    heap.append(x)
    i = len(heap) - 1
    while i > 0 and heap[parent(i)] < heap[i]:  #调整子节点与父节点的位置
        temp = heap[parent(i)]
```

```
        heap[parent(i)] = heap[i]
        heap[i] = temp
        i = parent(i)
    return heap
```

为了验证代码正确性，先构造一个大堆，然后调用上面的函数插入一个新元素，并把插入后的结果打印出来看看插入后的元素排列是否满足大堆性质。

```
A = [1,3,4,2,9,7,8,10,15]
heap_A = build_big_heap(A)
A = insert(heap_A, 17)  #将新元素 17 插入大堆
print(A)
```

上面代码运行后输出结果为[17,15,8,9,10,3,7,1,4,2]，由此可见，插入的结果是正确的。不难分析，在这 4 种操作中，maximun 最简单，它直接返回数组头元素，因此算法时间复杂度为 $O(1)$，其他操作主要涉及孩子节点与父节点的交换，因此算法时间复杂度依赖于堆的高度，因此时间复杂度为 $O(\lg(n))$。

扫一扫，看视频

3.2 快速排序

算法的研究和学习永远都逃离不了一个"坎"，那就是快速排序。评判一个软件工程师的专业水平，一个重要标准就是看他能否准确地对快速排序算法进行编码实现。只要不能熟练地将快速排序算法付诸实践，那么无论从事软件开发行业多少年，都不能用"专业"来形容。

快速排序算法在理论上，其时间复杂度比在 3.1 节提到的堆排序还要差，它可以达到 $O(n^2)$，但它却具备最佳"性价比"，一来它设计思路巧妙，实现容易；二来在通常情况下，它的算法时间复杂度在 $O(n*\lg(n))$ 左右。

3.2.1 快速排序的基本思路

在 2.2 节已经讲解过如何在数组中快速查找给定次序的元素。给定一个数组，随机在数组中抽取一个元素——pivot，然后调动数组中元素位置使得数组可以切分成 3 部分，第 1 部分的元素小于pivot；第 2 部分的元素等于 pivot；第 3 部分的元素大于 pivot。

这种元素调度就是快速排序算法的核心。快速排序的基本思路是，在数组中随机选取一个元素作为 pivot，然后把数组分成两部分，一部分元素小于等于 pivot，另一部分元素大于 pivot，然后递归地对这两部分元素进行快速排序，显然可以直接借用 2.2 节中的办法对数组进行切分。

先通过一个具体的例子来体验快速排序算法的执行流程。图 3-15 所示是元素随机排列的一个数组。

图 3-15　随机排列数组

在图 3-15 中，最后一个实现点就是选中的 pivot。以它为基础，把数组分成两部分，结果如图 3-16 所示。

如图 3-16 所示，把数组元素进行调整，所有小于元素 12 的元素排在它前面，所有大于元素 12 的元素排在它后面，于是得到两部分，分别是 12 前面的{9,5}和后面的{19,13}，然后再从这两部分中各自选择一个元素作为 pivot。

图 3-16 中两个实心元素就是被选中的 pivot，然后各自在两个子数组中进行调整，如图 3-17 所示。

图 3-16　根据 pivot 调整后的数组　　　　　　图 3-17　调整后数组

从图 3-17 中可以看到，整个数组已经排好序。由于元素调整功能在 2.2 节中已经完成，因此只要调用 select()函数，选择数组中位数，那么函数执行后就会将元素进行调整，接着把调整后的数组分割成两部分进行递归调整即可。代码实现如下：

```
def partion(A, pivot):  #将数组按照pivot分成两部分，前一部分元素小于等于pivot，后一部分
元素大于pivot
    i = 0
    j = len(A) - 1
    while i < j:
        if A[i] > pivot:
            temp = A[i]
            A[i] = A[j]
            A[j] = temp
            j -= 1
        else:
            i += 1
    if A[i] > pivot:
        i -= 1
    return i
def quick_sort(A):
    if len(A) == 0:
        return []
if len(A) == 1:
        return A
    pivot = selection(A, int(len(A)/2))   #选择中位数，这样能将数组分割成元素相当的两部分
    mark = partion(A, pivot)
    first_part = quick_sort(A[0 : mark+1])
    second_part = quick_sort(A[mark+1: ])
    first_part.extend(second_part)
    return first_part
```

为了检验上面代码实现的正确性，构造一个随机数组，调用上面代码进行排序：

```
A = [13, 19, 9, 5, 12, 8, 7, 4, 21, 2, 6, 11]
```

```
A = quick_sort(A)
print(A)
```

代码运行后输出结果为[2, 4, 5, 6, 7, 8, 9, 11, 12, 13, 19, 21]，由此可见，代码实现是正确的。

3.2.2 快速排序时间复杂度分析

注意，在代码实现中，使用 selection 选择出中位数作为数组元素调整的基准线，这是为了确保调整后数组分成前后两部分，这两部分的元素个数相当。更简单的做法是，随机在数组中选择任意一个元素作为 pivot。

如果是随机选择的话，在最坏情况下，总是选中当前数组中的最大值元素作为 pivot，于是数组被分成两部分，一部分包含的元素比 pivot 小，另一部分只包含 pivot 一个元素，于是数组被分割成相当不平衡的两部分。

第 1 部分包含 $n-1$ 个元素，第 2 部分包含 1 个元素，那么算法时间复杂度为
$$T(n) = T(n-1) + T(1) + O(n) = O(n^2)$$

通过 2.2 节知道，可以通过线性时间选中数组任意大的元素，于是选中中位数作为 pivot，那么就可以把数组分解成比较平衡的两部分，前一部分占据数组一半元素，后一部分占据数组另一半元素。于是算法时间复杂度为
$$T(n) = 2*T\left(\frac{n}{2}\right) + O(n)$$

由此不难知道 $T(n)$ 的值为 $O(n*\lg(n))$。

3.2.3 尾部递归实现快速排序

在 3.2.1 小节的 quick_sort 代码实现中，它在内部进行了两次递归调用。代码首先选择中位数作为基准，将数组中元素调整为两部分，一部分排在前面，它们的值都小于等于中位数，另一部分排在后面，它们的值都大于中位数，然后代码分别对这两部分元素进行递归排序。

从计算机体系结构上来看，函数调用存在一些成本。在函数调用时，编译器将其编译成二进制指令时会增加很多附加指令，这些附加指令的作用是将当前函数用到的各种信息及函数调用后下一条指令的地址存储到堆栈上，然后再执行被调用的函数指令。

还有一些附加指令就是对应前面说到的压栈指令，也就是出栈指令。在函数调用结束后编译器会增加一些指令，用于将函数调用前压入堆栈的信息弹出从而恢复函数调用前的运行环境。由此可见，运行这些附加指令需要一定的时间开销。

此外，递归调用还有一个非常重要的成本就是递归调用需要损耗堆栈内存。如同上面所述，编译器在调用函数前需要把信息存储在堆栈上，如果递归调用层次很深，当一次函数执行没有返回时又产生另一次函数调用，如此又会再次导致堆栈内存损耗，因此，如果快速排序中数组元素很多的话，递归调用的层次很深，于是就会消耗很多的堆栈内存。

因此，如果在代码实现中存在递归调用的话，一种常用的优化方式是使用循环来替代递归，我们看看如何使用这种方式来优化快速排序算法的实现。我们使用一种叫作尾部递归的优化方法来实

现快速排序。先看代码实现，然后再解析其原理。

```
def partion_for_tail(A, begin ,end , pivot):  #将数组按照pivot分成两部分,前一部分元
素小于等于pivot,后一部分元素大于pivot
    i = begin
    j = end
    while i < j:
        if A[i] > pivot:  #确保比pivot小的元素排在前面
            temp = A[i]
            A[i] = A[j]
            A[j] = temp
            j -= 1
        else:
            i += 1
    if A[i] > pivot:
        i -= 1
    return i
def tail_recursive_quicksort(A, begin, end):
    while begin < end:  #1 通过循环来替代递归
        pivot = selection(A[begin:end+1], int((end - begin) / 2))  #选择中位数,这样
能将数组分割成元素相当的两部分
        mark = partion_for_tail(A, begin, end, pivot)  #2
        tail_recursive_quicksort(A, begin, mark )  #3 递归排序上半部分
        begin = mark + 1  #4 将begin指向下半部分的起始位置
    return A
A = [13, 19, 9, 5, 12, 8, 7, 4, 21, 2, 6, 11]
A = tail_recursive_quicksort(A, 0, len(A) - 1)
print(A)
```

上面代码运行后输出结果为[2,4,5,6,7,8,9,11,12,13,19,21]，也就是代码能够正确对输入数组进行排序。接下来看看代码对应的算法原理。

尾部递归的思想是，将数组中的元素按照 pivot 调整成两部分，只要递归排序前半部分即可。接着从后半部分元素选择一个 pivot，再将后半部分根据 pivot 再次排列成两部分，前一部分元素小于等于 pivot，后一部分元素大于 pivot，接着递归排序前半部分，如此依次进行，直到数组完成排序为止。

下面通过图示来进一步理解。假设当前数组元素排列如图 3-18 所示。

图 3-18 当前数组元素排列

在图 3-18 中，中间实心元素为选中的 pivot，代码执行函数 partion_for_tail()，它根据该元素调整数组元素位置，所有小于等于元素 7 的元素位于左边，所有大于元素 7 的元素位于右边，如图 3-19 所示。

图 3-19　调整后数组

注意看图 3-19，它前半部分元素为 6,2,4,5,7，它们的值都小于等于选中的 pivot 元素，也就是数值 7。接下来在代码中调用 tail_recursive_quicksort() 函数，将这部分元素进行排序，同时在下一次循环时，代码从后半部分元素中选择一个 pivot，如图 3-20 所示。

图 3-20　前半部分排序后的数组

如图 3-20 所示，原来处于 pivot 左边的元素以升序排列，同时右边实心元素为下一次循环执行时选中的 pivot，接着函数调用 partition_for_tail() 函数，将后半部分元素依据选中的 pivot 进行调整。结果如图 3-21 所示。

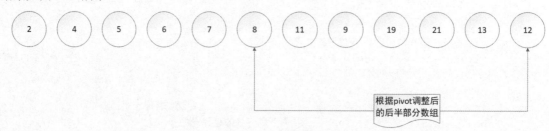

根据pivot调整后
的后半部分数组

图 3-21　后半部分元素调整后的数组

从图 3-21 中可以看出，后半部分数组根据元素 11 调整后，它的前半部分为 8,11,9，后半部分为 19,21,13,12，接下来代码将调用 tail_recursive_quicksort() 函数对前半部分进行排序。所得结果如图 3-22 所示。

前半部分排序
后，在后半部分
选中pivot

图 3-22　将前半部分元素排序

如图 3-22 所示，前半部分元素排序后，在下一次循环中，代码选出 pivot 元素，也就是图中的实心元素 12，然后将后半部分根据 pivot 进行调整。所得结果如图 3-23 所示。

在图 3-23 中，前半部分元素为 11,12，接着对代码递归的这部分元素 13 进行排序，然后在下一次循环中，从后半部分元素，也就是 13,21,19 中选定 pivot，其中的实心元素 13 就是选中的 pivot。

图 3-23　根据 pivot 调整后半部分数组

同理，继续对该部分元素进行调整，调整后元素的排列与当前元素排列一样，最后代码调用 tail_recursive_quicksort() 函数对后面 3 个元素进行排序，执行后数组的全部元素就处于升序排列状态。

分析一下算法时间复杂度。在 while 循环中，代码先选择中位数，然后将元素按照中位数进行调整，这个步骤所需时间复杂度为 $O(n)$。我们注意到，在 while 循环中进行递归调用时，在循环第 1 次进入递归调用时，输入函数的 begin 等于 0，mark 等于 $n/2$，循环进入第 2 次后，递归调用输入的 begin 等于 $n/2+1$，mark 等于 $3n/4$，也就是说，第 2 次循环中进入递归调用的元素个数是第 1 次的一半。

所以在 while 循环中，最耗时的是第 1 次进入递归，如果只看第 1 次递归完成所需要的时间，那么时间复杂度对应的分析公式为

$$T(n) = T\left(\frac{n}{2}\right) + O(n) \tag{3.1}$$

为了解出 $T(n)$，将式（3.1）不断递归展开有

$$T(n) = T\left(\frac{n}{2}\right) + O(n) = T\left(\frac{n}{4}\right) + O\left(\frac{n}{2}\right) + O(n) = T\left(\frac{n}{8}\right) + O\left(\frac{n}{4}\right) + O\left(\frac{n}{2}\right) + O(n) = \cdots$$

$$= O(1) + O(2) + O(4) + \cdots + O\left(\frac{n}{4}\right) + O\left(\frac{n}{2}\right) + O(n) \tag{3.2}$$

$$= O\left[n * \left(1 + \frac{1}{2} + \frac{1}{4} + \cdots + \frac{1}{2^{\lg(n)}}\right)\right] = O(n*2) = O(2n) = O(n)$$

也就是说，在 while 循环中，最耗时的是第 1 次循环，它对应的时间复杂度是 $O(n)$，而后面循环所需要的时间复杂度都小于 $O(n)$，注意到循环末尾代码执行 begin = mark + 1，而 mark 是元素调整后，前后两部分的分界线，因此它等于调整数组长度的一半。

因此每次循环结束后，begin 指向当前参与调整的数组下半部分起始处，所以如果循环开始前数组含有 n 个元素，那么 while 循环最多进行 $\lg(n)$ 次。由于每次循环中所消耗的时间复杂度为 $O(n)$，因此算法的总时间复杂度为 $\lg(n)*O(n)$，即 $O(n*\lg(n))$。

3.3　使用快速排序实现数值区间的模糊排序

扫一扫，看视频

在很多情况下，可能得不到排序对象的精准数值，但可能知道要排序的数值所处区间。也就是说，我们面对的不再是 n 个具体数值，而是 n 个数值空间 $[a_i, b_i], a_i \leqslant b_i$。于是希望对这些区间进行

模糊排序。

确切地说，希望能将这些区间按照某种次序进行排列。例如，对于排列后的区间 $[a_1,b_1],[a_2,b_2],\cdots,[a_n,b_n]$，总能在每个区间中找到一个数值 $c_1 \in [a_1,b_1], c_2 \in [a_2,b_2], \cdots, c_n \in [a_n,b_n]$，使得 $c_1 \leqslant c_2 \leqslant \cdots \leqslant c_n$。

3.3.1 模糊排序的算法思路

处理这个问题，需要了解实数的稠密性，也就是给定任意两个不相等的实数 a,b，假定 $a<b$，一定可以找到另一个实数 c，使得 $a<c<b$，c 其实不难找，如可以让它等于 $(a+b)/2$。

先看一个简单情形，也就是只有两个区间的情况。这两个区间存在两种可能性，一是两个区间有重合，如 $[1,2],[1.5,3]$，这两个区间存在重合部分，也就是 $[1.5,2]$，此时很容易找到满足条件的两个实数，如取重叠区间的开头和末尾，也就是 1.5 和 2，这两个数值可满足要求。

于是只要区间有重叠之处，对这些区间不做任何处理就能找到满足条件的实数。假设 n 个区间都有重叠区间 $[a_*,b_*]$，那么可以很容易地从这个区间中构造出满足条件的 n 个实数。

首先让 $c_1=a_*,c_n=b_*$，接下来构造满足条件的 $n-2$ 个实数，如 $c_{n-1}=\dfrac{c_1+c_n}{2}$，$c_{n-2}=\dfrac{c_{n-1}+c_1}{2},\cdots, c_k=\dfrac{c_1+c_{k+1}}{2},\cdots, c_2=\dfrac{c_1+c_3}{2}$，这意味着存在重叠部分的区间越多，越容易找到满足条件的实数。

如果区间不存在重叠，那么只要按照区间左边界点进行排序即可，如对于区间 $[3,4],[1,2]$，将它们根据左边界点 3,1 进行排序得到 $[1,2],[3,4]$，由此随便从排序后的区间中任取一点就可以得到满足条件的两个实数。

麻烦在于如何处理 n 个区间中，有些区间有重叠，另一些区间没有重叠的情况。例如，给定区间 $[1,3],[2,4],[5,7],[6,8]$，这 4 个区间中前两个有重叠，后两个也有重叠，但前面两个区间和后面两个区间没有重叠部分。

处理这种情况，可以借助快速排序的方法。在快速排序时，先找到一个中位数作为 pivot，然后调整元素位置，使得调整后数组分成两部分，前面部分的元素小于 pivot，后面部分的元素大于等于 pivot。

借助这种思想，给定 n 个区间时，拿出区间的左边界点进行快速排序。我们从 n 个区间的左边界点中取出它们的中位数作为 pivot，然后按照左边界点的调整方式对区间进行调整。

当某个区间的左边界点小于 pivot 时，就把该区间调整到 pivot 对应区间的左边。但在调整区间时，采取一个行动，那就是查看被调整的区间与 pivot 对应的区间是否存在重叠，如果存在，那么记录下重叠区间，然后 pivot 对应的区间将被调整的区间"吸收"掉。

举个例子，对于区间 $[3,4.5],[2,3.5],[1,2.5],[6,7.5],[5,6.5]$，先从区间的左边界点 $[3,2,1,6,5]$ 抽取出中位数 3 作为 pivot，然后调整区间位置。区间 $[2,3.5],[1,2.5]$ 需要调整到区间 $[3,4.5]$ 的左边。

但是区间 $[2,3.5]$ 与区间 $[3,4.5]$ 存在重叠，于是记录下重叠部分 $[3,3.5]$，然后将其"吸收"掉，故调整后区间为 $[1,2.5],[3,4.5],[6,7.5],[5,6.5]$，然后分别递归地处理前半部分区间 $[1,2.5],[3,4.5]$ 和 $[6,7.5],[5,6.5]$。

由于前半部分区间不存在重叠，而且已经按照左边界点排好序，因此递归处理后它们保持原样，后半部分区间存在重叠部分，假设从后半部分区间的左边界点中取出 6 作为中位数，那么调整时区间[5,6.5]就会被"吸收"掉，同时记录下它们之间的重叠部分[6,6.5]。

此时区间排列情况为[1,2.5],[3,4.5],[6,7.5]，此时可以分别取出区间的右边界点，也就是 2.5,4.5,7.5，然后再从重叠区间中取出一个点赋予那些被"吸收"掉的区间。

例如，从重叠区间[3,3.5]中取出(3+3.5)÷2，也就是 3.25 来对应区间[2,3.5]，从重叠区间[6,6.5]中取(6+6.5)÷2，也就是 6.25 来对应区间[5,6.5]，如此就找到了满足条件的数值点 2.5,3.25,4.5,6.25,6.5。

分析一下算法的时间复杂度。如果给定 n 个区间有共同的重叠区域，那么在区间调整时除了 pivot 对应区间外，其他所有区间都会被"吸收"掉，于是经过一次调整后就可以直接找到满足条件的 n 个实数。我们已经知道，一次调整的时间复杂度是 $O(n)$。

如果 n 个区间没有任何重叠，那么我们会利用快速排序，将所有区间按照它们的左边界点排序，然后从排好序的区间中任取一点就可以得到满足条件的 n 个实数，我们也知道快速排序的时间复杂度是 $O(n*\lg(n))$。

综上所述，算法的最坏时间复杂度是 $O(n*\lg(n))$，最好时间复杂度是 $O(n)$，n 个区间中存在重叠的区间越多，算法运行得就越快。

3.3.2 代码实现模糊排序

本小节编码实现 3.3.1 小节描述的算法。先用代码实现"数值区间"：

```
class Interval:
    def __init__(self, a, b):  #初始化需要输入区间的起点和结尾
        if a > b:
            raise Exception("error interval")
        self.begin = a
        self.end = b
        self.absortionMap = {}
    def absorb(self, other_interval):  #是否"吸收"给定区间
        is_overlap = False
        if other_interval is None:
            return is_overlap
        if self.begin <= other_interval.begin and other_interval.begin <= self.end:
            is_overlap = True
        if self.begin >= other_interval.begin and self.begin <= other_interval.end:
            is_overlap = True
        if is_overlap is True:
            overlap_begin = max(self.begin, other_interval.begin)
            overlap_end = min(self.end, other_interval.end)
            overlap = Interval(overlap_begin, overlap_end)
            self.absortionMap[other_interval] = overlap
        return is_overlap
```

```
    def __str__(self):
        return "[{0}, {1}]".format(self.begin, self.end)
    def print_points(self):  #打印该区间以及与该区间重叠区间的对应实数点
        for key in self.absortionMap:
            point_in_overlap = (self.absortionMap[key].begin +
self.absortionMap[key].end) / 2
            print("{0} -> {1}".format(point_in_overlap, key))
        print("{0} -> {1}".format(self.end, self))
```

上面代码使用类 Interval 对数值区间进行定义，然后实现了多个辅助函数。例如，接口 absort 判断当前区间是否与给定区间存在重叠，如果存在重叠，它会记录给定区间与重叠部分的对应关系。

在接口 print_Points 中，它会查看是否有别的区间曾经被当前区间"吸收"掉，如果有，那么它遍历所有被吸收的区间，同时找出这些区间与当前区间的重叠部分，取重叠部分的中间值作为被"吸收"掉区间对应的实数，最后取出当前区间的末尾节点作为当前区间对应的实数。

为了检验上面代码的正确性，执行如下代码查看结果：

```
i1 = Interval(1, 2)
i2 = Interval(1.5, 2)
i3 = Interval(0.5, 1.2)
print(i1.absorb(i2))
print(i1.absorb(i3))
print(i2.absorb(i3))
i1.print_points()
```

上面代码构造的 3 个区间分别为[1,2],[1.5,2],[0.5,1.2]，后两个区间与第 1 个区间存在重叠，而后两个区间之间没有重叠。上面代码运行后所得结果如下：

```
True
True
False
1.75 -> [1.5, 2]
1.1 -> [0.5, 1.2]
2 -> [1, 2]
```

我们看到代码给出区间[1.5,2]对应的实数是 1.75,[0.5,1.2]对应的实数是 1.1，[1,2]对应的实数是 2。由此可见，代码实现是正确的。接下来实现将数组中区间按照 pivot 区间进行调整的功能。

```
def partition_intervals(intervals, pivot_interval):  #按照区间左边界进行区分，如果区间
与 pivot 对应区间有重叠，那么就会被"吸收"掉
    A = []
    for interval in intervals:  #获取不被 pivot 区间"吸收"的区间
        if interval == pivot_interval:
            A.append(interval)
        elif pivot_interval.absorb(interval) is not True:
            A.append(interval)
```

```
    else:
        print("{0} absorb {1}".format(pivot_interval, interval))
i = 0
j = len(A) - 1
while i < j:  #对没被 "吸收" 的区间进行排列
    if A[i].begin > pivot_interval.begin:
        temp = A[i]
        A[i] = A[j]
        A[j] = temp
        j -= 1
    else:
        i += 1
if A[i].begin > pivot_interval.begin:
    i -= 1
return A, i
```

上面代码的实现模拟了 3.2.1 小节快速排序过程中依靠 pivot 调整数组元素的过程，只不过这里调整的不再是简单的数值，而是区间。同时在代码实现时为了简单化，它先通过一个循环判断数组中是否有其他区间与 pivot 区间重叠。

如果有的话，就预先让 pivot 区间将与它重叠的区间 "吸收" 后，再对剩下没有重叠的区间进行调整。如果给定区间都有共同的重叠部分，那么在开头的循环执行后就会只剩 pivot 区间，接下来的调整过程就可以完全越过。

下面看看区间的排序流程实现。

```
def quick_sort_intervals(intervals):  #将区间按照左边界点快速排序
    if len(intervals) == 0:
        return []
    if len(intervals) == 1:
        return intervals
    lefts = []
    for interval in intervals:  #获取所有区间左边界点并选出pivot区间
        lefts.append(interval.begin)
    left_pivot = selection(lefts, int(len(lefts) / 2))
    pivot_interval = None
    for interval in intervals:
        if interval.begin == left_pivot:
            pivot_interval = interval
            break
    intervals, mark = partition_intervals(intervals, pivot_interval)  #将区间根据
pivot 进行划分，这里会有区间的 "吸收"
    first_parts = quick_sort_intervals(intervals[0: mark + 1])
    second_parts = quick_sort_intervals(intervals[mark + 1 : ])
    first_parts.extend(second_parts)
    return first_parts
```

上面代码实现与在 3.2.1 小节中实现的快速排序没有太大区别，只是处理的对象从单个元素换成了区间对象。为了检验代码实现的正确性，需要构建包含多个区间的数组，然后调用上面的代码作用到区间数组上。

```python
import random
def generate_intervals(num):  #生成给定个数的区间
    count = 0
    intervals = []
    while count < num:  #将生成的随机区间起始点控制在两位小数
        a = float("{0:.2f}".format(random.uniform(0, 10)))
        b = float("{0:.2f}".format(random.uniform(0, 10)))
        intervals.append(Interval(min(a, b), max(a, b)))
        count += 1
    return intervals
intervals = generate_intervals(10)
for interval in intervals:
    print(interval)
```

上面代码实现中函数 generate_intervals()负责构造包含给定个数区间对象的数组。构造区间时，它分别取两个随机浮点数，将浮点数限制在小数点后两位，然后将它们作为区间的起始边界和终止边界，最后代码生成了含有 10 个区间的数组。代码运行后在计算机上输出结果如下：

```
[6.09,7.09],[4.17,4.51],[3.06,8.11],[1.23,5.07],[2.08,2.36],[5.74,9.02],[2.15,
6.05],[1.84,6.47],[4.85,9.37],[4.14,7.15]
```

接着调用前面的实现代码作用到这些区间上看看结果。

```python
A = quick_sort_intervals(intervals)
for a in A:
    a.print_points()
```

上面代码执行后，输出结果如下：

```
[3.06, 8.11] absorb [6.09, 7.09]
[3.06, 8.11] absorb [4.17, 4.51]
[3.06, 8.11] absorb [1.23, 5.07]
[3.06, 8.11] absorb [5.74, 9.02]
[3.06, 8.11] absorb [2.15, 6.04]
[3.06, 8.11] absorb [1.84, 6.47]
[3.06, 8.11] absorb [4.85, 9.37]
[3.06, 8.11] absorb [4.14, 7.15]
2.36 -> [2.08, 2.36]
6.59 -> [6.09, 7.09]
4.34 -> [4.17, 4.51]
4.065 -> [1.23, 5.07]
6.925 -> [5.74, 9.02]
4.55 -> [2.15, 6.04]
4.765 -> [1.84, 6.47]
```

```
6.4799999999999995 -> [4.85, 9.37]
5.645 -> [4.14, 7.15]
8.11 -> [3.06, 8.11]
```

从输出结果可以看到，区间[3.06,8.11]"吸收"了其他 8 个区间，最后在排序时只剩下两个区间，即[2.08,2.36],[3.06,8.11]。取数值点时，分别取这两个区间的右边界点。

对于那些被"吸收"的区间，取出它们与[3.06,8.11]重叠部分，然后取这部分的中间点作为数值点，由此就从 10 个区间中找出了 10 个数值点 $c_1 \in [a_1,b_1], c_2 \in [a_2,b_2], \cdots, c_n \in [a_n,b_n]$，而且它们的性质满足开头所要求的 $c_1 \le c_2 \le \cdots \le c_n$。

扫一扫，看视频

3.4　排序算法的时间复杂度下界

前面介绍了好几种排序算法，它们分别是归并排序、堆排序、快速排序，以及开头介绍的冒泡排序。这些排序算法的时间复杂度都大于等于 $O(n*\lg(n))$。这些算法在对元素进行排序时，都进行了同一种操作，那就是从数组中提取两个元素进行相互比较。

我们将在理论上证明，任何排序算法，只要它有取出元素进行比较的动作，那么它的时间复杂度一定不会大于 $O(n*\lg(n))$。在冒泡排序中，依次取出两个元素，比较它们大小，然后调整被比较元素的位置。

在归并排序中，将数组分成两个子数组进行排序，然后依次从两个排好序的数组中取出元素进行比较以便将它们合并成一个元素。在堆排序中，每次往堆中增加一个新元素时，它都必须与父节点比较，根据大小与父节点调整位置。在快速排序中，选中一个 pivot 元素，其他元素要与它进行比较以便调整位置。

3.4.1　排序算法中的决策树模型

只要将两个元素 a,b 进行比较，那么必须执行 3 种测试 $a<b, a>b, a=b$，由此来获得两个元素的相对顺序。为了简单起见，把小于和等于两种测试合并起来，那么比较就相当于做两种测试，分别是 $a \le b, a>b$。

也就是说，一次元素比较能产生两种可能结果：小于等于和大于。如果以抽象的眼光来分析这种操作，把两个元素的比较行为当成父节点，那么它就可能产生两个孩子节点，如图 3-24 所示。

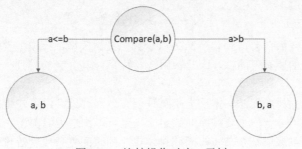

图 3-24　比较操作对应二叉树

如图3-24所示，一次比较操作对应一个节点，它会产生两种可能的结果，对应两个孩子节点。如果将排序算法中每一次比较用图 3-24 表示，那么就会得到一个二叉树结构。看一个更形象的例子。假设数组 A 有 3 个元素：A[0],A[1],A[2]，对其使用冒泡排序。

首先对比数组前两个元素，由此对应两种可能结果，如图 3-25 所示。

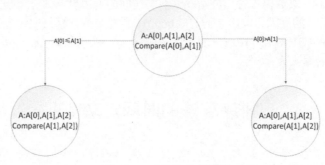

图 3-25　元素比对可能性

当比对前两个元素时，它可能有两种结果，一种是 A[0]≤A[1]，于是转入左边分支；另一种是A[0]>A[1]，于是转入右边分支。如果转入左边分支，那么接下来得比对 A[1],A[2]，如此又产生两个孩子节点；如果转入右边分支，那么接下来得比对 A[0],A[2]，于是又能得到两个孩子节点，根据每一次元素比对，就展开一层，于是得到图 3-26 所示效果。

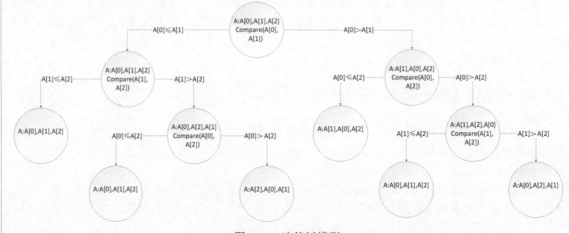

图 3-26　决策树模型

当把所有可能性展开后，会得到如图 3-26 所示的二叉树模型，该模型也叫决策树模型。在叶子节点中列出了元素排列的所有可能性，因此数组 A 排序后，其元素的排列一定属于叶子节点所表示的某一种情况。

由此基于元素比较的排序算法，本质上是从顶层根节点开始，沿着左边或右边某个分支一直走到底层某个节点。所以当给定一个要排序的数组，一定可以构造类似图3-26所示的决策树模型，排序算法必须从根节点走到底层某个节点，因此排序算法的时间复杂度就等价于从根节点到底层叶子节点的路径长度，也就是决策树的高度。

3.4.2　决策树性质分析

分析一下叶子节点的数量与高度的关系。由于一个父节点可以衍生出两个孩子节点，因此每下降一层，节点的数量就是上一层的 2 倍。如果决策树的高度用 h 来表示，可以得出叶子节点数量最多是 2^h 个。

从图 3-26 中可以看到，每个节点对应元素的一种排列方式，如果数组有 n 个节点，那么节点排列的可能性总共有 $n!$ 种，也就是说，决策树底层会有 $n!$ 个叶子节点。由于决策树底层叶子节点对应元素排好序后的排列，因此决策树的叶子节点必须大于等于 $n!$。

如果排序算法比对元素所产生的决策树叶子节点数量少于 $n!$，则意味着某种特别排列的数组元素，算法无法对其进行排序，也就是意味着算法设计错误。因此只要是正确的排序算法，其对应的决策树叶子节点数一定大于等于 $n!$，于是有

$$n! \leqslant 2^h$$

故

$$h \geqslant \lg(n!) = \lg(n) + \lg(n-1) + \cdots + \lg(1) \geqslant \lg(n) + \lg(n-1) + \cdots + \lg\left(\frac{n}{2}\right)$$

$$\geqslant \frac{n}{2} * \lg\left(\frac{n}{2}\right) \geqslant O(n * \lg(n))$$

因此可以得到，只要算法实现正确，而且算法在排序过程中涉及元素两两比较，那么它的时间复杂度一定大于 $O(n * \lg(n))$。

3.5　突破 $O(n*\lg(n))$ 复杂度的排序算法

扫一扫，看视频

通过 3.4 节的学习我们明白，排序算法只要使用到两个元素相互比较，那么它的时间复杂度就一定大于 $O(n * \lg(n))$。如果想要突破这个时间下限，就必须在排序时放弃采用元素比较的操作。

在排序算法中，有若干种方法由于不使用"元素比对"的操作，因此它们的时间复杂度可以突破 3.4 节描述的理论下限，下面将要研究的计数排序、基数排序和桶排序的时间复杂度就可以达到 $O(n)$。

3.5.1　计数排序

先通过一个简单例子看看计数排序的基本流程。假设要排序的数组 A，其包含元素如图 3-27 所示。

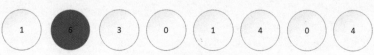

图 3-27　要排序的数组元素

首先遍历一次数组，获得数组中元素的最大值。在图 3-27 中，元素最大值为 6，于是创建含有 7=6+1（个）元素的新数组，其中每个元素值初始化为 0，如图 3-28 所示。

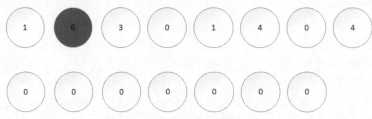

图 3-28　根据最大值创建新数组

在图 3-28 中，下面元素对应的就是根据原数组最大值创建的新数组，它包含元素的个数正好等于要排序数组中元素的最大值，我们把下面这个数组称为 buffer_array。接着遍历原数组每个元素，取出对应元素值。

把该元素值当作下标，将 buffer_array 中对应下标的元素值加 1。例如，第 1 次遍历到的元素是 1，于是将 buffer_array 中下标为 1 的元素值加 1，接着遍历排序数组第 2 个元素，它的值为 6，于是将 buffer_array 中下标为 6 的元素值加 1，继续遍历数组 A 第 3 个元素，它的值为 3，于是将 buffer_array 中下标为 3 的元素值加 1。这样操作后，buffer_array 元素值变化如图 3-29 所示。

图 3-29　数值变化后的 buffer_array

继续同样的操作，下一次遍历的元素值是 0，因此把 buffer_array 中下标为 0 的元素值加 1，下一个遍历的元素是 1，把 buffer_array 中下标为 1 的元素值加 1。再继续往下遍历，得到的元素值是 4，于是把 buffer_array 中下标为 4 的元素值加 1，再继续遍历得到的元素值是 0，于是把 buffer_array 中下标为 0 的元素值加 1，最后一个元素值是 4，所以再次把 buffer_array 中下标为 4 的元素值加 1，如此得到 buffer_array 的最终形态如图 3-30 所示。

图 3-30　遍历完毕后 buffer_array 的元素值

从图 3-30 中不难发现，它的每个元素值记录了原数组 A 中相应元素的出现次数，如 buffer_array[1] = 2，这意味着原数组中数值为 1 的元素出现了 2 次。通常而言，buffer_array[i] = k，表示原数组中数值为 i 的元素出现了 k 次。

接下来把 buffer_array 中的元素前后相加，也就是执行 buffer_array[k] = buffer_array[k] + buffer[k−1]，其中 k=1,2,…,6。执行后 buffer_array 元素值如图 3-31 所示。

图 3-31　元素前后叠加

　　注意到数组 buffer_array 元素的下标与原来排序数组中的元素值对应，buffer_array 中下标为 0 的元素与数组 A 中的元素 0 对应，此时 buffer_array[0]的值是 2，它表达出什么意思呢？把数组 A 中的元素 0 放到数组第 2 个位置。

　　于是再生成一个新数组 sorted_array，其元素的个数与数组 A 相同，然后我们遍历数组 A 中的元素。首先获取的是元素 1，把它作为 buffer_array 的下标，读取相应元素的值，由于 buffer_array[1] 的值为 4，于是把元素 1 放置到数组 sorted_array 中第 4 个位置，也就是将 sorted_array[3]设置为 1，这时将 buffer_array[1]的值减 1 变成 3。

　　接着继续获取数组 A 中的下一个元素值，那就是 6，将它作为下标读取 buffer_array 中对应元素的值。由于 buffer_array[6]的值为 8，于是把元素 6 放置到数组 sorted_array 中第 8 个位置，也就是将 sorted_array[7]设置成 8。以此类推，遍历完数组 A 中所有元素，执行对应操作后，sorted_array 中元素对应的就是原数组排序后的情况。

　　将算法流程用图 3-32 所示的流程图表示。

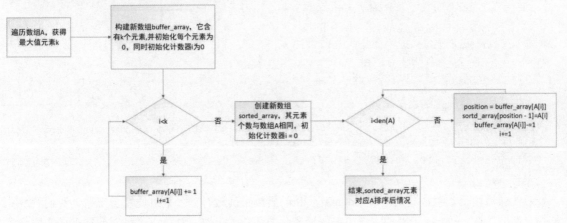

图 3-32　算法流程图

接下来看看如何用代码实现算法。

```
def counting_sort(A):
    k = 0
    for element in A:  #1
        if isinstance(element, int) is False or element < 0:  #计数排序要求每个元素必须
是整数且大于 0
            raise Exception("element has to be integer and no minus")
        if element > k:
            k = element
    buffer_array = []
    for i in range(0, k + 1):  #2 根据最大值元素创建新数组，并初始化为 0
        buffer_array.append(0)
    for element in A:  #遍历数组每个元素，在数组 buffer_array 中进行计数
        buffer_array[element] += 1
```

```
    for i in range(1, len(buffer_array)):  #3 将 buffer_array 中的元素前后相加
        buffer_array[i] = buffer_array[i - 1] + buffer_array[i]
    sorted_array = []
    for i in range(0, len(A)):  #4 构建与数组 A 元素个数相同的新数组
        sorted_array.append(0)
    A = A[::-1]    #将数组 A 翻转，使得值相同的元素，原来排在前面的，排序后还能在前面
    for element in A:  #根据 buffer_array 中对元素的计数在新数组中排序
        position = buffer_array[element]
        sorted_array[position - 1] = element
        buffer_array[element] -= 1
    return sorted_array
```

接下来构造一个整型数组，然后使用上面实现的函数进行排序。

```
N = 20
A = []
for i in range(N):  #构造含有给定元素个数的整型数组
    A.append(random.randint(0, 100))
print("before sort : {0}".format(A))
sorted_A = counting_sort(A)
print("after sort: {0}".format(sorted_A))
```

上面代码执行后，输出结果如下：

```
before sort : [33, 33, 36, 88, 35, 54, 91, 17, 69, 43, 61, 1, 95, 77, 55, 81, 43,
68, 83, 40]
after sort: [1, 17, 33, 33, 35, 36, 40, 43, 43, 54, 55, 61, 68, 69, 77, 81, 83, 88,
91, 95]
```

对比前后两个数组，我们发现 counting_sort()函数正确地对输入数组进行了排序。我们看看算法的复杂度，在 counting_sort 的实现中实现了多个循环，其中循环#1、#3、#4 对应的循环次数最多不超过输入数组的长度 n，同时#2 循环次数对应数组中的最大值用 max_val 表示，因此如果输入数组的长度是 $O(n)$，那么算法的时间复杂度就是 $O(n+\text{max\_val})$。

算法的时间复杂度虽然不高，但它也存在明显缺陷。首先它需要消耗内存，因为它需要创建两个新数组。其中 buffer_array 的长度要对应排序数组中的最大值元素，如果排序数组只有两个元素：[1, 10000]，则意味着要对其进行排序，需要创建一个含有 10000 个元素的数组，这显然是一种巨大的浪费。

计数排序之所以能突破 3.4 节描述的时间复杂度限制，在于它排序时没有采用元素比较，它实际上是统计每个元素出现的次数来决定元素的排位。这种方法使得计数排序面临一些限制。例如，排序数组中的元素必须是非负数，而且只能是整型，要不然算法不能根据元素值在 buffer_array 中进行定位。

计数排序具有"稳定性"，如果原数组中含有相同元素，相同元素的排序在排序数组中依然保持，也就是说，在原数组中如果有多个相同元素，在排序后，原来排在前面的元素在排序数组中依然排在前面，这个性质在 3.5.2 小节要描述的基数排序中会有重要作用。

3.5.2 基数排序

在给不同整型数值排序时，一般我们会这么做：先看最高位，最高位数值大意味着它的数值更大，如果两个数字的最高位数值相同，那么再比较次高位，如此依次进行来决定两个数字的排序。

基数排序则反其道而行之。它先从最低位数值开始比较，比较的数字所在位依次升高，当把所有位置上的数字都比较后，完成排序。看一个具体例子：

329,457,657,839,436,720,355

首先，比较上面数字个位数上的数值，根据个位数上的数值大小排序，所得结果如下。

720,355,436,457,657,329,839

其次，根据上面数字十位数上的数值进行排序，得到如下结果。

720,329,436,839,355,457,657

最后，对上面数字百位数上的数值进行排序，得到如下结果。

329,355,436,457,657,720,839

如此就对所有数值完成了排序。基数排序很少用于数字排序，而是用于对复杂数据结构进行排序。复杂数据结构包含很多字段，假设有一个数据结构叫 Person，它包含的成分有年龄、身高、收入等信息。那么这些字段就对应于基数排序时各个位上的数字，于是可以基于这 3 种成分对 Person 结构进行排序，即采用基数排序。在基于某个位或成分进行排序时，要求它必须是"稳定"的，也就是针对某个位或成分，如果有多个相同的数值，则原来排在前面的元素在排序后必须依然排在前面。

在 3.5.1 小节中提到，计数排序具有"稳定"性，因此在实现基数排序时，就可以利用计数排序，也就是基于每个位或者每个成分进行排序时，使用计数排序。假设要排序的数值或结构有 d 个位或者 d 个成分，那么基数排序就得进行 d 次计数排序。

如果参与排序的数组含有 n 个元素，那么基数排序的时间复杂度为 $O(n*d)$。进一步细化分析算法时间复杂度，如果参与排序的对象有 n 个，它们用于排序的数值可以用 b 个比特位来表示，例如在 64 位机器上，如果参与排序的是整型，那么 b 就等于 64。

我们把这 b 个比特位分割成若干份，每份包含 r 个比特位，例如对于 64 位整型，可以将其分割成 8 份，每份 8 个比特位，对应 0~255 的正数。如果对分割的一份比特位对应的数值采用计数排序，那么基数排序的时间复杂度为 $O\left[\left(\dfrac{b}{r}\right)*(n+2^r)\right]$。

在 3.5.1 小节的分析中，根据我们的分割，每一份包含 r 个比特位，因此它对应的数值最大不超过 2^r，由于总共有 n 个数值参与比对，所以根据 3.5.1 小节对计数排序时间复杂度的分析，对一份比特位的排序时间为 $O(n+2^r)$，由于将其分割为 b/r 份比特位，因此总排序时间就是 $O\left[\left(\dfrac{b}{r}\right)*(n+2^r)\right]$。

为何要进行这样的细化分析呢？因为希望证明基数排序的时间复杂度也是 $O(n)$。注意到 r 是一个可变量，希望选取一个合适的 r 值，使得式 $O\left[\left(\dfrac{b}{r}\right)*(n+2^r)\right]$ 取值最小。

针对两种情况进行分析。首先是 $b<\lg(n)$，此时由于 $r\leqslant b$，因此 $2^r\leqslant n$，所以 $n+2^r\leqslant 2*n$，由于 $\dfrac{b}{r}\leqslant b$，r 的值取得越大，$\dfrac{b}{r}*(n+2^r)$ 的值就越小，当 r 取得最大值也就是 b 时，有 $\dfrac{b}{r}*(n+2^r)\leqslant 1*2n=2*n=O(n)$。

其次，如果 $b\geqslant\lg(n)$，可知在式 $\dfrac{b*(n+2^r)}{r}$ 中，分子包含一项 2^r，由于 r 是大于 0 的整数，因此 r 的最小值为 1，而 $2^1-1>0$，又因为 $\dfrac{\mathrm{d}(2^r-r)}{\mathrm{d}r}=2^r-1>0$，因此函数 2^r-r 是一个增函数，当 r 增加时，2^r-r 也增加，也就是说，2^r 比 r 增长要快，于是 $\dfrac{b*(n+2^r)}{r}$ 会随着 r 的增加而增加，因此为了获得最小值，不能让 r 的值大于 $\lg(n)$。

如果让 r 的值小于 $\lg(n)$，那么 $n+2^r<2n$，同时 b/r 的值会增加，但无论怎么增加也不会超过 b，因此当 $r<\lg(n)$ 时，$\dfrac{b}{r}*(n+2^r)\leqslant b*2n=O(n)$。这样当 $b<\lg(n)$ 时，令 $r=b$；当 $b\geqslant\lg(n)$ 时，令 $r=\lg(n)$，如此就可以保持基数排序的时间复杂度为 $O(n)$。

接下来看看基数排序的代码实现。

```
def radix_counting_sort(A, values, bin_values):  #A 对应截取二进制段的对应值，values
对应原数值，bin_values 对应原数值的二进制形式
    k = 0
    for element in A:
        if isinstance(element, int) is False or element < 0:  #计数排序要求每个元素必须
是整数且大于 0
            raise Exception("element has to be integer and no minus")
        if element > k:
            k = element
    buffer_array = []
    for i in range(0, k + 1):  #根据最大值元素创建新数组，并初始化为 0
        buffer_array.append(0)
    for element in A:  #遍历数组每个元素，在数组 buffer_array 中进行计数
        buffer_array[element] += 1
    for i in range(1, len(buffer_array)):  #将 buffer_array 中的元素前后相加
        buffer_array[i] = buffer_array[i - 1] + buffer_array[i]
    sorted_array = []
    sorted_array_values = []
    sorted_array_bin_values = []
    for i in range(0, len(A)):  #构建与数组 A 元素个数相同的新数组
        sorted_array.append(0)
        sorted_array_values.append(0)
        sorted_array_bin_values.append(0)
```

```
    A = A[::-1]
    values = values[::-1]
    bin_values = bin_values[::-1]
    for element, value, bin_value in zip(A, values, bin_values):  #根据buffer_array
中对元素的计数在新数组中排序
        position = buffer_array[element]
        sorted_array[position - 1] = element
        sorted_array_values[position - 1] = value
        sorted_array_bin_values[position - 1] = bin_value
        buffer_array[element] -= 1
    return sorted_array, sorted_array_values, sorted_array_bin_values


import math
def  radix_sort(A):
    b = 0
    for element in A:   #获得元素值对应比特位
        if element.bit_length() > b:
            b = element.bit_length()
    '''
    下面代码把元素转换成二进制字符串，例如A=[10,9,2,1]，元素对应的二进制为[0b1010,0b1001,
0b10,0b01]，由于数值中比特位个数最多为4，因此需要把所有元素对应的二进制比特位扩展成4，也就是将
元素的二进制形式转换为[0b1010,0b1001,0b0010,0b0001]
    '''
    bin_A = []
    for element in A:
        bin_element = ''
        l = b - element.bit_length()
        while l > 0:   #将所有元素转换成比特位长度相同的字符串
            bin_element += '0'
            l -= 1
        bin_element += bin(element)[2: ]   #越过开头两个字符，也就是'0b'
        bin_A.append(bin_element)
    n = len(A)
    r = int (math.log(n, 2))
    if b <= math.log(n, 2):
        r = b
    count = math.ceil (b / r)
    end = b
    while count > 0:
        begin = end - r
        values_for_sort = []
        for element in bin_A:
            if end > len(element):
                end = element.bit_length()
            v = int('0b' + element[begin : end], 2)   #从给定位置抽取出比特位，合成对应的
整数以便进行计数排序
```

```
        values_for_sort.append(v)
    V, A, bin_A = radix_counting_sort(values_for_sort, A, bin_A)
    count -= 1
    end -= r
return A
```

在上面代码中，函数 radix_counting_sort()的实现原理与在 3.5.1 小节实现的函数 counting_sort()一样，只不过多输入了几个参数。第 1 个参数包含要参与排序的数值，这些数值是从原数组中截取一段比特位后对应的数值。第 2 个参数对应的是原数值，第 3 个参数对应原数值二进制反转字符串。

为了更好地理解上面代码的逻辑，采用一个具体实例运行一遍。先构造一个简单数组，然后采用上面代码进行排序：

```
A = [10, 9, 2, 1]
A = radix_sort(A)
print(A)
```

一步步分析代码的执行流程。进入函数 radix_sort()后，首先执行的代码片段如下：

```
b = 0
    for element in A:  #获得元素值对应比特位
        if element.bit_length() > b:
            b = element.bit_length()
```

这部分代码的目的是找出元素中哪个元素对应二进制的比特位数最多，对于输入的数组[10, 9, 2, 1]而言，它对应的二进制形式为[0b1010, 0b1001, 0b10, 0b01]，由于前两个数的二进制对应 4 个比特位，因此上面代码运行后，变量 b 的值为 4。

接下来要执行的代码片段如下：

```
bin_A = []
    for element in A:
        bin_element = ''
        l = b - element.bit_length()
        while l > 0:  #将所有元素转换成与比特位长度相同的字符串
            bin_element += '0'
            l -= 1
        bin_element += bin(element)[2: ]  #越过开头两个字符，也就是'0b'
        bin_A.append(bin_element)
```

这段代码的目的是把数组中所有元素对应的二进制转换成相同长度，由于数组中元素对应最长比特数是 4，那些二进制形式不到 4 个比特位的在前面用 0 补齐，于是二进制数组从[0b1010, 0b1001, 0b10, 0b01]变成[0b1010, 0b1001, 0b0010, 0b0001]。

接下来对应的代码片段如下：

```
n = len(A)
    r = int (math.log(n, 2))
    if b <= math.log(n, 2):
        r = b
```

```
    count = math.ceil(b / r)
    end = b
```

这里根据元素比特位的个数和数组元素中的个数来决定如何抽取比特位组成整型数值来比较。由于 b 等于 4，n 等于 4，count 等于 2，于是 r 就等于 2，也就是说，每次截取 2 个比特位合成整型进行排序。

继续看接下来的代码片段：

```
values_for_sort = []
      for element in bin_A:
          if end > len(element):
              end = element.bit_length()
          v = int('0b' + element[begin : end], 2)  #从给定位置抽取出比特位，合成对应的
整数以便进行计数排序
          values_for_sort.append(v)
```

它每次截取两个比特位合成整型，然后进行计数排序。由于数组元素对应的二进制形式为 [0b1010,0b1001,0b0010,0b0001]，截取最低 2 个比特位得到[0b10,0b01,0b10,0b01]，由此对应的数组 values_for_sort 为[2,1,2,1]。接下来的代码片段根据数组 values_for_sort 进行计数排序。

```
V, A, bin_A = radix_counting_sort(values_for_sort, A, bin_A)
count -= 1
end -= r
```

上面代码执行计数排序，于是 values_for_sort 排序后得到的数组为 V，它对应的内容为 [1,1,2,2]，同时数组 A 也相应地调整为[9,1,10,2]，其元素对应的二进制数组也就是 bin_A，即[0b1001, 0b0001,0b1010,0b0010]。

在 while 的第 2 次循环时，代码截取第 3 个和第 4 个比特位合成整数，也就是[0b10,0b00,0b10, 0b00]，于是 values_for_sort 数组的内容为[2,0,2,0]，然后继续执行计数排序，变成[0,0,2,2]。

这里需要注意的是，使用到了计数排序的"稳定性"。因为 values_for_sort 数组中，第 1 个 2 对应的数值是 9，第 2 个 2 对应的数值是 10，由于"稳定性"，计数排序后两个 2 虽然排在一起，但是 9 和 10 原来的次序不会变。

排序前 9 排在 10 的前面，因此排序后 9 依然排在 10 的前面。同理，在 values_for_sort 中，第 1 个 0 对应 1，第 2 个 0 对应 2，排序前 1 在 2 的前面，排序后 1 还是在 2 的前面，因此经过第 2 次循环后，数组 A 变成[1,2,9,10]，由此代码成功实现正确排序。

为了进一步验证代码正确性，随机生成若干个整型数，然后使用 radix_sort 排序，看看结果是否正确。相应代码如下：

```
N = 20
A = []
for i in range(N):
    A.append(random.randint(1, 1000))
print("before radix sort: {0}".format(A))
A = radix_sort(A)
print("after radix sort: {0}".format(A))
```

在笔者机器上运行结果如下。

```
before radix sort: [114, 591, 979, 952, 836, 944, 272, 456, 760, 167, 393, 283, 173,
212, 717, 857, 799, 45, 984, 696]
after radix sort: [45, 114, 167, 173, 212, 272, 283, 393, 456, 591, 696, 717, 760,
799, 836, 857, 944, 952, 979, 984]
```

从结果看，代码对随机生成数组排序结果是正确的。

3.5.3 桶排序

在对数据进行排序时，如果被排序的数据具有某种特征，我们就可以利用该特征，设计相应的算法，加快排序的速度。假设要排序的数组的每个元素的取值在区间[0,1]内随机分布，那么就可以利用桶排序来加快排序速度。

因为我们知道所有元素都处于区间[0,1]，于是就可以把该区间平均分成 10 块，第 i 块对应的区间范围是[i/10, (i+1)/10]，如图 3-33 所示。

图 3-33　将区间分成 10 个桶

假设当前要排序的数组元素如图 3-34 所示。

图 3-34　排序元素

接下来根据元素值判断它应该落入哪个桶。例如，数值 0.78 属于区间[0.7,0.8]，因此它应该落入第 8 个桶；数值 0.12、0.17 属于区间[0.1,0.2]，因此应该落入第 2 个桶。需要注意的是，在将数组放入对应的桶内时，一定要保持排序状态，也就是说，当元素 0.12、0.17 被放入桶[0.1,0.2]时，它们在桶内必须是排序的。由此将所有元素分配到对应的桶后的情况如图 3-35 所示。

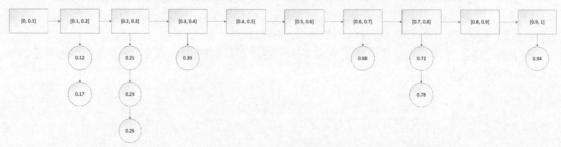

图 3-35　元素落入桶的情况

当把所有元素分配到相应的桶后，它们在桶内已经排好序。为了实现元素全体排序，我们只要从头遍历每个桶，取出桶内元素链条，将所有链条依次相连即可。

桶的数量可以根据需要随机设定，最极端的情况下是只有一个桶，那么算法就退化为插入排序。在通常情况下，设置桶的数量等于数组元素的个数。看看相应的代码实现：

```python
import numpy
def insertion_sort(array, a):  #使用插入排序将元素插入桶内列表，元素值必须在[0,1]区间之内
    i = 0
    while i < len(array):
        if array[i] > a:
            break
    array.insert(i, a)
def  bucket_sort(A):
    bucket_list = []
    bucket_count = len(A)
    for i in range(bucket_count + 1):  #根据数值中元素个数来设置桶的个数
        bucket_list.append([])  #每一个桶内是一个存储数值的链表
    for a in A:
        bucket_num = math.floor(bucket_count * a)  #获得元素对应的桶号
        buckets = bucket_list[bucket_num]
        insertion_sort(buckets, a)  #使用插入排序将元素放入桶内
    sorted_array = []
    for bucket in bucket_list:  #将所有桶内元素形成的列表合并起来
        if len(bucket) > 0:
            sorted_array.extend(bucket)
    return sorted_array
```

上面代码根据前面描述的算法步骤进行实现。接下来为了验证代码的正确性，使用代码随机生成数值处于[0,1]区间的数组元素，然后调用上面代码进行排序。

```python
N = 20
A = []
for n in range(N):  #随机生成处于区间[0,1]的元素值
    f = round(numpy.random.uniform(0, 1), 2)  #精确到2位小数
    A.append(f)
print("before bucket sort: {0}".format(A))
sorted_A = bucket_sort(A, 100)
print("after bucket sort: {0}".format(sorted_A))
```

上面代码运行后，在笔者机器上的运行结果如下：

```
before bucket sort: [0.03, 0.16, 0.97, 0.83, 0.96, 0.08, 0.02, 0.12, 0.48, 0.2, 0.04,
0.55, 0.32, 0.54, 0.76, 0.7, 0.61, 0.46, 0.56, 0.81]
after bucket sort: [0.02, 0.03, 0.04, 0.08, 0.12, 0.16, 0.2, 0.32, 0.46, 0.48, 0.54,
0.55, 0.56, 0.61, 0.7, 0.76, 0.81, 0.83, 0.96, 0.97]
```

上面代码创建了一个包含 20 个元素的数组，每个元素取值在[0,1]区间，然后调用桶排序算法代码进行排序，最后输出结果。通过观察输出结果，可以看到元素能正确排序。

接下来分析一下算法的时间复杂度。在 bucket_sort()函数的实现里，先用 for 循环构建一个桶列表，然后再次用一个 for 循环变量数组元素，如果数组中包含 n 个元素，那么这两次遍历对应的时间复杂度是 $O(n)$。

比较棘手的是，当确定某个元素对应的桶后，会使用插入排序将元素插入该桶内的元素列表里。插入排序的基本流程是，遍历当前列表直到发现某个元素比当前要插入的元素大为止，然后将该元素插入比它大的元素前面，因此对 n 个元素执行插入排序所需要使用的时间复杂度是 $O(n^2)$。

现在问题在于，无法确定每个桶内的元素个数，因为在分配元素到对应的桶内时，需要根据元素值来计算对应的桶，所以每个桶内的元素个数不是定量，而是随机量，它根据元素值的变化而不同。

如果使用随机变量 bucket_i 来表示第 i 个桶里面的元素个数，那么在桶 i 上执行插入排序的时间复杂度就是 $O(\text{bucket}_i^2)$，由于 bucket_i 是一个随机变量，因此需要使用数学期望来表示它的平均值，于是算法时间复杂度可以使用下面的公式表示：

$$T(n) = O(n) + O\left(\sum_{i=0}^{n-1} E[\text{bucket}_i^2]\right)$$

要想解出 $T(n)$，需要确定 $E[\text{bucket}_i^2]$ 的值。为此再引入一个随机变量 $X_{k,i} = 1$，如果第 k 个元素被分配给桶 i，则 $X_{k,i} = 0$；如果第 k 个元素没有被分配给桶 i，于是有

$$\text{bucket}_i = \sum_{k=0}^{n-1} X_{k,i}$$

由此得到

$$E[\text{bucket}_i^2] = E\left[\left(\sum_{k=0}^{n-1} X_{k,i}\right)^2\right] = E\left[\sum_{k=0}^{n-1} X_{k,i}^2 + \sum_{j=0}^{n-1} \sum_{t=0, t \neq j}^{n-1} X_{j,i} * X_{t,i}\right]$$

$$= \sum_{k=0}^{n-1} E[X_{k,i}^2] + \sum_{j=0}^{n-1} \sum_{t=0, t \neq j}^{n-1} E[X_{j,i} * X_{t,i}]$$

由于每个元素的取值在[0,1]区间内，在没有任何规定下，它可以是该区间内任何实数，这意味着对数组中任何一个元素，它被分配到某个桶的概率是随机的，因此它被分配到桶 i 的概率是 $1/n$。

由此得到 $X_{k,i} = 1$ 的概率是 $1/n$，同理 $X_{i,j}^2 = 1$ 的概率也是 $1/n$，于是就有

$$\sum_{k=0}^{n-1} E[X_{k,i}^2] = \sum_{k=0}^{n-1} \frac{1}{n} * 1 = 1$$

同理可得

$$\sum_{j=0}^{n-1} \sum_{t=0, t \neq j}^{n-1} E[X_{j,i} * X_{t,i}] = \sum_{j=0}^{n-1} \sum_{t=0, t \neq j}^{n-1} E[X_{j,i}] * E[X_{t,i}] = n*(n-1) * \frac{1}{n} \frac{1}{n} = 1 - \frac{1}{n}$$

因此就有

$$E[\text{bucket}_i^2] = 2 - \frac{1}{n}$$

最后就得到

$$T(n) = O(n) + O\left(2 - \frac{1}{n}\right) = O(n)$$

因此可以确定，桶排序的时间复杂度就是 $O(n)$。

第4章

贪婪算法

　　前人有不少教人实现利益最大化的格言警句，例如，"放长线钓大鱼""不为一城一池之得失而或喜或悲"等。这些话的意思是，为了在将来获得更大利益，要忍受当下一些短期利益的失去。

　　然而，尽可能的贪婪，或者说在当下榨取更多利益，这种现象是存在的。例如，在很多旅游景区，当地饭馆的饭菜不但质量差，而且价格非常高。很显然，其目的就是要做一锤子买卖，他们知道游客下次不可能再来，因此要在这一次交易中榨取尽可能多的利益，这种行为很不道德，但对商家而言却是一种最优选择。

　　这种行为可以移植到算法设计上。有很多最优化问题，例如，如何使成本最低、行走的路径最短、消耗的时间最少等类似问题，它们的解决之道完全可以采用"急功近利"的方式，也就是每一步都在当前条件下追求利益最大化，结果最终能够实现整体利益的最大化。这种设计思想形成的算法就叫作贪婪算法。

4.1　最小生成树

假设有由多台计算机组成的局域网。不同计算机之间由光纤连接，如果把计算机看成一个简单节点，连接计算机的光纤看成一条边，那么一个局域网可以抽象成一幅无向图，如图 4-1 所示。

如图 4-1 所示中每个圆圈代表一台计算机，直线代表计算机之间的光纤连接。直线上的数字表示维护该条光纤所需要付出的成本。现在单位希望降低维护成本，因此希望在不同计算机能够相互通信的情况下，去掉不必要的光纤连接，使得最终维护成本最少。试问该从图 4-1 中去掉哪几条光纤呢？

这里需要注意一个前提，那就是当把边去掉后，数据从某台计算机发出可以抵达任意其他计算机。因此绝对不能将边 EF 拿掉，否则数据从计算机 E 发出将抵达不了其他计算机。一种可行的方案如图 4-2 所示。

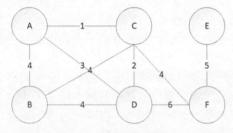

图 4-1　局域网抽象图

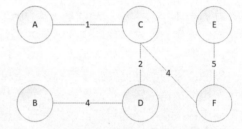

图 4-2　最优化方案

当把边拿掉，形成如图 4-2 所示的连接情况时，所有计算机之间可以相互收发数据，而且光纤维护成本最小，此时维护成本为 16。图 4-2 所示的连接方式也称为最小生成树。问题在于需要确定为何图 4-2 所示的情况是最优化情况，同时如何设计一个方案使得能找到图 4-2 所示的连接方式。

4.1.1　Kruskal 算法

问题要求：如何删除不必要的边，使得最终剩下的边在连接所有节点的情况下，维护成本最小？我们可以换一种思考角度，假设在所有节点都不连接的情况下，如何将边加上，最终形成图 4-2 所示的连接方式。

一种方法是采用 Kruskal 算法。它的基本思路是，每次选择一条成本最低且不形成环的边。所谓"环"，是指从一个节点出发能够返回原节点的路径。例如在图 4-1 中，边 AC、CD、DB、BA 就形成了一个环。

尝试着一步步执行该思想，图 4-3 表示没有任何边的节点。

在图 4-3 中，根据算法思想，先选择一条成本最低的边，由于连接 AC 的边成本最低，因此将该边添加上，得到图 4-4。

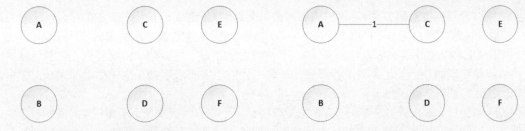

图 4-3　没有边连接的节点　　　　　　　　　　图 4-4　添加边 AC

接下来在图 4-4 的基础上，再选择成本最低的一条边，根据图 4-1，此时成本最低的边是 CD，它的成本为 2，把它添加上后得到图 4-5。

在图 4-5 的基础上，继续选择成本最低的边，此时成本最低的边是 AD，其成本为 3，但根据算法思想，不能添加这条边，因为如果添加 AD 之后就会形成环。因为添加该边后，从节点 A 出发，经过节点 C、D，然后再通过边 DA 就能回到节点 A，因此不能选择边 AD。

于是排除 AD 后，继续看其他不会形成环而且成本最低的边，此时有 3 条边可选，分别是 AB、BD 和 CF，因此这 3 条边我们可以任选一条。按照这个思路执行下去，就可以得到图 4-2 所示的最优化情况。

现在要思考，为什么根据 Kruskal 的算法取边一定能得到最优化结果。用符号 $G = (V, E)$ 来表示节点及边构成的图，其中 V 表示点的集合，E 表示边的集合。定义一个概念叫作切割，切割就是将点集分成两部分 S 和 $V - S$。

解决问题时，有一种思考方式叫逆向思维。也就是假设已经有了问题的解决方案，然后从方案出发，研究它的性质并最终反推找到该方案的方法。因此假设已经找到最小生成树，看看它具备什么性质。

对于一个最小生成树，把点集 V 进行切割形成两个点的子集，分别为 S 和 $V - S$。同时从最小生成树的所有边中抽取一部分边 X，使得 X 中没有任何一条边能分别连接 S 和 $V - S$。假设 e 是能分别连接 S 和 $V - S$ 中节点的数值最小的一条边，那么 $X \cup \{e\}$ 形成的边集合属于最小生成树，这个性质也称为切割定理。

下面通过图形来更好地理解切割定理，如图 4-6 所示。

图 4-5　添加边 CD　　　　　　　　　　图 4-6　切割示例

图 4-6 所示对应一个切割示例，左边 4 个节点 A、C、B、D 对应点集 S，右边两个节点 E、F 对应点集 $V - S$。X 对应的边为 AC、CD、BD、EF。根据切割定理，可以找到一条连接 S 和 $V - S$ 中节点值最小的边 e，这条边与当前边的集合 X 合在一起形成最小生成树的边的子集。

此时能够分别连接点集 S 和 $V-S$ 的边有两条，分别为 CF 和 DF，CF 对应的值是 4，DF 对应的值是 6，根据切割定理，把边 CF 添加到图 4-6 后所形成的边的集合是最小生成树边的子集。

当把边 CF 添加到图 4-6 后再对比图 4-2，其实就得到了最小生成树。由此可见，切割定理描述的性质应该是正确的，当然还需要进行严谨的证明。我们用 T 来表示最小生成树边的集合，根据切割定理的描述，X 是 T 的子集。

假设选中的边 e 本来就属于 T，那么切割定理的结论不言自明。如果 e 不属于 T，根据最小生成树的性质，边集 T 已经把所有节点都连接了起来，如果此时把 e 添加到集合 T 里，这样得到新的边集合 $T\cup\{e\}$ 就会形成一个环。

由于 T 把所有点都连接了起来，那么它一定存在某条边 e' 连接了切割 S 和 $V-S$。根据切割定理中的描述，我们挑选的边 e 是所有能连接切割 S 和 $V-S$ 的边中值最小的一条，于是确定边 e 对应的值肯定小于等于 e' 对应的值。

把 e' 拿掉得到的边的集合 $T'=T\cup\{e\}-e'$ 同样能够连接所有的节点，如果用 weight(T) 表示集合 T 中所有边对应数值的总和，那么有 weight(T') $\leqslant$ weight(T)，因为拿掉的边 e' 对应的值大于等于添加上的边 e 对应的值。

但由于 T 对应的是最小生成树的边，因此不可能存在其他边的集合使得能够连接所有点而且边对应数值加总后还能更小，所以有 weight(T')=weight(T)，这意味着边集合 T' 的确是一个最小生成树。

这里通过一个具体例子来更好地理解切割定理。图 4-7 所示为节点的连接情况。

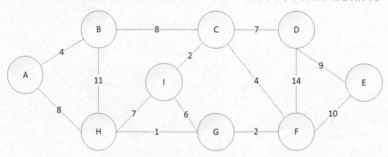

图 4-7　节点连接图

对应图 4-7，相应的最小生成树如图 4-8 所示。

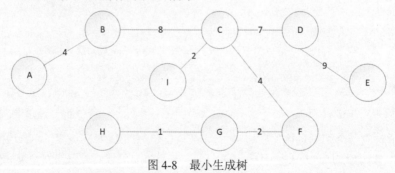

图 4-8　最小生成树

图 4-8 为对应图 4-7 的最小生成树，此时 weight(T)=37，如果将图 4-8 中的节点做一个切割，使得集合 S 对应的点为{A,B}，集合 $V-S$ 对应的点为{C,D,I,H,G,F,E}，那么此时在边集合 T 中连接该切割的边 e' 就是 BC。

如果寻找不同于 e' 的连接两个集合的边，此时有两条，分别为 BH、AH。由于 AH 对应的值比 BH 小，因此选中 AH，它对应切割定理中的边 e，如果把 AH 添加到图 4-8，就会形成一个环，如图 4-9 所示。

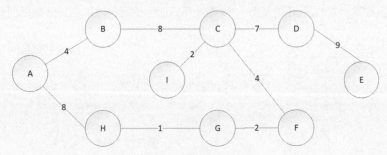

图 4-9 添加边形成环

图 4-9 是在图 4-8 的基础上添加边 AH 后的情形，此时它形成了一个环，也就是 A→B→C→F→G→H→A。根据切割定理，从 T 中拿掉连接集合 S 和 $V-S$ 的一条边，也就是 BC，于是得到的边集合 T' 也属于一个最小生成树，如图 4-10 所示。

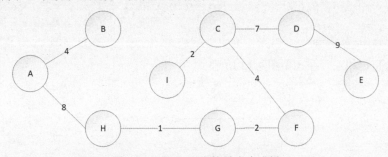

图 4-10 由 T' 形成的最小生成树

图 4-10 是在图 4-9 的基础上把边 BC 拿掉后的结果，根据切割定理，图 4-10 中的边集合 T' 属于某个最小生成树的子集，通过加总 T' 中所有边对应数值发现，weight(T')=37，由于 T' 把所有节点都连接在一起，因此 T' 本身就是最小生成树，由此确定了切割定理的正确性。

4.1.2 Kruskal 算法的代码实现

本小节使用代码实现 4.1.1 小节描述的算法逻辑。首先引入一个概念——有向连接点的集合，如图 4-11 所示。

图 4-11 表示有向连接点集合的 3 种情况。集合中可以包含多个节点，每个节点附带一个指针指向另一个节点，指针指向的节点可以是它自己，也可以是其他节点。图 4-11（a）所示是集合只有一个节点的情况，在默认情况下节点的指针指向它自己。

当一个节点加入集合后，可以调整节点附带的指针让它指向其他节点，如图 4-11（b）和图 4-11（c）所示。可以把节点指针指向的另一个节点当作它的父节点，于是可以用如下代码来定义一个节点。

```python
class Vertex:
    def __init__(self, name):
        self.parent = self  #parent 对应节点指针，默认指向它自己
        self.rank = 0  #rank 表示子节点的个数
        self.name = name  #点的名字
    def point_to(self, v):  #将指针指向另一个节点
        if v is not None:
            self.parent = v
    def get_parent(self):  #获取节点指针指向的节点
        return self.parent
    def find(self):  #获取集合中的根节点
        x = self
        while x and x.get_parent() != x:
            x = x.get_parent()
        return x
    def set_rank(self, r):
        self.rank = r
    def get_rank(self):
        return self.rank
    def get_name(self):
        return self.name
```

连接点集合可以相互合并，如图 4-12 所示。

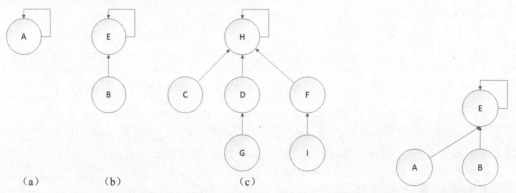

（a）　　　　　　（b）　　　　　　　　　　（c）

图 4-11　有向连接点集合的 3 种情况　　　　　图 4-12　两个连接点集合的合并

把图 4-11（a）中的连接点 A 指向自身的指针，指向第 2 个集合的根节点 E 就可以实现两个连接点的合并。相应代码如下：

```python
def union(x, y):  #x, y 是两个连接点集合中的点，该函数将它们所在的集合合并成一个集合
    root_x = x.find()
    root_y = y.find()
```

```
if root_x == root_y:
    return
if root_x.get_rank() > root_y.get_rank():    #把高度低的根节点指向高度高的根节点
    root_y.point_to(root_x)
else:
    root_x.point_to(root_y)
if root_x.get_rank() == root_y.get_rank():
    rank = root_y.get_rank()
    root_y.set_rank(rank + 1)
```

根据代码所示，每个节点附带一个属性 rank，它表示从该节点开始，沿着指向它的箭头逆向查询所能找到的最大节点数。在图 4-11（c）所示的连接点集合中，根节点 H 有 3 个箭头指向它。沿着最左边箭头回溯，能找到一个节点 C；沿着中间箭头回溯，能找到两个节点 D、G；沿着第 3 个箭头回溯，能找到节点 F、I，由于随着箭头逆向回溯找到的最多节点数是 2，因此节点 H 对应的 rank 就是 2。

关于 rank 属性有 3 个性质需要说明。性质 1：对任意节点 x 而言，$x.rank() \leqslant x.parent().rank()$。如果节点 x 的指针指向自己，那么 $x.parent()$ 就是它自己，因此 $x.rank()$ 与 $x.parent().rank()$ 返回的值一定相等。

如果节点 x 的指针指向另外一个节点，那么它肯定是在 union()函数执行时将它的指针指向另一个节点。在 union()函数里，我们总是把 rank 属性值低的根节点指向 rank 属性值高的节点，如果两个节点 rank 属性值相等，那么把其中一个节点的指针指向第 2 个节点后，把第 2 个节点的 rank 属性值增加 1。

于是当节点 x 在 union()函数中把指针指向另一个节点 y 后，$x.parent()$ 对应的节点就是 y，根据 union()函数的实现代码，我们确定 y 的 rank 属性值一定大于 x。

性质 2：如果连接点集合中根节点的 rank 值为 k，那么根节点下面至少有 2^k 个节点。看图 4-11（c）所示的连接点集合，它的根节点是 H，对应的 rank 值是 2，它底部有 5 个节点，并且有 $2^2 < 5$。

用数学归纳法证明这个性质。当 $k=0$ 时，此时根节点的指针指向它自己，我们可以认为它下面的节点只有它自己一个，于是有 $2^0 = 1$。假设 $k=n$ 时结论成立，也就是当前节点底部有至少 2^n 个节点。

如果当前连接点集合根节点的 rank 值是 $n+1$，由于连接点集合根节点只有经过 union 操作后，它的 rank 值才会增加 1，因此在执行 union 操作前，根节点的 rank 值是 n。根据上一步假设，它的底部至少有 2^n 个节点。

根据 union()函数对应代码，在两个集合合并时，只有两个集合对应根节点的 rank 相同时，其中一个集合对应根节点的 rank 才会增加 1，因此如果当前集合根节点的 rank 等于 $n+1$，肯定是在它的 rank 是 n 时，有另一个根节点同样是 n 的集合与它进行了合并。

根据假设，由于合并进来的集合根节点下面至少有 2^n 个节点，于是合并后当前集合根节点下面的节点至少增加了 2^n 个节点，根节点下面节点总数至少有 $2 \times 2^n = 2^{n+1}$ 个节点。

性质 3：如果连接点集合中含有 n 个节点，那么根节点的 rank 不超过 $\lg(n)$。根据性质 2，如果一个连接点集合的根节点 rank 等于 k，那么它至少含有 2^k 个节点。对于一个根节点的 rank 为 $k+1$ 的连接点集合，它肯定要由两个 rank 为 k 的集合合并而来。

因为两个合并的集合节点数大于 2^k，因此合并后的集合节点数假定为 n，那么肯定有 $n \geqslant 2 \times 2^k = 2^{k+1}$，于是有 $\lg(n) \geqslant \lg(2^{k+1}) = k+1$，而 $k+1$ 恰好就是该连接点集合根节点的 rank，因此性质 3 得以证明，同时性质 3 也表明，函数 find() 的时间复杂度不超过 $O(\lg(n))$。

接下来定义边对应的数据结构。

```python
class Edge:
def __init__(self, v1, v2, val):    #v1, v2 对应边的连接点，val 对应边的数值
    self.v1 = v1
    self.v2 = v2
    self.edge_value = val
def get_points(self):
    return self.v1, self.v2
def get_edge_value(self):
    return self.edge_value
def print_edge(self):    #打印边的内容
    print("{0}---{1}".format(self.v1.get_name(), self.v2.get_name()))
```

接下来看看算法的实现流程，如图 4-13 所示。

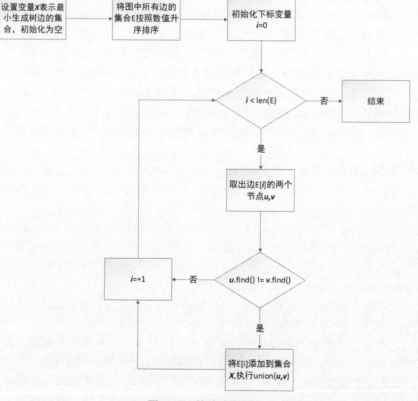

图 4-13　算法流程图

接下来根据流程图的步骤用代码实现算法，根据图 4-7 所示构建连接图。

```python
vertexes = []
for i in range(0, 9):  #依据图 4-7 构建节点
    name = chr(ord("A") + i)
    vertexes.append(Vertex(name))
def get_vertex_by_name(name):  #根据给定名字从点集合中返回节点
    for v in vertexes:
        if v.get_name() == name:
            return v
    return None
```

根据图 4-7 建立边的集合，并按照算法步骤对边按照数值大小进行排序。

```python
E = []
E_AB = Edge(get_vertex_by_name("A"), get_vertex_by_name("B"), 4)
E.append(E_AB)
E_AH = Edge(get_vertex_by_name("A"), get_vertex_by_name("H"), 8)
E.append(E_AH)
E_BH = Edge(get_vertex_by_name("B"), get_vertex_by_name("H"), 11)
E.append(E_BH)
E_BC = Edge(get_vertex_by_name("B"), get_vertex_by_name("C"), 8)
E.append(E_BC)
E_BH = Edge(get_vertex_by_name("B"), get_vertex_by_name("H"), 11)
E.append(E_BH)
E_CI = Edge(get_vertex_by_name("C"), get_vertex_by_name("I"), 2)
E.append(E_CI)
E_IH = Edge(get_vertex_by_name("I"), get_vertex_by_name("H"), 7)
E.append(E_IH)
E_IG = Edge(get_vertex_by_name("I"), get_vertex_by_name("G"), 6)
E.append(E_IG)
E_HG = Edge(get_vertex_by_name("H"), get_vertex_by_name("G"), 1)
E.append(E_HG)
E_CD = Edge(get_vertex_by_name("C"), get_vertex_by_name("D"), 7)
E.append(E_CD)
E_CF = Edge(get_vertex_by_name("C"), get_vertex_by_name("F"), 4)
E.append(E_CF)
E_DF = Edge(get_vertex_by_name("D"), get_vertex_by_name("F"), 14)
E.append(E_DF)
E_DE = Edge(get_vertex_by_name("D"), get_vertex_by_name("E"), 9)
E.append(E_DE)
E_FE = Edge(get_vertex_by_name("F"), get_vertex_by_name("E"), 10)
E.append(E_FE)
E_GF = Edge(get_vertex_by_name("G"), get_vertex_by_name("F"), 2)
E.append(E_GF)
E.sort(key = lambda x : x.get_edge_value())    #对边按照数值大小进行排序
```

执行上面的代码后，把排序后的边集合中每条边打印出来看看。

```
for e in E:
    e.print_edge()
```

上面代码运行后，所得结果如下：

```
H---G with value 1
C---I with value 2
I---G with value 6
G---F with value 2
A---B with value 4
C---F with value 4
I---H with value 7
C---D with value 7
A---H with value 8
B---C with value 8
D---E with value 9
F---E with value 10
B---H with value 11
B---H with value 11
D---F with value 14
```

从输出结果可见，代码对边的定义及排序在实现上基本正确。接着按照算法流程图中的步骤选取边，使得选出的边形成最小生成树。

```
X = []
cost = 0
for edge in E:   #每次选出一条数值最小又能连接切割的边
    u,v = edge.get_points()
    if u.find() != v.find():   #如果边的两个点不在同一个连接点集合内，那么就选择该边
        print("Add new edge: ", end = '')
        edge.print_edge()
        X.append(edge)
        union(u, v)   #将该线段的两点对应的点集合合并
        cost += edge.get_edge_value()
print("mini spanning tree cost is {0}".format(cost))
```

代码执行后，输出结果如下：

```
Add new edge: H---G with value 1
Add new edge: C---I with value 2
Add new edge: G---F with value 2
Add new edge: A---B with value 4
Add new edge: C---F with value 4
Add new edge: C---D with value 7
Add new edge: A---H with value 8
Add new edge: D---E with value 9
mini spanning tree cost is 37
```

将输出结果打印出来的边与图4-10相比较，发现两种情况完全一致，因此算法给出了正确的最小生成树。在代码实现中需要注意 union()函数，它用来构造点的集合。在算法描述中提到一个概念——"切割"，它把点集分成两部分，这两部分之间的节点没有任何连接。

union()函数的作用是将两个点设置成属于同一个集合，同时快速判断两个点是否属于同一个集合。如果两个点被输入 union()函数，那么这两个点通过各自 find()函数就会返回相同的对象。

如果两个点通过 find()函数返回的对象不同，就可以确定这两个点不属于同一个集合，于是就可以在逻辑上构造出一个"切割"，其中一个点所属的集合对应切割的一个子集，剩下的其他点形成的集合属于切割的另一个子集，于是连接这两个点就相当于连接一个"切割"的两个子集。

看看算法的时间复杂度。如果用 $|E|$ 表示图中边的数量，用 $|V|$ 表示图中点的数量。在上面代码实现中，在算法步骤中需要对边进行排序，其对应的时间复杂度是 $O(|E|*\lg(|E|))$。

接着要遍历每一条边，因此循环的次数是 $|E|$，得到一条边后，要对边的两个端点执行 find()函数。在 4.1.1 小节的分析中给出了 find()函数的时间复杂度，那就是 $O(\lg(|V|))$，因此构造最小生成树的时间复杂度就是 $O(|E|*\lg(|V|))$。

由于点的数量一定大于边的数量，因此 $|E|*\lg(|V|)$ 大于 $|E|*\lg(|E|)$，于是算法的时间复杂度可以用 $O(|E|*\lg(|V|))$ 来表示。

4.1.3　Prim 算法

构造最小生成树算法的一个关键是，把点集分割成两部分，这两部分的点之间不存在连接，然后从当前边的集合中找到能让两个集合之间的点产生连接，而且数值最小的边。一直反复这样的操作，直到所有点都被连接为止。

任何算法能完成上面的操作都能产生最小生成树。本小节讨论另一种能构造最小生成树的算法——Prim 算法。它的基本思路是维持两个点集 S 和 $V-S$，其中 S 中的点相互连通，也就是在集合 S 中，从任意一点出发都可以抵达集合中的其他点，而 $V-S$ 中的点是零散点，也就是其中任何点都没有与其他点产生连接，如图 4-14 所示。

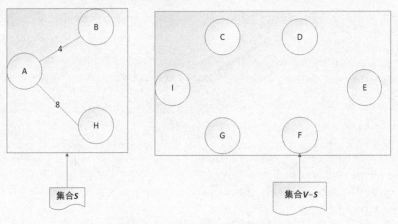

图 4-14　Prim 算法产生的分割

如图 4-14 所示，左边集合 S 包含 3 个节点 A、H、B，它们互相之间可以通过连接的边相互抵达，右边集合 V−S 中的点没有任何与其他点相连接的边。Prim 算法思想是，遍历所有边，找到一条能将左边节点和右边节点连接起来，而且数值最小的一条边。

现在问题在于，如何快速找到一条连接左右两个集合节点而且数值最小的边。这里就可以用到前面提到的堆排序。一开始左边集合 S 为空，右边集合包含所有节点，然后随机在节点中选择一个放入左边集合。

然后把放入左边集合的点有关的所有边加入一个小堆。根据小堆性质，数值最小的边一定在堆的顶部，于是可以轻易地将这条边获取，从这条边可以找到第 2 个加入集合 S 的节点，然后把第 2 个节点对应的所有边也加入小堆，于是连接左边集合中两个点和右边集合中点的最小边又出现在堆顶，如此循环直到所有点都加入左边集合为止。

看看相应代码的实现：

```python
import heapq
def get_edges_by_vertex(v):  #获得该节点对应的所有边
    edges = []
    for edge in E:
        v1, v2 = edge.get_points()
        if v1 == v or v2 == v:
            edges.append(edge)
    return edges
vertex_count = len(vertexes)
edge_heap = []
v = vertexes.pop()   #随机选择一个节点加入集合 S
v.selected = True   #给节点对象增加一个标志说明它已经被加入集合 S
S = []
S.append(v)
edge_order = 0
edges = get_edges_by_vertex(v)  #获取该节点对应的所有边
for e in edges:  #将加入集合 S 的点对应的边插入堆
    heapq.heappush(edge_heap, (e.get_edge_value(), edge_order, e))
    edge_order += 1
cost = 0
while len(S) < vertex_count:
    e = heapq.heappop(edge_heap)[2]   #从堆上取得连接集合 S 和 V-S 且数值最小的边
    v1, v2 = e.get_points()
    if hasattr(v1, 'selected') is True and hasattr(v2, 'selected') is True:  #该边
两个节点都已经属于集合 S
        continue
    print("Add new edge: ", end = '')
    e.print_edge()
    cost += e.get_edge_value()
    v = v1
    if hasattr(v1, 'selected') is True:  #选出还没有加入集合 S 的那个点
        v = v2
```

```
    v.selected = True
    S.append(v)
    edges = get_edges_by_vertex(v)
    for e in edges:
        v1, v2 = e.get_points()
        if hasattr(v1, 'selected') is False or hasattr(v2, 'selected') is False:
#确保加入堆的边是连接两个集合的边而不是连接 S 内部节点的边
            heapq.heappush(edge_heap, (e.get_edge_value(), edge_order, e))
            edge_order += 1
print('mini spanning tree cost : {0}'.format(cost))
```

在代码实现中，有几个要点需要把握。首先是 heapq，该类由 Python 程序库提供，使用其接口可以方便地实现堆排序。它对应的接口 heappush 类似于在 4.1.2 小节实现堆排序时的 insert，它将一个元素插入堆中并保持堆的性质不变。

heappush 接收两个参数，一个是用于构造堆的数组；另一个是 tuple 数据类型。tuple 是由多个变量组成的整体，heappush 使用 tuple 数据类型的第 1 个变量作为排序的依据，在所有代码里，使用边数值作为第 1 个变量，也就是我们希望根据边的大小进行堆排序。

第 2 个变量叫 edge_order，它的作用是在两条边的数值相同时参与排序。heappush 会使用 tuple 数据类型对应的第 1 个变量进行排序，如果新插入的元素第 1 个变量与当前堆里面某个元素的第 1 个变量相同，那么该函数将使用第 2 个变量来排序。

由于图 4-7 中很多边的数值相同，例如，边 BC 和 AH 的值都是 8，如果 AH 先加入堆，BC 后加入堆，那么当 BC 加入时 heappush 会使用 tuple 数据类型的第 2 个变量来对这两个元素进行比较。

设置第 2 个变量 edge_order 就是为了将边值相同的边区分开来，由于 edge_order 变量保持递增，因此在边 BC 加入堆时，这两条边对应的 edge_order 一定不同，于是 heappush 就能知道如何安排这两条边的相对位置。

同时在代码中为 vertex 变量增加了一个属性 selected 用于表示对应节点是否已经加入集合 S，如果节点没有这个属性，那么当前节点就没有被加入集合 S。在 while 循环中，每次都从堆上取出数值最小的边，如果它对应的两个节点都有 selected 属性，那么表明这条边是集合 S 内部节点相连的边，因此不属于最小生成树。

如果取出的边至少有一个节点没有 selected 属性，那么该边就是跨越集合 S 和 $V - S$ 的边，而且是跨越这两个集合的所有边中数值最小的一条，根据分割定理，该边就属于最小生成树。上面代码运行后输出结果如下：

```
Add new edge: C---I with value 2
Add new edge: C---F with value 4
Add new edge: G---F with value 2
Add new edge: H---G with value 1
Add new edge: C---D with value 7
Add new edge: B---C with value 8
Add new edge: A---B with value 4
Add new edge: D---E with value 9
mini spanning tree cost : 37
```

把上面边和节点绘制出来，如图 4-15 所示。

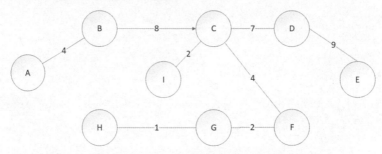

图 4-15　Prim 算法形成的最小生成树

对比图 4-15 和图 4-10，两者有所不同，不同在于图 4-10 中的边 AH 在图 4-15 中换成了边 BC，但这两条边对应的值一样都是 8，因此图 4-15 也是一个最小生成树，边的总和同样是 37，由此证明代码实现正确。

看看算法的时间复杂度。在 while 循环中需要遍历每个节点，因此 while 循环的次数是 $|V|$，在循环体中，调用 get_edges_by_vertex()函数获取节点对应的边，该函数会遍历所有边，该节点作为端点的边被抽取出来，因此它的时间复杂度为 $|E|$。

由于外层循环 while 有 $|V|$ 次，内层调用 get_edges_by_vertex()函数产生循环 $|E|$ 次，因此对应的时间复杂度为 $O(|V|*|E|)$，这一步其实可以进行优化。例如，可以构造一个 map，它的 key 就是某个节点 vertex 对象示例，它的 value 对应一个队列，这个队列存储端点含有给定节点的边。

于是把所有边遍历一次就能完成相应 map 的建立，那么在 get_edges_by_vertex()函数实现中，把输入的节点当作 key 在 map 里面查找就能直接获取它对应的边，于是可以把获取节点对应边上的耗时从 $O(|V|*|E|)$ 降低为 $O(|E|)$。

在 while 循环中，还调用 heappush()函数将跨越集合 S 和 $V-S$ 的边插入堆，由于边的总数为 $|E|$，因此在 while 循环中，heappush()函数被调用的次数最多不超过 $|E|$ 次，根据堆排序算法，元素的插入对应的时间复杂度为 $\lg(n)$，n 是元素的个数，在这里对应的就是边数 $|E|$。

因此在 while 循环中，将边插入堆对应的时间复杂度为 $O(|E|*\lg(|E|))$，由此算法的时间复杂度为 $O(|V|*|E|+|E|*\lg(|E|))$。如果采用前面提到的优化方法，算法的时间复杂度就是 $O(|E|+|E|*\lg(|E|))$。

扫一扫，看视频

4.2　一个工厂任务调度问题的贪婪算法

一个工厂突然接收到任务，要求在给定时间段内尽可能多地完成既定任务。每个任务都有规定的起始时间和结束时间，而工厂一次只能执行一个任务。也就是说，如果两个任务的起始时间和结束时间有重合，例如，一个任务的起始时间是 2，结束时间是 5，另一个任务的起始时间是 3，结束时间是 6，那么工厂只能选择其中之一进行。

假设给予工厂的时间为从 0 点开始后的 16 个小时，有 11 个任务等待完成，每个任务起始时间和结束时间表示如下。

[0,6],[1,4],[5,7],[3,5],[5,9],[8,11],[2,14],[12,16],[3,9],[8,12],[2,14]

工厂在执行某个任务时，其他任务必须等待正在执行的任务结束后才能被执行，而且如果错过任务的开始时间后，任务就不能再执行，我们如何在 16 个小时内选出最多的任务来执行呢？

例如，我们可以选择 3 个任务，它们的时间段为[0,6],[8,12],[12,16]，同时也可以选择 4 个任务，如[1,4],[5,7],[8,12],[12,16]，显然后者的任务数量比前者要多，如何设计算法选择出数量最多的任务组合呢？

4.2.1 贪婪算法的设计思路

利用逆向思维来思考这个问题。假设站在时间段末尾，也就是在第 16 个小时逆推回去看看如何挑选任务。结束时间距离第 16 个小时最近的两个任务时间段为[2,14],[12,16]，你认为这两个任务选择哪一个能够让任务的数量最大化？

从直觉上看应该选择[12,16]，因为它的起始时间最晚，选择它之后能留出更长的时间段去安排其他任务。如果选择它，那么就可以空出 11 个小时去安排其他任务，如果选择[2,14]，那么只有 2 个小时能安排其他任务了。

如此得到一个贪婪策略，每次选择一个起始时间最晚但又在给定时间段内完成的任务。接下来证明这种选择策略一定是正确的。假设能在给定时间段内完成的最多任务个数为 n 个，用集合 $S = \{a_1, a_2, \cdots, a_n\}$ 来表示。

其中，a_i 表示 n 个任务中的第 i 个。同时用 a_m 来表示能在时间段内完成且起始时间最晚的任务，我们认为一定满足 $a_m \subset S$。如果 $a_m \notin S$，那么可以把 S 中任意一个任务拿掉，用 a_m 替换。

由于 S 中任务时间上相互不重叠，因此拿掉任意一个任务后，剩下的 $n-1$ 个任务在时间上依然不重叠。因为 a_m 起始时间最晚，因此它不会与当前 S 内任何任务的执行时间发生重叠，于是拿掉 S 中任意一个任务，把 a_m 加入 S 得到的 n 个任务在执行时间上依然不会相互重叠。

由此就证明了，任何最优任务的安排，一定会包含在当前时间段内能完成而且起始时间最晚的那个任务。假设给定时间段为 $[0,T]$，起始时间最晚的任务对应起始时间为 t，去掉最后一个任务后得到的时间段为 $[0,t]$。

显然集合 S 中前 $n-1$ 个任务一定是时间段 t 内的最优任务安排。假设有 $m > n-1$ 个任务能安排在时间段 $[0,t]$ 内，那么这 m 个任务的起始时间一定早于 t，并且能在 $[0,t]$ 内完成。

由于任务 a_m 从时间 t 开始执行，并且执行时间小于等于 $T-t$，因此把 a_m 添加到那 m 个任务所得到的组合就能在时间段 $[0,T]$ 内完成。于是在时间段内可安排的最多任务肯定大于等于 $m+1$，由于 $m > n-1$，因此 $m+1 > n$，这与前面假设在时间段内最多任务数为 n 相矛盾。

由此就得到问题的一个递归性结构。要在时间段 $[0,T]$ 内安排最多任务，选择起始时间最晚，假设起始时间为 t，且能在时间段内完成的任务后，又得在时间段 $T-t$ 内安排最多任务。于是问题的规模变小，但性质不变，因此可以继续使用同样原则去处理 $[0,t]$ 内的任务安排。

4.2.2 调度问题的代码实现

本小节介绍如何使用代码实现 4.2.1 小节描述的算法原理。先设计算法流程图，如图 4-16 所示。

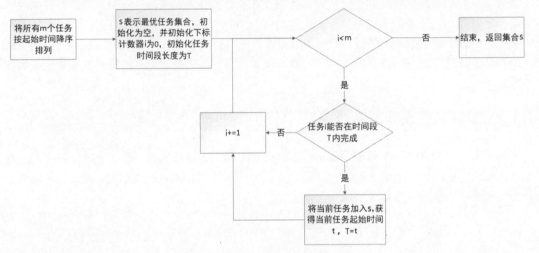

图 4-16 算法流程图

接下来看看具体代码实现。

```
T = 30  #时间段
N = 20  #任务总数
Tasks = []
for i in range(N):  #初始化每个任务的起始时间和结束时间
    a = random.randint(0, 30)
    b = random.randint(0, 30)
    Tasks.append([min(a, b), max(a, b)])
Tasks.sort(key = lambda x:x[0], reverse = True)  #将任务按照起始时间降序排列
print("all tasks time interval are: {0}".format(Tasks))
S = []
for task in Tasks:
    if task[1] <= T:  #选择能在给定时间段内完成且起始时间最晚的任务
        S.append(task)
        T = task[0]  #选择任务后修改时间段
print("the best tasks combination are : {0}".format(S))
```

在代码中设置时间段长度为 30，并随机初始化 20 个任务的起始时间和结束时间，然后把任务按照结束时间进行降序排列。接着遍历每个任务，查看它是否能在当前时间段内完成，可以的话就加入集合 S，循环结束后 S 就包含了最佳任务组合。

上面代码在笔者机器上运行后，所得结果如下：

```
all tasks time interval are: [[28, 29], [19, 23], [17, 23], [12, 18], [11, 19], [11,
```

26], [10, 13], [10, 20], [8, 11], [7, 26], [6, 18], [6, 13], [4, 9], [4, 22], [3,
12], [3, 17], [2, 5], [1, 11], [1, 21], [0, 9]]
the best tasks combination are : [[28, 29], [19, 23], [12, 18], [8, 11], [2, 5]]

在代码实现中，需要先对任务数组进行排序，如果有 n 个任务，那么排序的时间复杂度为 $O(n*\lg(n))$，接下来对 n 个任务进行遍历，相应时间复杂度为 $O(n)$，因此算法总时间复杂度为 $O(n*\lg(n))$。

4.2.3 贪婪算法的套路分析

贪婪算法的基本思想是，在给定判断条件下，每次选择当下能够得到最佳回报的选项。在很多情况下，这么做无法实现最优解。贪婪算法要能产生最优解，它对应的问题必须具有特定"递归"结构。

在某种条件判断下选取最优方案后，问题规模变小但性质不变。也就是说，在做出当前选择后，问题规模变小，但使用原来的方法做出选择依然能够得到最优解。

总体来说，贪婪算法要能产生作用，它对应的问题必须具有以下性质。第一，当前做出的选择不受后面选择的影响。我们看 4.2.2 小节的任务调度问题，给定时间段 $[0,T]$ 后，选取一个起始时间最晚但又能完成的任务。

假设选定任务的起始时间为 t，接下来问题变成如何在时间段 $[0,t]$ 内选择任务。注意到此时的选择与上一次选择没有相互影响，无论在 $[0,t]$ 时间段内如何选取任务，上次选择的任务都不会受到影响，$[0,t]$ 内对应的任务完全可以和上一次选取的任务结合在一起形成问题的解。

第二，问题存在递归性或间套结构。例如,在任务调度问题中，一开始问题的规模是 $[0,T]$，做出一个选择后问题规模变成 $[0,t]$，后者比前者规模更小，但是要解决的问题性质相同，依然是如何在给定时间段内选择最多任务。

因此在规模变化前适用的原则，在问题规模变化后依然适用。一旦要解决的问题具备这两点性质，就可以考虑适用贪婪算法的设计思想来解决它。接下来我们会根据更多具体问题的研究来切实把握这两点原则。

4.2.4 背包问题的动态规划解法

在 4.2.3 小节分析贪婪算法性质时提到过，贪婪算法的应用条件之一是，在给定条件下做出的选择不受后续选择的影响。这一点很重要，如果当前选择好坏还得看后续选择的"脸色"，那么贪婪算法将不再适用。

在 4.3.1 小节中描述背包问题时强调了一个条件，那就是一件物品可以分解成多个小块，具有这个性质的背包问题也称为分数型背包问题。如果条件变换一下，物品只能整个拿走而不可以分解，这样的问题叫作 0-1 背包问题，此时贪婪算法将不再适用。

看一个具体例子。背包容量为 50 斤，假设有 3 种物品，第 1 个物品有 10 斤，价值 60 元；第 2 个物品有 20 斤，价值 100 元；第 3 个物品有 30 斤，价值 120 元。如果此时用总价值除以它的重量，分别得到第 1 个物品的单位价值是 6(60÷10)，第 2 个物品的单位价值是 5(100÷20)，第 3 个物品的单位价值是 4(120÷30)。

如果按照原来贪婪算法的选取方式，首先选取单价比最高的物品，那就是物品 1，由于它只能整个获取，因此背包会塞入 10 斤的物品 1，接着再装入单价为 5 的物品 2，此时背包容量只剩下 20 斤，无法再装入物品 3，此时背包内物品总价为 160 元。

最优方法是将物品 2 和 3 装入背包，获得价值 220 元。由此可见，对于 0-1 背包问题，原有贪婪算法不再适用。这是因为当前选择的好坏还需要取决于后面的一系列选择，因此只考虑当前最优选择无法实现最终的全局最优选择。

如果当前选择与后续选择发生关联或纠结时贪婪算法不适用，什么样的方法才适用呢？这里介绍一种算法叫作动态规划。贪婪算法适用的地方，动态规划同样适用；但反之不成立。下面介绍动态规划算法的基本思想。

假设背包的总容量为 V，当前有 n 件物品编号分别为 $1,2,\cdots,n$，容量分别为 $v_1,v_2,\cdots,v_n$，它们的价值对应为 $w_1,w_2,\cdots,w_n$，并假设物品的最大体积为 W，设立一个高为 n，宽为二维数组 C，其中 $C[i][v]$ 表示当背包容量为 v，而且可选物品的编号为 0 到 i 的情况下所能获取的最大价值，于是有如下关系式成立：

$$C[i][v]=\begin{cases} 0, i=0 \mid v=0 \\ C[i-1,v], v_i>v \\ \max(C[i-1,v-v_i]+w_i, C[i-1,v]), v_i \leqslant v \end{cases} \qquad (4.1)$$

式（4.1）表示如果当前口袋容量为 v，当前可选的物品编号为 0 到 i，此时如果物品 i 的体积比口袋容量还大，那么当前口袋所能装下物品的最大价值只能从商品 0 到 $i-1$ 中获取。如果口袋容量比物品 i 的体积大，那么必须考虑两种情况。

第 1 种情况是选取物品 i，此时口袋剩下容量为 $v-v_i$，要获取口袋容量为 $v-v_i$，可选物品编号为 0 到 $i-1$ 的情况下所能获得的最大价值。第 2 种情况是放弃物品 i，考虑口袋容量为 v 的情况下，从物品 0 到 $i-1$ 中选取时所能获取的最大价值。

于是当口袋容量为 v，可选商品编号为 0 到 i 时所能获得的最大价值就是上面两种情况中取值最大的一种。因此可以依赖式（4.1）把二维数组中每个元素的值计算出来，最后数组元素 $C[n-1][v]$ 表示的值就是当背包容量为 v，可选商品编号从 0 到 $n-1$ 时所能获取的最大价值。

看看如何用代码实现算法：

```python
import numpy as np
packet_volumn = 30
items_count = 20
items = [(0, 0)]
max_volumn = 0
for i in range(items_count + 1):    #随机设定物品的大小和价值
    volumn = random.randint(1, 30)
    value = random.randint(10, 100)
print("item volumn and value: ", items)
C = np.zeros((items_count+1, packet_volumn +1), dtype = np.int)
for i in range(1, items_count+1):    #计算二维表每个元素值
    for j in range(1, max_volumn + 1):
        item_volumn = items[i][0]
```

```
        item_value = items[i][1]
        if item_volumn > j:
            C[i][j] = C[i-1][j]
        elif C[i-1][j - item_volumn] + item_value >= C[i-1][j]:
            C[i][j] =  C[i-1][j - item_volumn] + item_value
        else:
            C[i][j] = C[i-1][j]
print("the max value that can put into packet is ", C[items_count][packet_volumn])
```

上面代码运行后，在笔者机器上输出的结果如下：

```
item volumn and value:  [(0, 0), (27, 34), (18, 88), (11, 87), (22, 60), (27, 11),
(17, 63), (5, 92), (4, 54), (16, 17), (18, 40), (16, 29), (14, 63), (13, 36), (18,
67), (18, 32), (18, 73), (21, 82), (27, 71), (2, 34), (3, 10), (28, 17)]
the max value that can put into packet is  277
```

它表示在给定物品体积和价值的情况下，当背包容量为 30 时所能获得的最大价值为 277。接下来我们看看如何得知背包内装了哪些物品，当物品编号为 0 到 i，口袋容量为 v 时，最优价值物品中是否包括物品 i 呢？

只要看如果满足 $C[i-1][v-items[i][0]] + items[i][1] >= C[i-1][v]$，那么最优物品组合中就包含物品 i，否则就不包含物品 i，于是通过下面代码获得最优物品组合。

```
i = items_count
j = packet_volumn
packet = []
while i > 0 and j > 0:
    item_volumn = items[i][0]
    item_value = items[i][1]
    if item_volumn > j:
        i -= 1
    elif C[i - 1][j - item_volumn] + item_value == C[i - 1][j]:
            packet.append(i)
            i -= 1
            j -= item_volumn
    else:
        i -= 1
print("items in packet are:")
for item in packet:
    print(items[item])
```

上面代码运行后所得结果如下：

```
items in packet are:
(3, 10)
(2, 34)
(4, 54)
(5, 92)
(11, 87)
```

把上面物品价值加总后得到 277，与前面显示结果一致，由此可以肯定给出的物品的确是最优物品组合。由于整个算法用两个 for 循环计算二维表的每个元素，因此算法的时间复杂度为 $O(items\_count * packet\_volumn)$。

扫一扫，看视频

4.3　一个懂算法的毛贼：如何带走最值钱的赃物

一个毛贼在月黑风高的夜晚背着一个口袋溜入一家金店。店内有不同种类的金银首饰，不同的种类对应的价格也不一样，例如第 1 种首饰重 10 斤，总价 6000 元；第 2 种首饰重 20 斤，总价 10000 元；第 3 种首饰重 30 斤，总价 12000 元。

由于首饰用黄金打造，因此首饰可以被拆成以斤为单位的小块，然后拿到黑市上去卖。例如，第 1 种首饰可以拆成 10 个 1 斤小块，每个小块售价 600 元，假设毛贼背包最多能放下 50 斤的小块，试问毛贼如何选取不同首饰小块以实现收益最大化？

这个问题如果做一个转换会变得容易解决：在货架上有不同类型重达 1 斤的金块，其中 600 元/斤的金块有 10 个，500 元/斤的金块有 10 个，400 元/斤的金块有 10 个，如果背包只能容纳 50 个金块，试问如何挑选金块使得背包内的物品价值最大化？

4.3.1　背包问题的贪婪算法

从上面问题的转换描述不难看出，如果首饰被拆成以斤为单位的小块，那么要让背包里面的物品价值最大化，最好的做法是首先挑选价格最高的小块，直到挑完为止，然后挑选价格次高的小块，以此类推。

可以仿照 4.2 节的设计思路，先将物品的价值除以其重量获得单位小块，把这些小块根据其价值进行排序，然后从价值最高的小块开始挑选直到背包达到最大容量为止。这个过程涉及两个阶段，第 1 阶段是对不同小块根据其价值进行排序，如果小块数量为 n，则所需时间复杂度为 $O(n * \lg(n))$。第 2 阶段是遍历排序后的数值，从价值最高的小块开始选取，一直到背包容量装满为止，这个过程对应的时间复杂度是 $O(n)$，因此总的时间复杂度为 $O(n * \lg(n))$。

有没有效率更好的算法呢？可以这么做：用 $m_1, m_2, \cdots, m_n$ 来表示切割后 n 个小块分别对应的价格，然后根据第 2 章提供的查找数组中给定次序元素的算法，找出中位数 m，最后把 n 个小块对应的数组分割成 3 种，分别为 $G = \{i : m_i > m\}$，$E = \{i : m_i = m\}$，$L = \{i, m_i < m\}$。

用 $|G|$ 表示集合 G 中元素个数，用 $|E|$ 表示集合 E 中元素个数，用 $|L|$ 表示集合 L 中元素个数，用 W 表示背包的容量，如果 $|G| > W$，那么最有价值的小块就全落在集合 G 中，于是把集合 G 再次按照同样的方式分割成 3 部分。

如果 $|G| \leqslant W$，那么把集合 G 中的小块全部放入背包，如果背包还有多余空间，就用集合 E 中的小块去填充背包，如果将 G 和 E 中的小块全部放入背包之后还没有装满，那么将集合 L 按照同样方法分割成 3 部分后，以相同的方式选择小块装入背包。

下面分析一下这种做法的时间复杂度。根据 2.2 节算法描述，在数组中查找中位数的时间复杂度为 $O(n)$，由于根据中位数将数组分成 3 部分，因此每部分的元素个数都小于等于 $n/2$。

如果集合 G 的元素个数大于背包容量，那么算法就会在集合 G 中进行递归。如果背包容量大于集合 G 和 E 的元素个数总和，那么算法就会在集合 L 中进行递归，因此总的算法时间复杂度为

$$T(n) = T\left(\frac{n}{2}\right) + O(n) \tag{4.2}$$

使用猜测检验法解出式（4.2）可以得到 $T(n) = O(n)$，也就是算法的时间复杂度为 $O(n)$。

4.3.2 算法代码实现

接下来看看如何实现 4.3.1 小节算法。相关代码如下：

```python
import random
packet_volumn = 10   #背包容量
item_count = 30   #不同价格的小块数量
items = []
for i in range(item_count):
    items.append(random.randint(10, 100))   #随机设定每种小块的价值
print("items: {0}".format(items))
def packet_selection(packet_volumn, items):
    m = selection(items, int(len(items) / 2))   #数组根据中位数分成 3 份，G 包含大于 m 的元素，E 包含等于 m 的元素，L 包含小于 m 的元素
    G = []
    E = []
    L = []
    for item in items:
        if item > m:
            G.append(item)
        elif item == m:
            E.append(item)
        else:
            L.append(item)
    if len(G) > packet_volumn:
        return packet_selection(packet_volumn, G)   #集合 G 的数量大于背包容量，在集合 G 上进行递归
    packet = []
    if len(G) == packet_volumn:
        packet.extend(G)
        return packet
    if len(G) + len(E) == packet_volumn:
        packet.extend(G)
        packet.extend(E)
        return packet
    packet.extend(G)
```

```
    packet.extend(E)
    packet_volumn -= len(G) + len(E)
    item_from_L = packet_selection(packet_volumn, L)
    packet.extend(item_from_L)
    return packet
packets = packet_selection(packet_volumn, items)
print(packets)
```

在代码实现中，设定背包容量为 10 个单位，可选取的物品有 30 个单位，按照贪婪算法原理，算法应该从价格最高的物品中选取直到填满背包容量为止。在笔者的机器上运行上面代码后所得结果如下：

```
items: [58, 41, 30, 19, 59, 78, 37, 90, 72, 90, 55, 53, 23, 90, 91, 30, 90, 72, 45,
100, 88, 24, 44, 43, 95, 26, 79, 77, 41, 58]
[90, 90, 90, 100, 90, 95, 91, 88, 78, 79]
```

注意看到上面的输出中，物品的价值最高为 100 元，第 2 行是算法选取的物品对应价格，显然它先从价格最高选取直到填满背包为止，其中价格为 90 元的物品有 4 个，因此在背包容量未满的情况下，它将这 4 个物品都选取后再选取价格低于 90 元的物品。

扫一扫，看视频

4.4 最少硬币换算问题

美元的最低计数单位是 1 美分，同时美元有 6 种面值的硬币，分别是 1 美分、5 美分、10 美分、25 美分、50 美分、100 美分（也就是 1 美元）。给定 n 美分的钞票价值，要求将其换算成硬币，并且换算后硬币的数量要最少，请给出对应的换算算法。

例如，对应 53 美分价值，可以换算成 53 个 1 美分的硬币，2 个 25 美分的硬币加上 3 个 1 美元的硬币，1 个 50 美分的硬币加上 3 个 1 美分的硬币等，最后一种换算得到的硬币数量是 3 种换算方法中最少的，因此它优于其他两种方法，问题是如何找到最佳换算方法？

4.4.1 硬币换算的贪婪算法

直觉上的思维是，先用可选面额最高的硬币来换算。例如，数额是 78 美分时，可选面额最高的硬币是 50 美分，因此先用 50 美分硬币换算，然后剩下 28 美分。此时可换算的面额最高硬币是 25 美分，因此用它进行换算后剩下 3 美分，此时对应面额最高硬币是 1 美分，所以再换算 3 个 1 美分的硬币。

于是得到一种换算方法是，每次优先换算可选硬币中面额最大的，从直觉上看选择面额最大的硬币后，钱数减少的最多，剩下的额度相比于用其他面值硬币换算后的结果更少，因此可以用更少的硬币去换算。

当然上面的直觉无法成为算法的正确性证明，仍然需要通过严谨的逻辑推理去证明算法的正确性。针对几种不同情况进行分析，假设 n 是要换算的面额，如果 $0 \leq n < 5$，此时唯一的选择是选取 n 个 1 美分硬币，因此算法成立。

如果 $5 \leqslant n < 10$，假设最优换算结果不包含 5 美分硬币，那么它一定包含 n 个 1 美分硬币，由于 $n \geqslant 5$，因此我们能从中拿出 5 个 1 美分硬币，放入 1 个 5 美分硬币，从而得到更好的换算结果，因此最优换算一定要含有 5 美分硬币。

如果 $10 \leqslant n < 25$，最优换算中不包含 10 美分硬币，那么它可能包含两个 5 美分硬币，此时可以用 1 个 10 美分硬币替换从而得到更好的换算方式。如果只包含 1 个 5 美分硬币，那么 1 美分硬币个数一定超过 5 个，因此可以用 1 个 10 美分硬币替换 1 个 5 美分硬币和 5 个 1 美分硬币，从而得到更好的换算结果。

如果不包含 5 美分硬币，那么最优换算包含超过 10 个以上的 1 美分硬币，那么可以用 1 个 10 美分硬币替换 10 个 1 美分硬币得到更好的换算结果，因此最优换算一定要包含 10 美分硬币。

如果 $25 \leqslant n < 50$，最优换算不包含 25 美分硬币，那么最多包含 2 个 10 美分硬币和超过 5 个 1 美分硬币，于是可以用 1 个 25 美分硬币替换 2 个 10 美分硬币和 5 个 1 美分硬币从而得到更好的换算结果。

如果最优结果只包含 1 个 10 美分硬币，那么 1 美分硬币肯定在 15 个以上，于是可以用 1 个 25 美分硬币替换 1 个 10 美分硬币和 15 个 1 美分硬币从而得到更好的换算结果。如果最优换算不包含 10 美分硬币，那么它只能包含超过 25 个 1 美分硬币，于是可以用 25 美分硬币替换 25 个 1 美分硬币得到更好的换算结果，因此最优换算一定要包含 25 美分硬币。

对应 $50 \leqslant n < 100$ 和 $100 \leqslant n$ 两种情形可以依照前面方式进行分析。因此换算时每次选择不超过当前面额的最大值硬币，最终能得到最优换算结果。

然而这种方法并非时刻有效，例如当硬币面额为 1、10、25，换算面额 n 为 30，那么贪婪算法给出的结果是一个 25 美分硬币和 5 个 1 美分硬币，而最优换算应该是 3 个 10 美分硬币，那么问题来了，什么情况下贪婪算法有效？什么情况下贪婪算法无效呢？

4.4.2　贪婪算法在硬币换算问题上的有效性检测

贪婪算法能否得到最优换算结果，取决于可换算硬币的面额情况。本小节看看给定硬币面额后，如何检测贪婪算法是否能得出最优换算结果？

假设可换算的硬币有 n 种，我们把面额从高到低排列，并用 $c_1 > c_2 > c_3 >, \cdots, > c_n = 1$ 来表示，硬币最小面额必须是 1，要不然某些数额可能就无法实现换算。把 n 种硬币面额合在一起看作一个向量 $C = [c_1, c_2, \cdots, c_n]$，对于任意数额 n，把它的一种换算方式也对应成向量。

也就是假设存在一种换算方式（不一定是最优换算方式），可以把数额 n 换算成 v_1 个面额为 c_1 的硬币，v_2 个面额为 c_2 的硬币，以此类推，最后能换算 v_n 个面额为 c_n 的硬币，那么把相应的硬币个数组合成一个向量 $V = [v_1, v_2, \cdots, v_n]$。

由此有面额 n 就是两个向量的点乘，也就是

$$n = V \cdot C = [v_1, v_2, \cdots, v_n] \cdot \begin{bmatrix} c_1 \\ c_2 \\ \vdots \\ c_n \end{bmatrix} = v_1 * c_1 + v_2 * c_2 + \cdots + v_n * c_n$$

把向量 V 称为数值 n 的"表现向量"。把表现向量里面所有分量加总求和所得的结果称作向量的"模"，记作 $|V| = \sum_{i=1}^{n} v_i$，注意到数值 n 的表现向量 V 除了要满足 $n = V \cdot C$ 外，还要有 V 中的每个分量都得大于等于 0。

不难发现，对于最优换算而言，它对应的表现向量的模一定是最小的。对于同一个数值 n，由于换算方式不止一种，因此它可以对应不同的表现向量。例如，当硬币的额度分别为 1、10、25，而要换算的面额 n 为 30 时，对应的两个表现向量为 $V_1 = [1,0,5], V_2 = [0,3,0]$。

现在定义表现向量的大小。对于给定两个表现向量，从左往右依次比对向量的分量，当发现对应分量值不同时，值较大的分量所在的向量就大于值较小的分量所在的向量，也就是 $V > D \Rightarrow v_i > d_i, v_k = d_k, k = 1,2,\cdots,i-1, i \leqslant n$。

看前面提到的两个向量 V_1, V_2，由于 V_1 第一个分量值为 1，V_2 第一个分量值为 0，因此有 $V_1 > V_2$，对于数值 n 而言，它的所有表现向量中最大的那个，用 $G(n)$ 来表示，它也称为贪婪表现向量。

当给定数值 n 后，如何获取 $G(n)$ 呢？只要采用 4.4.1 小节讲到的贪婪算法就可以得到 $G(n)$，也就是每次选择面额小于 n 的最大值硬币进行换算，最后得到的表现向量就是 $G(n)$，因此对于前面例子中 $G(30) = [1,0,5]$。

对于给定数值 n，模最小的表现向量可能不止一个。例如，可换算硬币的面额分别为 25、20、10、5、1，n 的值为 30，那么模最小的表现向量为 $V_1 = [1,0,0,1,0]$ 和 $V_2 = [0,1,1,0,0]$。看到模最小的向量，其实对应的就是最优换算。

把模最小的所有向量中最大的那个向量称作"最优表现向量"，用 $M(n)$ 表示。对于前面例子中，最优表现向量就是 V_1，我们注意到，如果贪婪表现向量与最优表现向量相同，也就是对任意 n，都有 $G(n) = M(n)$，那么使用贪婪算法就可以得到最优硬币换算结果。

如果存在某一个 n'，使得 $G(n') != M(n')$，那么贪婪算法就不能用来获得最优换算结果。接下来的问题就是，给定一组换算硬币后，如何判断是否存在 n'，使得 $G(n') != M(n')$，如果不存在这样的值，那么贪婪算法就能用来获得最优硬币换算结果。

贪婪表现向量的大小与对应数值的大小存在一一对应关系。也就是如果 $x < y$，那么一定有 $G(x) < G(y)$。这是因为

$$U = G(x) + [0,0,\cdots,y-x], U \cdot C = G(x) \cdot C + [0,0,\cdots,y-x] \cdot C$$

$$= x + [0,0,\cdots,y-x] \cdot \begin{bmatrix} c_1 \\ c_2 \\ \vdots \\ c_n \end{bmatrix} = x + (y-x)*c_n = x + (y-x)*1 = y$$

所以向量 U 是 y 的表现向量，而且向量 U 所有前 $n-1$ 个分量都与 $G(x)$ 相同，唯一最后一个分量大于 $G(x)$ 最后一个分量，根据定义有 $U > G(x)$，又因为 $G(y) \geqslant U$，因此有 $G(y) > G(x)$。

对于两个向量 U, V，如果前者的每个分量都小于后者的每个分量，也就是 $u_i \leqslant v_i, i = 1,2,\cdots,n$，那么就记作 $U \ll V$。由此，如果两个向量 U, V 满足 $U \ll V$，那么就能找到一个分量都大于等于 0 的向量 D，使得 $V = U + D$。接下来看以下两个结论。

（1）如果 V 是某个数值 n 的贪婪表现向量，如果 $U \ll V$，那么 U 也是另外某个数值 m 的贪婪表现向量。显然表现向量 U 对应的数值 m 为 $m = U \cdot C$，假设数值 m 另外一个表现向量为 U'，那么就有

$$U' \cdot C = m = U \cdot C$$
$$(V - U + U') \cdot C = V \cdot C - U \cdot C + U' \cdot C = V \cdot C$$

由于 $U \ll V$，所以 $V - U$ 对应向量的每个分量都大于等于 0，由此能确保向量 $V - U + U'$ 的每个分量都大于等于 0，而且又有 $(V - U + U') \cdot C = V \cdot C$，因此向量 $V - U + U'$ 其实是数值 n 的表现向量，由于 $V = G(n)$，因此有

$$V - U + U' \leqslant V$$

同时读者可以验证，向量大小在加法上保持不变，也就是 $U \ll V$，那么对于任意向量 D 有 $U + D \leqslant V + D$，注意这里对向量 D 的分量没有任何要求。于是把上面不等式两边都加上向量 $U - V$ 得到

$$U' \leqslant U$$

这意味着对数值 m 的任何表现向量 U'，它都会小于向量 U，因此 $U = G(m)$。

（2）如果 V 是某个数值 n 的最优表现向量，如果 $U \leqslant V$，那么 U 是另一个数值 m 的最优表现向量。不难检验向量模的大小在加法上保持不变，也就是如果 $|U_1| \leqslant |U_2|$，那么对于任意向量 D 有 $|U_1 + D| \leqslant |U_2 + D|$，注意这里对向量 D 的分量是否大于 0 没有要求，如此可以仿照结论 1 的证明方式证明结论 2。

由于 V 是数值 n 的最优表现向量，因此有 $V = M(n)$。根据最优表现向量的定义，对于任何数值 n 的其他表现向量 V'，我们都有 $|V'| \geqslant |V|$。如果 $|V'| = |V|$，那么一定有 $V' \leqslant V$。假设对于数值 m，不同于 U 的另一个表现向量为 U'。由于

$$U' \cdot C = m = U \cdot C$$
$$(V - U + U') \cdot C = V \cdot C - U \cdot C + U' \cdot C = V \cdot C$$

因此 $V - U + U'$ 是数值 n 的一个表现向量。由于 $V = M(n)$，因此有 $|V - U + U'| \geqslant |V|$，根据向量模在加法上保持不变，把两边的向量都加上另一个向量 $U - V$，于是就有 $|U'| \geqslant |U|$。

如果等号成立，那么就有 $|V - U + U'| = |V|$。由于 $V = M(n)$，根据定义有 $V - U + U' < V$，由于表现向量的大小在加法上保持不变，因此两边同时加上向量 $U - V$ 就有 $U' < U$。

于是对于任意向量 U'，要么它满足 $|U'| \geqslant |U|$，要么它满足 $|U'| = |U|$，$U' \leqslant U$，因此有 $U = M(m)$。

前面提到，如果贪婪算法不能实现最优硬币换算结果，那么一定存在某个数值 w，使得 $G(w)! = M(w)$，假设 w 是满足条件 $G(w)! = M(w)$ 中数值最小的，也就是 $w = \min\{x : G(x)! = M(x)\}$。

对于 w，它的两个表现向量 $G(w)$ 和 $M(w)$ 有一个特性，相同下标的对应分量不能同时是非 0 值，也就是 $U = G(w) = [u_1, u_2, \cdots, u_n], V = M(w) = [v_1, v_2, \cdots, v_n]$，对于下标 k，$1 \leqslant k \leqslant n$，如果有 $u_k > 0$，那么就一定有 $v_k = 0$；如果有 $v_k > 0$，那么就一定有 $u_k = 0$。

由于 $M(w)$ 第 1 个非 0 分量下标为 i 而且 $G(w) > M(w)$，同时两者的非 0 分量下标不能相同，得出 $G(w)$ 的第 1 个非 0 分量一定小于 i，这意味着 i 一定大于 1。

倘若存在某个下标 k，使得 $u_k > 0, v_k > 0$，那么同时将这两个分量减少 1，得到新的向量

$U' = [u_1, u_2, \cdots, u_k - 1, \cdots, u_n], V' = [v_1, v_2, \cdots, v_k - 1, \cdots, v_n]$ ，由于两个新向量的每个分量都大于等于 0，因此它们对应某个数 m 的表现向量。

而且有

$$m = U' \cdot C = [u_1, u_2, \cdots, u_k - 1, \cdots, u_n] \cdot \begin{bmatrix} c_1 \\ c_2 \\ \vdots \\ c_n \end{bmatrix} = V' \cdot C = [v_1, v_2, \cdots, v_k - 1, \cdots, v_n] \cdot \begin{bmatrix} c_1 \\ c_2 \\ \vdots \\ c_n \end{bmatrix} = w - c_k$$

由于 $U' \leqslant U, V' \leqslant V$ ，根据前面证明的两个结论有

$$U' = G(w - c_k), V' = M(w - c_k)$$

但由于 $U! = V$ ，把这两个向量中同一个分量同时减少 1 后，所得结果依然不相等，于是就有

$$G(w - c_k)! = M(w - c_k)$$

但是根据假设，w 是满足 $G(x)! = M(x)$ 中数值最小的一个，然而 $w - c_k < w$ ，但它依然能满足 $G(x)! = M(x)$ ，于是产生矛盾，因此可以确定对于向量 $G(x)$ 和 $M(x)$ ，它们相同下标的分量绝不能同时大于 0。

给定可换算的硬币面额后，如果能找到 w ，那么就能证明贪婪算法不能得到最优硬币换算结果，如果这样的 w 存在，假设向量 $M(w)$ 第 1 个大于 0 分量的下标是 i ，最后一个不为 0 分量的下标是 j ，那么就有这样的定理。

定理：对于向量 $U = M(w), V = G(c_{i-1} - 1)$ ，如下性质成立：

$$u_k = v_k, k = 1, 2, \cdots, j - 1$$
$$v_j = u_j + 1$$
$$u_k = 0, k = j + 1, \cdots, n$$

证明一下定理 1。由于 $G(w)! = M(w)$ ，那么肯定有 $G(w) > M(w)$ ，根据表现向量大小的定义，由于 $M(w)$ 第 1 个不为 0 的分量下标是 i ，因此 $G(w)$ 第 1 个不为 0 的分量下标一定小于 i 。

假设 $G(w)$ 的向量形式为 $[g_1, g_2, \cdots, g_k, \cdots, g_i, \cdots, g_n], g_k > 0, k \leqslant i - 1$ ，那么有

$$w = [g_1, g_2, \cdots, g_k, \cdots, g_i, \cdots, g_n] * \begin{bmatrix} c_1 \\ c_2 \\ \vdots \\ c_n \end{bmatrix} = g_1 * c_1 + \cdots + g_k * c_k + \cdots + g_n * c_n \geqslant g_k * c_k \geqslant c_k \geqslant c_{i-1}$$

对于向量 $M(w)$ ，由于其第 j 个分量不为 0，因此根据前面结论（2），可以把它的第 j 个分量减少 1 所得的向量作为数值 $w - c_j$ 的最优表现向量，也就是 $M(w - c_j)$ 。由于 w 是满足 $G(w)! = M(w)$ 的最小值，于是有 $G(w - c_j) = M(w - c_j)$ 。

由于向量 $M(w - c_j)$ 与向量 $M(w)$ 除了第 j 个分量外，其他分量都相同，因此向量 $M(w - c_j)$ 第 1 个不为 0 的分量下标也是 i ，又因为 $G(w - c_j) = M(w - c_j)$ ，这意味着数值 $w - c_j$ 对应的任何表现向量中，没有哪一个表现向量大于 0 的分量的下标能小于 i 。

于是就有 $w - c_j < c_{i-1}$ ，因为倘若 $w - c_j \geqslant c_{i-1}$ ，那么在换算数值 $w - c_j$ 时，先用面额为 c_{i-1} 的硬币进行换算，这样就能得到下标为 $i - 1$ 的分量值大于 0 的表现向量，从而引起矛盾，于是有

$$w - c_j < c_{i-1} \leqslant w \tag{4.3}$$

令 $M = [m_1, m_2, \cdots, m_n] = M(w)$，$V = [v_1, v_2, \cdots, v_n] = G(c_{i-1} - 1)$，由于 $c_{i-1} - 1 \geqslant c_i$，因此向量 V 中下标为 i 的分量一定不为 0，因为在置换面值为 $c_{i-1} - 1$ 的钱数时，总可以先使用面额为 c_i 的硬币进行置换。

由于向量 M 与 V 的第 i 个分量都不为 0，于是可以让这两个向量的第 i 个分量都减去 1，得到两个新向量 $M' = [m_1, m_2, \cdots, m_i - 1, \cdots, m_n]$，$V' = [v_1, v_2, \cdots, v_i - 1, \cdots, v_n]$，根据前面证明的两个结论，有 $M' = M(w - c_i) = G(w - c_i)$，$V' = G(c_{i-1} - 1 - c_i)$。

根据式（4.3）$c_{i-1} \leqslant w$，因此有 $c_{i-1} - 1 - c_i < w - c_i$，于是有 $G(c_{i-1} - 1 - c_i) < G(w - c_i)$，构造一个向量 D，除了第 i 个分量为 1 外，其他分量都是 0，于是有

$$G(c_{i-1} - 1 - c_i) + D = [v_1, v_2, \cdots, v_i - 1, \cdots, v_n] + [0, 0, \cdots, 1, \cdots, 0] = [v_1, v_2, \cdots, v_i, \cdots, v_n] = V$$

由于表现向量的大小在加法下保持不变，因此有

$$G(c_{i-1} - 1 - c_i) + D < G(w - c_i) + D$$

然而

$$G(w - c_i) + D = [m_1, m_2, \cdots, m_i - 1, \cdots, m_m] + [0, 0, \cdots, 1, \cdots, 0] = [m_1, m_2, \cdots, m_i, \cdots, m_m] = M(w)$$

于是得到

$$V < M(w) \tag{4.4}$$

对于 $M(w)$ 而言，因为它最后一个不为 0 的分量下标为 j，所以可以将其下标为 j 的分量减去 1，得到新向量为 $M^* = [m_1, m_2, \cdots, m_j - 1, \cdots, m_m]$，显然 $M^* << M(w)$，根据前面证明的结论（2），它是一个数值的最优表现向量，由于 $M^* \cdot C = w - c_j$，因此有 $M^* = M(w - c_j)$。

根据式（4.3）有 $w - c_j < c_{i-1} \to w - c_j \leqslant c_{i-1} - 1$，由于贪婪表现向量的大小与它对应的数值大小一致，于是有 $G(w - c_j) \leqslant G(c_{i-1} - 1) = V$，与式（4.4）结合起来就有 $G(w - c_j) \leqslant V < M(w)$。

因为 w 是满足 $G(w)! = M(w)$ 的最小值，所以 $G(w - c_j) = M(w - c_j)$，于是向量 $G(w - c_j)$ 是将向量 $M(w)$ 第 j 个分量减 1 后得到，于是两者除了第 j 个分量不同外，其他分量都相同。那么向量 V 夹在两者中间，这意味着向量 V 下标从 1 到 $j-1$ 的所有分量都要与 $G(w - c_j)$ 和 $M(w)$ 相同。

由于 V 和 $M(w)$ 两个向量对应分量在下标 j 之前都相同，但 $V < M(w)$，这就意味着从第 j 个分量起，前者的某个分量一定会小于后者对应分量，也就是 $v_k < m_k, k = j, j+1, \cdots, n$。但是前面说到向量 $M(w)$ 的最后一个非 0 分量的下标为 j，因此有 $m_{j+1} = 0, m_{j+2} = 0, \cdots, m_n = 0$。

因此向量 V 与 $M(w)$ 分量的差别只能存在于下标为 j 的分量上，因此有 $v_j < m_j$。由于 $G(w - c_j) \leqslant V$，再加上向量 $G(w - c_j)$ 与向量 $M(w)$ 只在第 j 个分量上不同，所以向量 $G(w - c_j)$ 与 V 也只能在第 j 个分量上不同，因为 $G(w - c_j)$ 第 j 个分量的值为 $m_j - 1$，因此有 $m_j - 1 \leqslant v_j$，综合起来就有 $m_j - 1 \leqslant v_j < m_j$，于是唯一的可能就是 $m_j - 1 = v_j$。

定理给出了验证贪婪算法是否适用的检测手段。在给定一组可以兑换的硬币后，如果贪婪算法不适用于获得最优换算结果，那么就一定存在某个数值 w，使得 $|G(w)| > |M(w)|$，我们可以通过定理找出满足这个条件的最小数值，如果找不到，就能确认贪婪算法可以获得最优换算结果。

基本检测流程如下，给定一组硬币值 $c_1, c_2, \cdots, c_n$，如果存在某个数值 w 使得 $|G(w)| > |M(w)|$ 成

立，那么可以根据定理找到满足条件的最小值。做法是让变量 $i=2,3,\cdots,n+1$，然后获得数值 $c_{i-1}-1$。

使用贪婪算法兑换数值 c_{i-1}，得到的兑换结果就对应向量 $G(c_{i-1}-1)$。根据定理，如果贪婪算法不适用，那么存在一个最小值 w 使得 $|G(w)|>|M(w)|$，而 $M(w)$ 对应向量与向量 $G(c_{i-1}-1)$ 相比，除了在位置 j 上大小相差 1 外，前 1 到 $j-1$ 个分量都相同，从 $j+1$ 往后的分量都是 0。

问题在于我们不知道 j 的大小，于是可以不断尝试。前面提到过如果存在数值 w 使得 $|G(w)|>|M(w)|$，那么 $M(w)$ 第 1 个非 0 分量的下标一定大于 1，于是给定向量 $G(c_{i-1}-1)$，让 j 从 2 开始一直到 n，分别将第 j 个分量值加 1 并计算其对应数值 w，然后检测是否满足 $|M(w)|<|G(w)|$。

如果可兑换的硬币有 n 个，那么表现向量就含有 n 个分量，对 j 的查找需要遍历最多 n 个位置。同时要确定 $|G(w)|$ 与 $|M(w)|$ 是否不同，需要对 n 个分量求和，最后由于有 n 个不同的硬币值，因此 $c_{i-1}-1$ 就对应 n 种情况，因此综合起来，判断贪婪算法是否在使用的算法时间复杂度为 $O(n^3)$。

4.4.3　贪婪算法适用性检测算法的代码实现

本小节看看如何实现 4.4.2 小节描述的检测算法。先看看算法实现流程图，如图 4-17 所示。

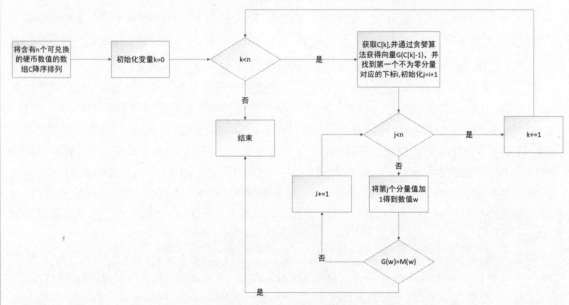

图 4-17　代码实现流程图

接下来用代码按照图 4-17 所示步骤一一实现。

```python
import numpy as np
import copy
def get_greedy_vector(C, value):   #获得数值 v 的最优表现向量
    n = len(C)
```

```
    vector = np.zeros((n))
    i = 0
    while i < n :
        if value >= C[i]:
            vector[i] += 1
            value -= C[i]
        else:
            i += 1
    return vector
def get_value_by_vector(V, C):    #通过表现向量获得对应数值
    return np.dot(V, C)
def get_vector_mode(V):
    mode = 0
    for v in V:
        mode += v
    return mode
def is_greedy_apply(C):    #判断贪婪算法能否适用于数值 C 给定的硬币值
    C.sort(reverse = True)    #将数值降序排列
    n = len(C)
    k = 0
    while k < n:
        greedy_vector = get_greedy_vector(C, C[k] - 1)
        vector_w = np.zeros((n))
        k += 1
        for j in range(1, n):    #将第 j 个分量加 1 看看得到的值是否满足不等式 M(w) < G(w)
            for i in range(j):    #前 j-1 个分量值相同
                vector_w[i] = greedy_vector[i]
            vector_w[j] = greedy_vector[j] + 1
            w = get_value_by_vector(vector_w, C)
            greedy_vector_w = get_greedy_vector(C, w)
            if get_vector_mode(vector_w) < get_vector_mode(greedy_vector_w):
                return False, w, vector_w, greedy_vector_w
            vector_w[j] -= 1
    return True, None, None, None
```

为了检验代码实现是否正确，我们构造可兑换硬币值数组[1,10,25]，然后调用上面的代码，如果代码实现正确，它会告诉我们贪婪算法不适用并返回对应的数值 w。

```
C = [1,10, 25]
C = random.sample(range(2,50), N - 1)
C.append(1)
print("C is: ", C)
is_apply, w, best_vector, greedy_vector = is_greedy_apply(C)
if is_apply is False:
    print("greedy algorithm can not apply to {0} with value {1},\
    it is greedy vector is {2} but best vector is {3}".format(C, w, greedy_vector,
```

```
best_vector))
else:
   print("greedy algorithm can apply to {0}".format(C))
```

上面代码运行后给出的结果如下：

```
greedy algorithm can not apply to [25, 10, 1] with value 30.0,    it is greedy vector
is [1. 0. 5.] but best vector is [0. 3. 0.]
```

根据上面的输出可以看到，代码给出了贪婪算法无法实现最优兑换的数值 30，这与前面分析的一致。如果将数组 C 转换为[1,5,10,25]，然后再调用代码进行检测，所得结果如下。

```
greedy algorithm can apply to [25, 10, 5, 1]
```

代码检测出贪婪算法适用于硬币值对应的数组[1,5,10,25]，根据前面的分析，这个结论是正确的。为了进一步确保代码实现的正确性，随机生成硬币值然后检测贪婪算法是否适用。

```
N = 5
C = random.sample(range(2,50), N - 1)
C.append(1)
print("C is: ", C)
is_apply, w, best_vector, greedy_vector = is_greedy_apply(C)
if is_apply is False:
   print("greedy algorithm can not apply to {0} with value {1},\
   it is greedy vector is {2} but best vector is {3}".format(C, w, greedy_vector,
best_vector))
else:
   print("greedy algorithm can apply to {0}".format(C))
```

在上面代码中，随机生成 5 个硬币值，然后检测贪婪算法是否适用于给定硬币值。代码在笔者的机器上运行结果如下：

```
C is: [44, 13, 34, 33, 1]
greedy algorithm can not apply to [44, 34, 33, 13, 1] with value 68.0, it is greedy
vector is [ 1. 0. 0. 1. 11.] but best vector is [0. 2. 0. 0. 0.]
```

我们看到在给定硬币值对应数值后，算法给出了贪婪算法不适用的数值及贪婪算法得到的硬币换算结果，并且算法还给出了最优换算结果。通过简单计算不难发现，代码给出的结论是正确的。

扫一扫，看视频

4.5　线下缓存最优算法

现代计算机为了加快数据存储速度，一般会采用多级缓存的方法。以最简单的二级缓存而言，数据会存放在两个地方，一个地方是内存，另一个地方是硬盘。这两个地方数据读取的速度完全不同。

CPU 从内存中读取数据的速度要远远快于从硬盘中读取数据的速度，但问题在于缓存的价格要远高于硬盘价格，所以缓存的容量就会远远小于硬盘的容量。当 CPU 需要读取特定数据时，它会先在内存中查找，如果数据已经存储在内存中，它可以直接读取。

如果数据没有存储在内存中，那么 CPU 会把数据从硬盘中读出并存放在缓存。问题在于，如果内存已被用完，那么 CPU 必须将内存中存储的某些数据输出到硬盘，空出空间以便存放要从硬盘中读取的数据。

当 CPU 从内存中得到它想要获取的数据时，我们称为 Cache hit；当 CPU 发现内存中不存在它想要读取的数据时，我们称为 Cache miss。由于内存有限，就需要设计高效的缓存调度算法以便决定当需要把数据从内存输出到硬盘时，如何选择要调出的数据以便让 Cache miss 的次数尽可能得少。

举个具体示例，假设内存的大小为 4 个单位，其中已经装满了 4 条数据，用 {a,b,c,d} 表示，假设 CPU 接下来要读取的数据为 {d,b,a,c,e,f,a,b,g,d}，那么当读取前 4 条数据 d、b、a、c 时，所需的数据都在内存中，因此都是 Cache hit。

但要读取第 5 条数据，也就是 e 时，内存中没有，那么 CPU 就需要决定将内存中 a、b、c、d 4 条数据中的某一条迁出，把位置留出来给数据 e，那么此时应该选择哪一条数据进行迁出最好呢？这就是缓存调度算法需要解决的问题。

缓存调度算法具有"线上"特性。也就是 CPU 做调度时，它根本无法知道以后会访问哪些数据，因此它不能根据未来数据的访问情况来决定当前应该迁出哪一条数据。在此需要考虑的是问题的"线下"版本，也就是当我们已经知道了未来要访问的数据时，如何根据该信息来决定当前内存中哪条数据需要迁出。

4.5.1　最远优先原则

在已知未来数据访问的情况下，要调度内存中缓存的数据时，可以采用最远优先原则。也就是在决定从内存中迁出哪条数据时，我们看当前在内存中的数据，在即将读取的数据中，哪一条离当前要写入的数据最远。

例如，当前内存中的缓存数据是 {a, b, c, d}，接下来要读取的数据是 {e, f, a, b, g, d}，此时我们应把内存中的哪条数据迁出呢？我们看哪条数据离当前要写入的数据 e 最远，显然此时在写入序列中，当前存在内存中离数据 e 最远的是数据 d，因此要把数据 d 从内存中迁出。

这就是所谓的最远优先原则。接下来需要证明为何最远优先原则能够实现最少的 Cache miss。这个问题很明显地展现出应用贪婪算法所需要的最优子结构。假设缓存中存储了 k 条数据，用 $C = \{r_{cache\_1}, r_{cache\_2}, \cdots, r_{cache\_k}\}$ 表示。

同时对要读取的数据条目用 $R = \{r_{read\_1}, r_{read\_2}, \cdots, r_{read\_n}\}$ 表示。首先看看问题对应的最优子结构。假设最优缓存调度次序为 $V = \{r_{cache\_i\_1}, r_{cache\_i\_2}, \cdots, r_{cache\_i\_m}\}$，$r_{cache\_i\_k} \subset C$，也就是集合 V 中的数据条目是从 C 中被调换出来的数据条目。

如果 V 对应的数据调换能使得 Cache miss 次数最少，我们称它为最优置换集合，由于它有 m 个元素，因此最少次数就是 m。假设在读取集合 R 中的数据时，在读到第 k 条数据时导致条目 $r_{cache\_i\_1}$ 从缓存中置换出，接下来可以肯定的是，在读取第 k 条后面的数据时，能获得的最少 Cache miss 数一定是 $m-1$。

假设存在更好的缓存调换方法能使得接下来的 Cache miss 次数少于 $m-1$，假设其对应的置换

条目集合为 $V' = \{r'_{\text{cache\_}i\_1}, r'_{\text{cache\_}i\_2}, \cdots, r'_{\text{cache\_}i\_s}\}, r'_{\text{cache\_}i\_k} \subset C, s < m-1$，这样就可以将 R' 与 $r_{\text{cache\_}i\_1}$ 结合在一起，于是就得到 Cache miss 次数比 m 少的调度方式，这与假设 V 对应最优调度方式相矛盾。

接下来证明，根据最远优先原则来选择的数据条目一定属于最优调度算法下的数据调度集合。假设 V 是导致最少 Cache miss 次数的最优调度，并假设在读取 R 中的第 k 条数据时导致 $r_{\text{cache\_}i\_1}$ 从内存中置换出。

如果 $r_{\text{cache\_}i\_1}$ 相比于当前在内存中的其他数据条目，它距离当前读入的第 k 条数据不是最远的，假设最远的条目是 $r_{\text{cache\_}i\_t}$，则意味着在读取条目 $r_{\text{read\_}k}$ 后，在读取条目 $r_{\text{cache\_}i\_t}$ 之前一定会至少有一次读取条目 $r_{\text{cache\_}i\_1}$。

如果置换出的条目不是 $r_{\text{cache\_}i\_1}$ 而是 $r_{\text{cache\_}i\_t}$，那么数据 $r_{\text{cache\_}i\_1}$ 就会保留在缓存中。由于 $r_{\text{cache\_}i\_t}$ 是在缓存中距离当前读入数据条目最远的数据，因此将它置换出后，在下一次从 R 中被读取到时，肯定会对数据 $r_{\text{cache\_}i\_1}$ 读取至少一次以上。

由于此时数据 $r_{\text{cache\_}i\_1}$ 依然在缓存中，因此在读取第 k 条数据后，在 R 中再次读取到它时不会产生 Cache miss，因此将 $r_{\text{cache\_}i\_1}$ 保留在 R 中，再从 R 中读取到 $r_{\text{cache\_}i\_t}$ 前至少能节省 1 次 Cache miss，当读到 $r_{\text{cache\_}i\_t}$ 时由于该条目被置换出，因此会产生一次 Cache miss，于是总的 Cache miss 次数不会增加。因此根据最远优先原则，选择的数据条目 $r_{\text{cache\_}i\_t}$ 应该属于最优置换集合。

4.5.2　代码实现最远优先原则

本小节用代码实现最远优先原则算法。相关代码如下：

```
cache_size = 8
C = np.zeros((cache_size))
items = 16   #16 种不同的数据
item_count = 100   #需要读取 100 条数据
R = np.zeros((item_count))
for i in range(item_count):
   R[i] = random.randint(1, 17)
item_map = {}
cache_miss = 0
for i in range(len(R)):
   if R[i] in item_map.keys():   #将数据与它在 R 中位置对应起来
      l = item_map[R[i]]
      l.append(i)
   else:
      l = []
      l.append(i)
      item_map[R[i]] = l
for i in range(len(R)):   #模拟读取每一条数据
   cache_hit = False
   item_save = False
   for c in C:   #检测缓存是否存在要读取的数据
```

```
        if c == R[i]:
            cache_hit = True
            break
    if cache_hit is False:
        cache_miss += 1
        for j in range(len(C)):  #如果缓存还有可用空间，将数据放入缓存
            if C[j] == 0:
                C[j] = R[i]
                item_save = True
                item_map[R[i]].pop(0)
                break
        if item_save is False:  #缓存已满，根据最远优先原则置换
            max_distance = 0
            item_selected = 0
            for j in range(len(C)):
                l = item_map[C[j]]
                if len(l) == 0:  #缓存中的元素不会再从 R 中被读取
                    item_selected = j
                    break
                distance = item_map[C[j]][0]
                if distance > max_distance:
                    max_distance = distance
                    item_selected = j
            C[j] = R[i]  #将需要读取的数据与最远的缓存数据进行置换
            item_map[R[i]].pop(0)
print("the count of least cache miss is : ", cache_miss)
```

　　变量 cache_size 对应缓存可以存储的数据数量，数组 C 对应的就是缓存，数组 R 存储了要读取的数据。随机填充数组 R 用于同时构造一个字典对象 item_map，它的作用是将 R 中每个元素与它的下标对应起来。

　　注意到 item_map 将元素与一个队列对应起来。因为在数组 R 中相同元素可能有多个，于是队列就存储了同一种元素在数组 R 中的多个示例相对于起始位置的距离。接着代码通过一个 for 循环依次读取数组 R 中元素，模拟 CPU 读取数据。

　　当从数组 R 中取出一个元素后就遍历缓存数组 C，看当前元素是否存在于数组 C 中，如果存在，那么对应 Cache hit；如果不存在，那么代码遍历数组 C 中每一个元素，并通过 item_map 获得数组 C 中距离当前读取元素最远的那个元素。

　　将当前读取元素放置到数组 C 中的相应位置，这时再在模拟中把距离最远元素从缓存中置换出来，同时用变量 cache_miss 记录 Cache miss 的次数，当代码遍历完数组 R 中所有元素后就把 Cache miss 的次数输出。

　　算法需要对数组 R 进行遍历，在访问每个元素时又会对数组 C 进行遍历，如果数组 R 中元素为 n，数组 C 中元素为 m，那么算法的时间复杂度为 $O(m*n)$。

第 5 章

动态规划

在第 4 章介绍贪婪算法时，我们发现贪婪算法有时不能给出最优结果，幸运的是，当贪婪算法不适用时，通过动态规划算法很可能获得最优结果。在 4.2 节中曾展示过动态规划的基本流程。

动态规划对应的英文叫 dynamic programming，恰巧编程正好就是 programming。动态规划原本与编程没有任何关系，它的发明者理查德·贝尔曼是一名经济学家，他发明该算法是为了研究经济活动的相关问题。

动态规划和贪婪算法的目的一致，就是要针对具体问题求得最优解，但是动态规划比贪婪算法更有效，很多问题贪婪算法无法获得好的结果，但动态规划可以。

扫一扫，看视频

5.1　编　辑　距　离

本节研究一个动态规划算法的具体应用。我们在使用 Word 等文档编辑软件时，它有一个非常有用的功能就是拼写矫正。例如，当你写错一个单词时，Word 会标记出来，然后自动给出纠正方法。

这个功能的实现正是基于动态规划算法，它有一个专有名称叫作编辑距离。编辑距离主要用来衡量两个字符串差异化的大小，给定两个单词，我们分别挪动两个单词中的字符，目的在于通过最少的挪动，让两个单词中可以对应起来的字符尽可能多。

举个具体示例，假设有两个单词分别为 SNOWY 和 SUNNY，第 1 种挪动法如表 5-1 所示。

表 5-1　挪动法（1）

S	–	N	O	W	Y
S	U	N	N	–	Y

第 2 种挪动法如表 5-2 所示。

表 5-2　挪动法（2）

–	S	N	O	W		Y
S	U	N	–	–	N	Y

表 5-1 和表 5-2 中的 "–" 表示占位符，或者说是将它后面的字符往右挪动一个位置。当两个单词中的字符挪动完毕后，比对对应列上字符的异同，字符不相同的列的数量就叫作两个单词的编辑距离。

于是对于表 5-1，两个单词的编辑距离就是 3，因为它有 3 列对应的字符不一样；对于表 5-2，编辑距离就是 5，因为它有 5 列中的字符不相同。我们的目的就是要找到相应算法，让两个字符串对应的编辑距离尽可能小。

5.1.1　编辑距离的动态规划算法

用 $x[1,2,\cdots,m]$ 和 $y[1,2,\cdots,n]$ 分别表示两个单词字符串。动态规划的核心思想是，把一个大问题分解成若干个小问题，分别解决这些小问题后把结果结合起来得到大问题的解。这种思维方式是不是很像前面讲过的分而治之？

动态规划与分而治之的不同之处在于，被分解出来的小问题之间其实存在着很强的关联，动态规划恰恰是利用这种关联来降低算法的时间复杂度，后面会具体分析这个特性。要解决 $x[1,2,\cdots,m]$ 和 $y[1,2,\cdots,n]$ 的编辑距离，可以先看它的子问题 $x[1,2,\cdots,i]$ 和 $y[1,2,\cdots,j]$ 的编辑距离，其中 $i<m$，$j<n$。

对于子字符串 $x[1,2,\cdots,i]$ 和 $y[1,2,\cdots,j]$，看它们编辑距离对应的最后一列，那只可能有 3 种情况，分别如表 5-3 所示。

表 5-3 子字符串的 3 种情况

$x[i]$	−	$x[i]$
−	$y[j]$	$y[j]$

假设得到了 $x[1,2,\cdots,i]$ 和 $y[1,2,\cdots,j]$ 的最短编辑距离，那么最后一列对应情况只能是表 5-3 中 3 列情况中的某一种。如果是第 1 种情况，由于第 1 列中两个字符不同，因此它产生一个单位的距离，最短编辑距离就是字符串 $x[1,2,\cdots,i-1]$ 和 $y[1,2,\cdots,j]$ 两个字符串最短编辑距离加上 1。

如果是第 2 种情况，由于第 2 列对应两个字符不同，因此产生一个单位的距离，于是最短编辑距离就是字符串 $x[1,2,\cdots,i]$ 和 $y[1,2,\cdots,j-1]$ 的最短编辑距离加 1。

如果是第 3 种情况，第 3 列中如果字符 $x[i]$ 与 $y[j]$ 相同，那么它对应的距离为 0，于是最短编辑距离就等于字符串 $x[1,2,\cdots,i-1]$ 和 $y[1,2,\cdots,j-1]$ 的最短编辑距离；如果 $x[i]$ 与 $y[j]$ 不同，那么引入一个单位的编辑距离，然后最短编辑距离就是字符串 $x[1,2,\cdots,i-1]$ 和 $y[1,2,\cdots,j-1]$ 最短编辑距离加 1。

如果用 edit_distance(i,j)表示从两个字符串中取出长度分别为 i 和 j 的前缀子字符串后对应的最短编辑距离，那么就有以下递归表达式：

$$\text{edit\_distance}(i, j) = \min\{\text{edit\_distance}(i-1, j)+1, \text{edit\_distance}(i, j-1)+1,$$
$$\text{diff}(x[i], y[j])+\text{edit\_distance}(i-1, j-1)\}$$

很显然，当两个字符串中某个字符串为 0 时，编辑距离就是另一个字符串的长度，于是有 edit_distance(0,j)=j,edit_distance(i,0)=i。同时注意到 3 个子问题 edit_distance($i-1,j$)、edit_distance($i,j-1$)和 edit_distance($i-1,j-1$)之间存在强关联，那就是前两者的计算需要第三者的结果。

也就是根据递归表达式，当要计算 edit_distance($i-1,j$)和 edit_distance($i,j-1$)时，它们都依赖于 edit_distance($i-1,j-1$)计算所得的结果。如果以列表的方式来对应编辑距离，那么对于长度分别为 m,n 的字符串，就构造宽和高分别为 m,n 的二维表，用 $D(m,n)$ 表示，元素 $D[i, j]$ 就对应 edit_distance(i,j)的值。

于是当把二维表 $D(m,n)$ 中每个元素都计算出来后，元素 $D(m,n)$ 对应的值就是想要的最短编辑距离。根据递归表达式，要计算 $D[i][j]$ 时只需分别计算它周围 3 个元素的值，分别是 $D[i-1][j]$、$D[i][j-1]$、$D[i-1][j-1]$。

对于长度为 m,n 的两个字符串，它们对应的二维表元素的个数为 $m*n$，由于算法只需计算二维表中每个元素的值，因此算法的时间复杂度就是 $O(m*n)$。同理，由于需要构造二维表来存储信息，因此算法的空间复杂度为 $O(m*n)$。

5.1.2 编辑距离算法实现

下面看看如何用代码实现 5.1.1 小节描述的动态规划算法。

```python
def edit_distance(x, y, D):
    for j in range(len(y)):
        D[0][j] = j  #对应 edit_distance(0, j) = j
    for i in range(len(x)):
```

```
        D[i][0] = i  #对应 edit_distance(i, 0) = i
    for i in range(1, len(x)):
        for j in range(1, len(y)):  #根据递归表达式，D[i][j]的值由
D[i-1][j],D[i][j-1],D[i-1][j-1]决定
            diff_xy = 0
            if x[i] != y[j]:
                diff_xy = 1
            D[i][j] = min(1 + D[i-1][j], 1 + D[i][j-1], diff_xy + D[i-1][j-1])
    return D
x = "POLYNOMIAL"
y = "EXPONENTIAL"
D = np.zeros((len(x), len(y)))
D = edit_distance(x, y, D)
print("edit distance table is:\n", D)
print("the smallest edit distance between {0} and {1} is {2}".format(x, y,
D[len(x)-1][len(y) - 1]))
```

上面的代码创建两个字符串 POLYNOMIAL 和 EXPONENTIAL，然后调用 edit_distance()函数计算两者最小编辑距离。其通过构建两个字符串的长度构建二维表，在函数实现中先将二维表第 0 行和第 0 列初始化。

接着依次遍历每个元素，计算元素值时分别获得该元素左边、上边及左上角 3 个元素的值，然后基于递归表达式来计算当前元素的值，计算完二维表中所有元素后，最右下角元素对应的值就是两个字符串的最短编辑距离。上面代码运行后输出结果如下：

```
edit distance table is:
[[ 0.  1.  2.  3.  4.  5.  6.  7.  8.  9. 10.]
 [ 1.  1.  2.  2.  3.  4.  5.  6.  7.  8.  9.]
 [ 2.  2.  2.  3.  3.  4.  5.  6.  7.  8.  8.]
 [ 3.  3.  3.  3.  4.  4.  5.  6.  7.  8.  9.]
 [ 4.  4.  4.  4.  3.  4.  4.  5.  6.  7.  8.]
 [ 5.  5.  5.  4.  4.  4.  5.  5.  6.  7.  8.]
 [ 6.  6.  6.  5.  5.  5.  5.  6.  7.  8.]
 [ 7.  7.  7.  6.  6.  6.  6.  6.  7.  8.]
 [ 8.  8.  8.  7.  7.  7.  7.  7.  6.  7.]
 [ 9.  9.  9.  8.  8.  8.  8.  8.  7.  6.]]
the smallest edit distance between POLYNOMIAL and EXPONENTIAL is 6.0
```

代码把二维表的内容打印出来，然后根据右下角元素的值确定两个字符串的最短编辑距离为 6，可以检验一下计算结果是否正确。

5.1.3　动态规划算法的结构特征

动态规划是解决涉及"最优化"问题的利器，但它的使用有一定的限制条件，目标问题必须具备一定的结构才能应用动态规划算法来解决。目标问题必须具备以下两点特性才能应用动态规划算法。

第一，问题要能分解成多个规模更小的子问题。在 5.1.1 小节中可以看到，求两个字符串的最短编辑距离，可以先求多个长度更小的前缀子字符串的最短编辑距离，将这些结果结合起来得到原问题的解。

第二，分解出来的小问题存在相互包含特性。在 5.1.1 小节中，计算 edit_distance(i, j)可以转换为计算 3 个子问题，分别是 edit_distance($i-1, j$)、edit_distance($i, j-1$)和 edit_distance($i-1, j-1$)。

此时前两者包含了第三者，也就是 edit_distance($i-1, j$)和 edit_distance($i, j-1$)的计算同时依赖于对 edit_distance($i-1, j-1$)的计算。总体而言，动态规划算法的应用通常遵循 3 个步骤。

（1）检测问题是否可以分解成多个子问题或是多种选择。

（2）判断给定子问题已经解决的情况下，是否有利于原问题的解决，此时你不用关心子问题如何解决，只要假设子问题已经解决了，然后思考是否能通过子问题的解决来处理父问题。

（3）确定子问题与父问题有同样的最优化结构。例如，父问题要找最大值，那么子问题往往也要找最大值。

动态规划算法最显著的一个特征是，当父问题分解成多个子问题后，子问题之间存在重叠部分。如果把编辑距离问题的分解过程绘制成一棵多叉树，会看到如图 5-1 所示。

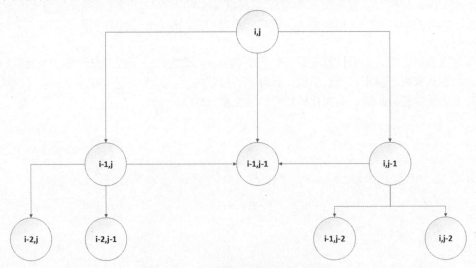

图 5-1　编辑距离问题的分解过程

图 5-1 显示的就是在计算长度为 i, j 的两个字符串的编辑距离时，子问题的分解过程。注意看节点($i-1, j-1$)对应节点(i, j)的子问题，同时它又是子问题($i-1, j$),($j-1, i$)的子问题，如果继续往下分解的话，这种重叠情况会越来越多。

这里拿动态规划与贪婪算法比较一下。动态规划会将问题分成多个子问题，然后检验通过哪个子问题能够得到最佳结果，而贪婪算法不一样，它会直接在当前情况下做最佳选择，然后解决由此产生的子问题，因此贪婪算法不存在多个子问题之间进行权衡的情况。

同时还需要特别注意的是，对父问题进行最优化求解时，要确保当父问题分解成几个子问题后，也需要对子问题进行同样的最优化求解，否则就不能轻易使用动态规划算法。

举个具体例子，如图 5-2 所示。

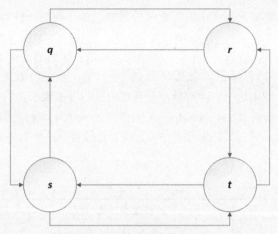

图 5-2　寻找最长路径（示例）

根据图 5-2，要找到点 q 到点 t 不成环的最长路径，用 max-distance(q,t)来表示。假设使用动态规划的思想来解决该问题，由于点 q 必然经过两个节点 r,s，于是可以把问题分解成两个子问题。

一个子问题是，先由点 q 到达点 r，然后再计算点 r 到点 t 的最长路径。第 2 个子问题是先由点 q 抵达点 s，然后再计算点 s 抵达点 t 的最长路径。于是从点 q 抵达点 t 的最长路径就是两个子问题中对应的最长路径。

用数学形式来表达就是 max-distance(q,t)=max(max-distance(r,t)+1, max-distance(s,t)+1)。问题在于父问题的最优化性质与子问题的最优化性质不兼容，因为 max-distance(r,t) 对应的路径是 $r \rightarrow q \rightarrow s \rightarrow t$，如果把子问题结合起来考虑的话，点 q 到点 t 的最远距离必须大于路径 $q \rightarrow r \rightarrow q \rightarrow s \rightarrow t$，注意到这个路径有环生成，因此不能对父问题进行如此分解。

但是如果这个问题查找的是最短路径，那么父问题就可以进行相应分解。用 min-distance(q,t)表示两点最短路径，于是就有 min-distance(q,t)=min{1+min-distance(r,t), 1 + min-distance(s,t)}。

由此当考虑是否使用动态规划算法时，一定要注意考虑要解决的问题是否能满足特定条件，同时要注意把父问题分解成多个子问题时，父问题的最优化性质是否能正常地平移到子问题上。

5.2　长链矩阵的高效乘法

扫一扫，看视频

矩阵相乘在各类工程实践中有着非常广泛的应用，但矩阵乘法是一个耗时耗力的过程。对于两个相乘矩阵 $C = A \cdot B$，如果 A 对应的列数是 n，B 对应的行数是 n，那么矩阵 C 中一个元素的运算过程为 $c_{ij} = \sum_{k=1}^{n} A_{ik} * B_{kj}$。

也就是说，矩阵 C 中第 i 行第 j 列对应的元素等于矩阵 A 中第 i 行的元素与矩阵 B 中第 j 列的元素分别相乘后再求和，因此矩阵 C 中单个元素的计算时长为 $O(n)$，由于 C 中有 n^2 个元素，因此要计算出矩阵 C 需要的时间复杂度就是 $O(n^3)$，由此矩阵乘法是一种非常耗时的操作。

但在工程实践中往往需要计算多个矩阵连续相乘的结果，例如计算 $C = A_1 \cdot A_2 \cdot A_3 \cdot A_4 \cdots\cdots A_n$，由于矩阵运算的耗时性，就必须通过巧妙的算法设计尽可能减少计算复杂度。

幸运的是，矩阵乘法有结合性，例如 3 个矩阵连乘时，可以对前两个做乘法然后再乘以第 3 个，或者是先对后两个矩阵做乘法，然后再乘以第 1 个，也就是 $C = A_1 \cdot A_2 \cdot A_3 = (A_1 \cdot A_2) \cdot A_3 = A_1 \cdot (A_2 \cdot A_3)$，于是就可以利用这个特性有效提升多个矩阵相乘的效率。

例如，对于 4 个矩阵相乘 $A_0 \cdot A_1 \cdot A_2 \cdot A_3$，$A_1$ 的维度为 50*20，A_2 的维度为 20*1，A_3 的维度为 1*10，A_4 的维度为 10*100，通过矩阵乘法的结合律能对计算效率产生不同的影响。相应效率如表 5-4 所示。

表 5-4 相应效率

矩阵结合方式	计算成本计算过程	计算最终成本
$(((A_0 \cdot A_1) \cdot A_2) \cdot A_3)$	50*20*20+50*10*1+50*10*100	70500
$A_0 \cdot ((A_1 \cdot A_2) \cdot A_3)$	20*1*10+20*10*100+50*20*100	120200
$(A_0 \cdot (A_1 \cdot A_2)) \cdot A_3$	20*1*10+50*20*10+50*10*100	60200
$(A_0 \cdot A_1) \cdot (A_2 \cdot A_3)$	50*20*1+1*10*100+50*1*100	7000

从表 5-4 中可以看出，在多个矩阵相乘时，如果能应用结合律，调整矩阵相乘的次序，就有可能大大降低多个矩阵乘法的效率。

5.2.1 动态规划实现多个矩阵相乘

从表 5-4 可以看到，第 4 种矩阵乘法次序得到的效率最高，问题在于如何找到这样的乘法次序。假定当前要计算 n 个矩阵连乘：$A_1 \cdot A_2 \cdots\cdots A_n$，并且矩阵的维度为 $m_0 * m_1, m_1 * m_2, \cdots, m_{n-1} * m_n$。

现在的问题在于，如何通过添加括号调整矩阵的乘法次序，进而降低计算的复杂度。事实上，矩阵不同的乘法次序可以通过二叉树来展现假设当有 4 个矩阵相乘时，如 $A*B*C*D$，可以用括号来制定不同的矩阵相乘次序，如 $(A*B)*(C*D)$ 或者 $A*(B*C)*D$，可以用二叉树来表达这两种对应乘法次序，如图 5-3 所示对应第 1 种乘法次序。

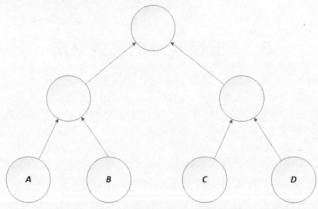

图 5-3 $(A*B)*(C*D)$ 对应二叉树

从图 5-3 中可以看到，矩阵相乘时对应于二叉树的叶子节点，两个叶子节点的父节点对应于两个矩阵乘积后的矩阵，二叉树的根节点就是多个矩阵相乘后的最终结果。同理，对于 $A*(B*C)*D$ 对应的二叉树如图 5-4 所示。

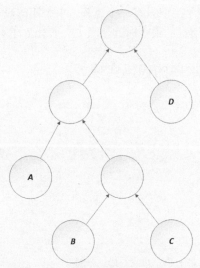

图 5-4　$A*(B*C)*D$ 对应二叉树

从矩阵乘法对应的二叉树我们就可以将矩阵乘法分解为子问题，例如对于图 5-4 而言，顶部根节点的左孩子对应的是 3 个矩阵 A,B,C 的乘积结果，如果图 5-4 对应的乘法次序能够实现效率最优，那么根节点的左子树对应的 3 个矩阵 A,B,C 的乘积次序一定是最优的。

这个性质不难证明，如果图 5-4 中根节点左子树对应的不是 A,B,C 3 个矩阵的最佳乘积次序，那么找到三者相乘的最佳乘积次序，并绘制出该次序对应的二叉树，将该二叉树替换掉图 5-4 根节点的左子树，由此得到乘积效率更高的乘积次序二叉树，这就与假设图 5-4 对应的乘积次序效率最高相矛盾。

同时从图 5-3 中也可以看到，顶部根节点左子树对应矩阵 A,B 的乘积，右边对应矩阵 C,D 的乘积，如果是 n 个矩阵相乘，那么一定存在 k，使得根节点左子树对应矩阵 $A_1,A_2,\cdots,A_k$ 的乘积，右边对应 $A_{k+1},A_{k+2},\cdots,A_n$ 的乘积。

由此，多个矩阵乘法就可以分解成两个子问题。假设已经找到了矩阵相乘的最佳次序，那么可以绘制出该次序对应的二叉树，就像图 5-3 一样，存在某个数值 k，根节点左子树对应的是矩阵 $A_1,A_2,\cdots,A_k$ 的最佳相乘次序，而右边则对应矩阵 $A_{k+1},A_{k+2},\cdots,A_n$。

显然我们并不知道 k 的具体数值是多少，但确定有 $1\leqslant k\leqslant n$，于是就可以一个个尝试，将连乘的矩阵分成两部分，分别得到两部分的最优相乘次序，然后再加上把左右两部分乘积结果相乘所需要的时间就可以得到原问题的时间。

用数学的方式来表达上面的意思，那就是假定 $C(i,j)$ 表示矩阵 $A_i,A_{i+1},\cdots,A_j$ 最优相乘次序所对应的时间，那么就有

$$C(i,j) = \min_{i\leqslant k\leqslant j}\{C(i,k)+C(k+1,j)+m_{i-1}*m_k*m_j\} \tag{5.1}$$

其中，矩阵 $A_i, A_{i+1}, \cdots, A_k$ 相乘后得到一个维度为 $m_{i-1} * m_k$ 的矩阵，而 $A_{k+1}, A_{k+2}, \cdots, A_j$ 相乘后得到维度为 $m_k * m_j$ 的矩阵，于是 $m_{i-1} * m_k * m_j$ 表示将左半部分矩阵相乘后的结果矩阵与右半部分矩阵相乘后的结果矩阵做乘积所需要的时间。

注意到 $C(i,i) = 0$，因为它表示当前只有一个矩阵，单个矩阵没法进行乘法运算，所以将它设置为 0，由此要找到 n 个矩阵连乘所需的最少时间，只要计算出 $C(1,n)$ 即可。

5.2.2　查找最优矩阵乘积次序的代码实现

可以仿照求最短编辑距离的做法，通过构造一张二维表，计算表内的每个数值后来求得答案。相应代码实现如下：

```python
import sys
N = 4  #相乘的矩阵数
M = []
M.append((50, 20))  #构造表 5-4 对应的 4 个矩阵维度
M.append((20, 1))
M.append((1, 10))
M.append((10, 100))
arrange_map = {}  #记录给定 i 和 j 对应的最优分割 k
C = np.zeros((N, N)).astype(int)
for i in range(N):
    for j in range(N):
        C[i][j] = -1
def compute_c_table(C, i, j):
    if i < 0 or i >= N:
        return
    if j < 0 or j >= N:
        return
    if i == j:
        C[i][j] = 0
    if C[i][j] != -1:  #当前元素已经计算过
        return C[i][j]
    cost = sys.maxsize
    best_k = i
    for k in range(i, j):
        first_part_cost = compute_c_table(C, i, k)
        second_part_cost = compute_c_table(C, k + 1, j)
        if first_part_cost + second_part_cost + M[i][0]*M[k][1]*M[j][1] < cost:
            cost = first_part_cost + second_part_cost + M[i][0]*M[k][1]*M[j][1]
            best_k = k
    C[i][j] = int(cost)
    arrange_map[(i, j)] = best_k
    return C[i][j]
compute_c_table(C, 0, N-1)
```

```
print(C)
print("the best computation time is: ", C[0][N-1])
def print_best_matrix_arrange(arrange_map, i, j):
    if i == j:
        return "A{0}".format(i)
    if j == i + 1:
        return "(A{0}*A{1})".format(i, j)
    k = arrange_map[(i, j)]   #得到矩阵 Ai 到 Aj 连乘时的最优分割
    left = print_best_matrix_arrange(arrange_map, i, k)
    right = print_best_matrix_arrange(arrange_map, k+1, j)
    return "({0}*{1})".format(left, right)
arrangement = print_best_matrix_arrange(arrange_map, 0, N-1)
print("the best arrangement is :", arrangement)
```

代码首先在数组 M 中存储 4 个矩阵的维度，它们来自表 5-4 给出的 4 个矩阵，然后根据相乘的矩阵个数构造二维表 C，并将其每个元素初始化为-1，表格中值为-1 的元素表示它还没有被计算。

接着代码定义函数 compute_c_table()，它递归性地计算表格 C 中的每个元素。元素 $C[i][j]$ 表示矩阵 $A_i,\cdots,A_j$ 相乘时的最少所需时间，当 i 与 j 相等时，元素 $C[i][j]$ 被设置为 0，如果 i 与 j 不等，那么根据式（5.1）去计算它的值。

代码让变量 k 在 i 到 j 的范围内遍历，然后递归地去计算 $C[i][k],C[k+1][j]$，接着根据式（5.1）计算出最优分割点 k，同时代码还利用一个 map，记录 i,j 之间的最优分割点，这有利于后面将矩阵的乘法次序打印出来。

通过函数 compute_c_table()计算完二维表 C 中的每个元素后，元素 $C[0][N-1]$ 对应的就是矩阵相乘时所能取得的最佳时间。最后通过 print_best_matrix_arrange()函数打印矩阵的相乘次序。

该函数也是采用递归的方式输出信息，它先从字典对象 arrange_map 中查询矩阵 $A_i,\cdots,A_j$ 相乘时的最优分割点 k，然后分别获得矩阵 $A_i,\cdots,A_k$ 和 $A_{k+1},\cdots,A_j$ 的最优相乘次序，将两者结合起来就得到 $A_i,\cdots,A_j$ 的最优相乘次序。上面代码运行后输出结果如下：

```
[[   0 1000 1500 7000]
 [  -1    0  200 3000]
 [  -1   -1    0 1000]
 [  -1   -1   -1    0]]
the best computation time is: 7000
the best arrangement is : ((A0*A1)*(A2*A3))
```

从输出结果中可以看到表格 C 的右上角值对应矩阵相乘的最优时间，它的值为 7000，与在 5.2.1 小节中分析的结果一致，同时最后打印出了矩阵相乘的最优次序，输出的结果也与在 5.2.1 小节中分析的一样。

看看代码的算法复杂度。在 compute_c_table()中，在计算元素 $C[i][j]$ 时对应一次 for 循环，该循环的时间复杂度不超过 $O(n)$，n 为连乘矩阵的个数。由于表格总共有 n^2 个元素，因此算法的时间复杂度为 $O(n^3)$。

在代码实现中，由于需要构造二维表 C，它包含 n^2 个元素，因此算法的空间复杂度为 $O(n^2)$。

5.3　中国邮差最短路径问题

中国人对计算机算法的原创性贡献不多，值得一提的一个贡献是来自古代中国的一个路径计算问题，为计算机科学提供了很好的思考养料。问题如下：

古代一个邮差需要送信，以他的出发地为起点，沿着不同城市的连通道路遍历各个城市，以便把信交到对应城市的收件人。问题在于在返回出发点之前，邮差如何用最短的行程将每个城市遍历一遍，而且要求是每个城市只能被遍历一次。假定城市间的连通路径如图 5-5 所示。

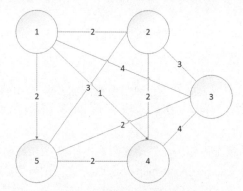

图 5-5　邮差送信城市连接图

图 5-5 中每个节点代表一个城市，节点间连线的数值对应城市间路径的长短，假设邮差从节点 1 出发，他如何用最短距离遍历每个节点然后回到节点 1，同时要求每个节点最多被遍历一次？

中国邮差问题属于所谓的"NP 完全问题"，也就是无论计算机运行多快，只要问题的规模稍微变大一点点，计算机的算力会很快被耗尽，而且得不出有效结果。这个问题无论用什么算法，它的时间复杂度都不能表示为 $O(n^k)$ 这种形式，其中 k 是常数。

5.3.1　邮差问题的算法描述

对这个问题的最简单解法是"暴力穷举法"，也就是罗列出所有可能的遍历方式。如果有 n 个城市，其中一个城市作为起点，于是要罗列其他 $n-1$ 个城市的遍历次序就会产生 $(n-1)!$ 种可能。

显然"暴力穷举法"不是解决该问题的有效方法，我们多次看到过，对于"最优化"问题，最好应用动态规划的思维来解决。首先需要思考的就是如何将问题分解成子问题。假设邮差从节点 1 出发最终回到节点 1，中间遍历的最短路径对应其他节点的某种排序情况。

我们用集合 $S = \{2,3,4,\cdots,n-1\}$ 表示除去起始节点外的其他节点集合，邮差遍历的最短路径为 $1 \to c_1 \to c_2 \to \cdots \to c_n \to 1, c_k \subset S$，假设倒数第 2 个节点是 j，那么一定有路径 $1 \to c_1 \to c_2 \to \cdots \to j$ 是节点 1 到节点 j 的最短路径。

那么节点 j 前面是哪个节点呢？为了保证节点 1 到节点 j 的距离最短，因此为了找到节点 j 前面的节点，要遍历除了节点 1 到节点 j 之外所有节点的距离并加上该节点到节点 j 的距离，哪个能使加总距离最小的节点就是位于节点 j 前面的节点，如果用 $C(S,j)$ 来表示节点 1 到节点 j 的最短路径，那么有

$$C(S,j) = \min_{i \subset S, i \neq j} \{C(S-\{j\},i)\} + d_{ij} \tag{5.2}$$

式中，d_{ij} 表示节点 i 与节点 j 之间的距离。显然，如果节点集合中只有一个节点，也就是邮差的起始节点，那么它需要遍历的距离就是 0，于是有 $C(\{1\},1)=0$。如果集合含有多个节点，因为最后路径要返回节点 1，因此需要考虑最短路径中从起始节点到倒数第 2 个节点 j 的最短路径，也就是找到节点 j，使得

$$C(S,1) = \min_{j \subset S, j \neq 1} \{C(S-\{1\},j)\} + d_{j1}$$

然后继续确定节点 j 前面的节点，这样问题就可以不断分解成规模更小的子问题并根据式（5.2）不断递归下去。

举个示例来通俗地解释一下上面公式所描述的算法原理。如图 5-5 含有 5 个节点，起始节点为 1，我们希望找到一条从节点 1 出发，遍历其他所有节点并再次回到节点 1 的最短路径。

这个问题可以转述为包含 4 个节点的集合 $S = \{2,3,4,5\}$，寻找从起始节点 1 遍历集合 S 中每个节点后回到节点 1 的最短路径。算法的做法是，首先将 S 分成 4 个子集：$\{2\},\{3\},\{4\},\{5\}$，然后查找起始节点 1 到这 4 个集合中节点的最短路径，显然该路径就是起始节点 1 与节点 2,3,4,5 之间的连接路径。

接着查找从节点 1 开始遍历 S 子集合 $\{2,3\}$ 中每个节点一次的最短路径。由于遍历的路径只有两种可能，分别是 $1 \to 2 \to 3, 1 \to 3 \to 2$，注意到路径 $1 \to 2, 1 \to 3$ 在上一步已经计算过，因此可以用上一步对应结果分别加上路径 $2 \to 3, 3 \to 2$ 后得到当前两条路径的长度，这两条路径分别对应当集合点是 $\{2,3\}$ 时，以点 2 和 3 作为路径终点时的最短路径。

接下来把集合扩展成 $\{2,3,4\}$，从节点 1 开始遍历其中每个节点一次的最短路径可以从 3 个角度考虑，那就是该路径分别以 2,3,4 为最终节点，到底是哪一种情况目前无法确定，但可以一一去检验。

分别计算每种情况的路径长度，取出最短的那条即可。假设节点 4 为最终节点，那么倒数第 2 个节点就可能是 2 或 3，由于上一步已经计算出集合点为 $\{2,3\}$ 时，分别以这两点为最终节点的最短路径长度。

于是可以把上一步计算的结果拿出来，分别加上路径 $2 \to 4, 3 \to 4$ 的长度，然后取最小值，就可以得到当集合点为 $\{2,3,4\}$ 时，以节点 4 作为终点的最短路径长度。同理，可以分别计算出以节点 2,3 为终点的最短路径长度。

用同样的方法计算集合为 $\{2,3,5\},\{2,4,5\},\{3,4,5\}$，以不同节点作为终点的最短路径，最后把问题扩展到集合 $\{2,3,4,5\}$。同理，计算出从节点 1 起始，以集合中每个点作为终点时的最短路径长度。

将这些最短路径加上最终节点与起始节点的连接路径，其中所得最小值就是从节点 1 出发遍历集合中每个点一次并回到起始节点的最短路径。

5.3.2 邮差问题的代码实现

本小节将使用代码实现上一小节算法。对于动态规划问题的实现，我们依然基于列表法，将使

用字典 C 来表示在给定集合 S 的情况下，从起始点到集合 S 中每一点的最短路径。

这里需要注意的是，5.3.1 小节推导算法时采用逆推法，也就是考虑集合 S 包含 n 个节点的最短路径时，将问题转换为 S 包含 n-1 个节点时的最短路径，但在实现时采用顺推法，也就是先计算 S 包含 2 个节点时的最短路径，然后在此基础上计算 S 包含 3 个节点时的最短路径，以此类推。

因此代码实现时，就必须构造给定数量点的子集，例如要考虑 S 只包含 2 个节点情况时，就需要构造集合 $\{1,2\},\{1,3\},\cdots,\{1,10\}$，同理，考虑 S 只包含 3 个节点时，就需要构造 $\{1,2,3\},\{1,2,4\}$，以此类推。

同时，用二维数组 D 来表示节点之间的距离。例如，D[i][j] 表示节点 i 和节点 j 之间的距离。由此相关代码实现如下：

```python
N = 5   #节点数
D = np.zeros((N, N)).astype(int)
S = set()   #对应点的集合
for i in range(1, N):
    S.add(i)
D[0][0] = 0   #根据图 5-5 进行初始化
D[0][1] = 2
D[0][2] = 4
D[0][3] = 1
D[0][4] = 2
D[1][0] = 3
D[1][1] = 0
D[1][2] = 3
D[1][3] = 2
D[1][4] = 3
D[2][0] = 4
D[2][1] = 3
D[2][2] = 0
D[2][3] = 4
D[2][4] = 2
D[3][0] = 1
D[3][1] = 2
D[3][2] = 4
D[3][3] = 0
D[3][4] = 2
D[4][0] = 2
D[4][1] = 3
D[4][2] = 2
D[4][3] = 2
D[4][4] = 0
def get_subset(point_set, n):   #根据点数构造子集
    if n == 0:
        return []
    sub_sets = []
```

```
    for p in point_set:
        s = set()
        s.add(p)
        set_copy = point_set.copy()
        set_copy.discard(p)
        sets = get_subset(set_copy, n - 1)
        if len(sets) == 0:
            sub_sets.append(s)
        else:
            for each_set in sets:
                s_union = s.copy().union(each_set)
                sub_sets.append(s_union)
    return sub_sets
def find_shortest_path():  #计算最短路径
    C = {}
    for point_count in range(1, N):
        sub_sets = get_subset(S.copy(), point_count)   #获得包含给定点数的子集
        for the_set in sub_sets:
            distances = {}   #记录起始点到集合内每一点的最短路径
            for the_point in the_set:   #计算当前集合内的点作为回到起始点前一个点时对应的最短
路径
                after_discard = the_set.copy()
                after_discard.discard(the_point)
                if len(after_discard) == 0:
                    distances[the_point] = D[0][the_point]
                else:
                    '''
                    如果集合 S 包含 3 个点{1,2,3}, 从节点 0 开始遍历集合中所有点的最短路径算法为,
先找出从起始点 0 开始遍历集合{1,2},{1,3},{2,3}的最短路径,然后用这 3 条路径长度分别加上 D[2][3],
D[3][2],D[3][1], 3 个结果中的最小值就是从起始点 0 开始, 遍历集合{1,2,3}中所有点后的最短路径。
因此当集合为{1,2,3}时,C[{1,2,3}]对应 key 值为 1,2,3 的一个 map 对象,map[1]表示集合点为{1,2,3}
时, 遍历路径最后一个节点时的最短路径
                    '''
                    set_copy = the_set.copy()
                    set_copy.discard(the_point)
                    distance_to__points = C[frozenset(set_copy)]
                    d = sys.maxsize
                    for p in set_copy:
                        if D[p][the_point] + distance_to__points[p] < d:
                            d = D[p][the_point] + distance_to__points[p]
                    distances[the_point] = d
            C[frozenset(the_set)] = distances.copy()   #记录起始点到当前集合内每个点的最短
路径, 根据 Python 语法, frozenset 才能作为 key
            distances.clear()
    distances = C[frozenset(S)]
    d = sys.maxsize
```

```
    for point in S:   #找到起始点到集合{1,2,…,n}中对应点的最短路径
        if distances[point] + D[point][0] < d:
            d = distances[point] + D[point][0]
    return d, C
shortest_distance, C = find_shortest_path()
print("the shortest distance for visiting all points is : ", shortest_distance)
```

在上面代码中，首先用二维数组 *D* 来记录节点间的连接路径。函数 get_subset()用于从给定集合中构造含有指定节点数的子集，函数 find_shortest_path()根据 5.3.1 小节描述的算法计算从起始点开始遍历所有节点一次然后返回起始点的最短路径。

上面代码运行后，输出结果如下：

```
the shortest distance for visiting all points is : 10
```

也就是说，最短路径的长度为 10，问题在于我们如何得知最短路径中节点的遍历次序。由于我们可以知道最短路径的最后一个节点，例如对于集合 {2,3,4,5} 检测其中哪个点是路径最后一个节点。假设 4 是最后一个节点，那么对于集合 {2,3,5}，又可以找到分别以 2,3,5 为终点的路径，并计算那条路径加上终点与节点 4 的路径长度后长度最短，由此就能确认倒数第 2 点。相应代码如下：

```
def  find_visiting_path(point_set, C):
    if len(point_set)== 1:
        return [point_set.pop()]
    distances = C[frozenset(point_set)]
    d = sys.maxsize
    path_point = []
    selected_point = None
    for point in S:   #找到起始点到集合{1,2,…,n}中对应点的最短路径
        if distances[point] + D[point][0] < d:
            d = distances[point] + D[point][0]
            selected_point = point
    point_set.discard(selected_point)
    points_before = find_visiting_path(point_set, C)
    path_point.extend(points_before)
    path_point.extend([selected_point])
    return path_point
points =   find_visiting_path(S, C)
print("the shortest path for visiting all points is : ", points)
```

上面代码运行后，输出结果如下：

```
the shortest path for visiting all points is :  [1, 2, 4, 3]
```

这意味着最短遍历路径为 $0 \to 1 \to 2 \to 4 \to 3 \to 1$，由于代码中访问数组时要从下标 0 开始，所以这里输出的节点编号相对于图 5-5 的编号在数值上就小了 1。因此，上面路径实际上对应图 5-5 中路径 $1 \to 2 \to 3 \to 5 \to 4 \to 1$，放到图 5-5 中检验，该路径长度确实为 10。

下面看看算法时间复杂度。该算法的时间复杂度属于指数型，核心在于函数 get_subset()，它要从给定集合中找到所有可能的子集，如果集合原来包含 n 个元素，那么它的所有可能子集个数为 2^n。

对于一个子集而言，给集合中每个元素对应 1 个变量，如果该元素属于子集，那么变量取值为 1；如果不属于子集，那么变量取值为 0，于是所有子集个数相当于含有 n 个比特位的数值所能表达的整数个数，因此子集的数量为 2^n。

于是函数 get_subset() 的时间复杂度为 $O(2^n)$，获得子集后函数 find_shortest_path() 中外层有个 for 循环，次数对应集合中的点数，因此循环次数为 $O(n)$。综合两种情况，算法的时间复杂度为 $O(2^n * n)$。

邮差最短路径问题没有效率更好的算法，从上面分析的复杂度可以看到，如果集合中的点增加 1 个，解决问题所消耗的时间就得延迟不止 1 倍以上，因此算法的效率是相当低的，但这是我们能得到的最好结果。

这类问题叫作 NP 完全问题，也就是当问题规模大到一定程度，人类开发的计算机无论多快都解决不了。对于这种问题，我们一般不求它的精确解而是寻找它的近似解，因为精确解的时间复杂度过高，因此计算无法实现，后面我们会在相应章节来专门探讨 NP 完全问题。

扫一扫，看视频

5.4　让高通发家的维特比算法

我们已经进入 5G 时代，有两大巨头统治该时代，一个是华为；一个是高通。高通是通信行业的长期垄断者，任何涉及通信行业的公司都必须与高通打交道。特别是手机厂商，它们由于采用了高通发明的通信芯片，故每卖出一部手机就必须将所获得收入的很大一部分当作专利费供奉给高通，因此很多厂商对高通是恨之入骨但又无可奈何。

高通的发家是由其创始人维特比发明了一种高效的通信解码技术——维特比算法，他将该算法制作成芯片卖给通信公司，从而赚到了第一桶金。后来，他与另一位名为雅各布的科学家使用维特比算法研究出了通信领域的 CDMA 协议，并申请专利，然后在 1985 年创建高通公司，高通正是依靠这项专利启动了统治通信市场的历史。本节将深入研究维特比算法的主要内容。

5.4.1　维特比算法的原理描述

下面用一个通俗的例子来讲解什么是维特比算法。假设有一个村庄，某村民的身体在每天只会出现 3 种情况，一种是健康，一种是咳嗽，一种是感冒。前后两天的身体状况变化遵循一定的规律。

如果前一天村民身体健康，那么第 2 天身体状况会以一定的概率转变为 3 种状态之一。状态间的转换概率如表 5-5 所示。

表 5-5　状态间的转换概率

状 态	健 康	咳 嗽	感 冒
健康	0.7	0.2	0.1
咳嗽	0.4	0.4	0.2
感冒	0.2	0.5	0.3

从表 5-5 中可以看出，如果村民前一天身体健康，那么第 2 天身体依然健康的概率是 0.7，第 2 天出现咳嗽的概率是 0.2，出现感冒的概率是 0.1，以此类推。现在的问题是，假设在第 4 天发现村民感冒，那么在第 1 天时，村民的身体处于什么状态呢？

用图 5-6 来表示这 4 天村民身体状态转换的所有可能情况。

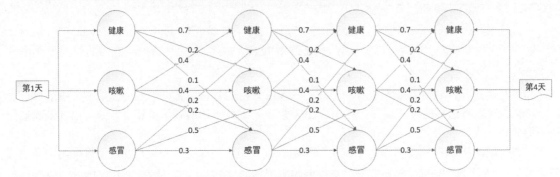

图 5-6　身体状态转换图

图 5-6 也称为"篱笆网"，上一层多种状态会依据不同概率转换到下一层的相应状态，表示状态转换的线条相互交织构成了篱笆形态。假设在第 4 天时，村民身体状态健康，那么我们能否推论第 1 天时村民的状态呢？

假设第 1 天村民的状态是健康，第 4 天的状态是健康，那么这 4 天村民的状态转换有多种可能。一种可能情况如图 5-7 所示。

图 5-7　状态转换路径

图 5-7 表示的是村民第 1 天健康，第 4 天健康时，4 天状态的一种可能情况，显然从第 1 天的某一种状态出发，从图 5-6 中有多种不同路径可以抵达第 4 天中 3 种状态中的一种，每一条路径的发生可能性都对应路径上概率的乘积，如图 5-7 所对应的情况发生的概率为 0.2*0.2*0.2。

如果路径不同，对应的概率也不同，例如路径：健康 → 感冒 → 咳嗽 → 健康，这条路径对应的概率是 0.1*0.5*0.4，如果从图 5-6 中找到第 1 天健康到第 4 天健康所有可能路径中概率最大的那条，那么相应概率可以认为是第 4 天健康，第 1 天也健康的可能性。

于是当村民第 4 天状态为健康时，我们要倒推他在第 1 天的健康状态，只要从第 1 天 3 种状态出发，分别找到不同状态抵达第 4 天健康状态对应的概率最大路径，然后从 3 条路径中选出概率最大的那条，那么该路径起点对应的状态就最可能是村民在第 1 天的状态。

问题在于，我们知道第 4 天的状态，如何找到第 1 天对应状态到第 4 天对应状态的最大概率路径呢？一种最简单的办法是遍历所有路径的组合，从中找到满足条件的最大概率路径，但这种做法效率非常低。

前一天每种状态与第 2 天每种状态都有连通路径，于是相隔两天内的所有转换可能就是 9，如果要遍历 n 天的可能路径，那么需要遍历的路径数量为 9^n，它的复杂度是指数级，每增加一天要遍历的数量就是原来的 9 倍。

由此有必要设计一种更有效的办法，此时动态规划算法就能派上用场。我们用 0、1、2 分别指代健康、咳嗽、感冒 3 种状态，使用 $C(0,0,4)$ 表示第 1 天是健康，第 4 天也是健康的最大概率路径所对应的概率。

考虑这条最大概率路径中倒数第 2 个节点的情况。倒数第 2 个节点可能是 3 种状态中的任意一种，假设最大概率路径中倒数第 2 个节点是感冒，我们把第 1 天到倒数第 2 天的路径称为路径 A，如图 5-8 所示。

图 5-8　最大概率路径

如果图 5-8 对应第 1 天健康到最后一天健康的最大概率路径，那么可以肯定，图中的路径 A 对应第 1 天健康到倒数第 2 天感冒的最大概率路径，如果不是这样，假设存在另一条路径 B，它能让第 1 天健康抵达倒数第 2 天感冒的概率更大，那么我们把路径 B 替换为路径 A 就会得到一条概率更大的路径，这与我们假设图 5-8 所示的路径就是从第 1 天健康到最后一天健康的最大概率路径相矛盾。

由于倒数第 2 天有 3 种情况可以选择，因此可以把问题分解成多个子问题。也就考虑倒数第 2 天 3 种不同情况，然后计算第 1 天到倒数第 2 天的最大概率路径，再结合倒数第 2 天到最后一天的路径，从中选择概率最大的那条路径，就得到了第 1 天到最后一天的最大概率路径。

如果用 $D(i,j), 0 \leqslant i \leqslant 2, 0 \leqslant j \leqslant 2$ 来表示从状态 i 转换到状态 j 的概率，用 $C(i,j,n)$ 表示第 1 天状态是 i，经过 n 天后状态是 j 的最大概率路径所对应的概率，那么就有

$$C(i,j,n) = \max_{k \subset \{0,1,2\}} \{C(i,k,n-1)*D(k,j)\} \tag{5.3}$$

由此，根据式（5.3）可以快速查收从给定起点经过 n 步后抵达给定终点的最大概率路径。

5.4.2　维特比算法的代码实现

下面看看如何使用代码实现维特比算法。依然采用列表的方式解决问题，这里采用三维向量 $C[i,j,k]$ 表示第 1 天从状态 i 开始，在第 k 天抵达状态 j 时的最大概率路径所对应的概率，显然有 $C[i,j,0] = \begin{cases} 0, i \neq j \\ 1, i = j \end{cases}$，由此可以根据式（5.3）把整个三维表每个元素计算出来。相关代码如下：

```
D = np.zeros((3, 3))
D[0][0] = 0.7  #初始化状态转换表
D[0][1] = 0.2
D[0][2] = 0.1
D[1][0] = 0.4
D[1][1] = 0.4
D[1][2] = 0.2
D[2][0] = 0.2
```

```
D[2][1] = 0.5
D[2][2] = 0.3
def viterbi(n):   #计算从第 1 天状态开始，经过 n 天后抵达各种状态的最大概率
    C = np.zeros((3, 3, n + 1))
    for i in range(3):
        C[i][i][0] = 1
    for k in range(1, n + 1):   #根据式（5.3）迭代最大概率路径
        for i in range(3):
            for j in range(3):
                C[i][j][k] = max(C[i][0][k - 1] * D[0][j], C[i][1][k-1] * D[1][j],
C[i][2][k - 1] * D[2][j])
return C
```

上面代码通过函数 viterbi(n)计算第 1 天从不同状态出发在 n 天后抵达不同状态的最大概率。例如，$C[0][1][3]$对应的值就是第 1 天从状态 0 开始，经过 3 天后抵达状态 1 的最大概率。

基于代码计算出来的 C，给定第 1 天的起始状态 i，然后指定经过的天数 n，可以查找到在第 n 天状态为 j 的最大概率路径。相关代码如下：

```
n = 4
C = viterbi(n)
def find_probability_path(i, j , k):   #获得第 1 天从状态 i 开始经过 k 天后抵达状态 j 的最大
概率路径
    path = []
    while k > 0:
        t = 0
        p = C[i][0][k - 1] * D[0][j]
        if C[i][1][k - 1] * D[1][j] > p:
            p = C[i][1][k - 1] * D[1][j]
            t = 1
        if C[i][2][k - 1] * D[1][j] > p:
            p = C[i][1][k - 1] * D[1][j]
            t = 1
        path.append(t)
        k -= 1
    path.reverse()
    path.append(j)
    path.insert(0, i)
    return path
days = 3
i = 2
j = 2
path = find_probability_path(i, j, days - 1)
print("the biggest probability path from status {0} to status{1} after {2} days is :
{3}".format(i, j, days, path))
```

上面代码运行后，输出结果如下：

the biggest probability path from status 2 to status2 after 3 days is : [2, 1, 1, 2]

如果状态数为 n，转换的天数为 m，那么就得填充元素个数为 $n*n*m$ 的三维数组，因此算法的时间复杂度为 $O(n*n*m)$，算法时间复杂度比暴力遍历法对应的时间复杂度 $O(n^m)$ 要好得多，当然使用了三维数组存储数据，因此算法的空间复杂度为 $O(n*n*m)$。

其实对状态转换的概率做了不变化假设，问题完全可以更复杂一些，如可以假设不同日子间，状态的转换概率不一样。例如，周一健康而周二也健康的概率是 0.7，周二健康而周三也健康的概率是 0.5。

如果状态转换概率不固定，那么问题的处理看起来就要复杂得多，但事实上不管状态概率转换是固定还是可变，维特比算法都能给出正确答案。

5.5　最优搜索二叉树

扫一扫，看视频

在计算机科学中，一种常用的数据结构为排序二叉树。这种数据结构有助于加快数据的搜索速度。排序二叉树的特点是，左子树的所有节点都小于根节点，而右子树的所有节点都大于根节点。

例如，给定一个数组 $A=[11,8,5,4,3,10,1,2,9,6,7]$，可以将其构造成两种排序二叉树，如图 5-9 和图 5-10 所示。

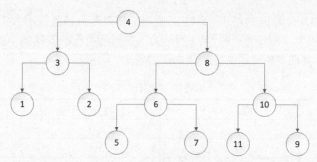

图 5-9　第 1 种排序二叉树

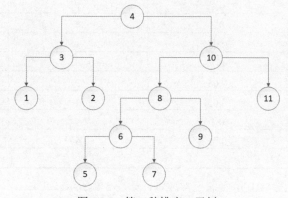

图 5-10　第 2 种排序二叉树

　　根据二叉树的特性，要搜索某个数值时，只要从根节点开始，如果被搜索的数比根节点大，就进入右子树；如果比根节点小，就进入左子树，无论哪种情况，要查找的范围基本上都会减少一半，因此二叉树的查找效率为 $O(\lg(n))$。

　　问题在于该效率的估算过于宏观，无法体现出特定情况下的查找效率。例如，把英语单词当作二叉树中的节点，由于不同单词使用频率不同，例如，the 的使用频率极高，因此被查找的次数就比较多，有必要进一步根据节点被查找的概率来优化二叉树结构，以提升查找效率。

　　假设每个节点被查找的概率不同，相关节点的查找概率如表 5-6 所示。

表 5-6　相关节点的查找概率

节　　点	1	2	3	4	5	6	7	8	9	10	11
查 找 概 率	0.15	0.1	0.05	0.1	0.2	0.05	0.1	0.05	0.05	0.1	0.05

　　根据表 5-6 给出的每个节点被访问的概率，进一步细化相应节点查找成本，如节点 7，它在图 5-9 所示的二叉树中被查找时，需要查看 4 个节点，由于它被查找的概率是 0.1，因此认为它的查找成本为 4*0.1=0.4。

　　如果使用 k_i 来表示二叉树中下标为 i 的节点，$S(k_i)$ 表示查找节点 k_i 时需要访问的节点数量，p_i 是下标为 i 的节点被访问的概率，那么整个二叉树的查找成本就是

$$E = \sum_{i=1}^{n} S(k_i) * p_i \tag{5.4}$$

　　对概率论了解的朋友会意识到，式（5.4）其实对应每个节点被查找的数学期望之和。如果按照式（5.4）来计算查找效率，图 5-9 和图 5-10 所示的二叉树所对应的查找效率就会不同。

　　根据式（5.4），计算图 5-9 所示的搜索成本，如表 5-7 所示。

表 5-7　搜索成本

节　　点	概　　率	查找元素个数	成　　本
1	0.15	3	0.45
2	0.1	3	0.3
3	0.05	2	0.1
4	0.1	1	0.1
5	0.2	4	0.8
6	0.05	3	0.15
7	0.1	4	0.4
8	0.05	2	0.1
9	0.05	4	0.2
10	0.1	3	0.3
11	0.05	4	0.2
成本总和			3.1

　　根据式（5.4），计算图 5-10 所示的搜索成本，如表 5-8 所示。

表 5-8 搜索成本

节 点	概 率	查找元素个数	成 本
1	0.15	3	0.45
2	0.1	3	0.3
3	0.05	2	0.1
4	0.1	1	0.1
5	0.2	5	1
6	0.05	4	0.2
7	0.1	5	0.5
8	0.05	3	0.15
9	0.05	4	0.2
10	0.1	2	0.2
11	0.05	3	0.15
成本总和		3.35	

从计算可以看出，图 5-9 所对应的二叉树查找总成本是 3.1，而图 5-10 所示对应的二叉树查找总成本是 3.35。由此可见，将节点构建成图 5-9 所示的二叉树查找成本更小。现在的问题是，如何构建成本最小的二叉树呢？

5.5.1　构建最优搜索二叉树的算法描述

如果仔细观察，最优搜索二叉树的构建与前面提到的长链矩阵相乘问题很像。对于给定节点 $k_1,k_2,\cdots,k_n$，它们已经按升序排列，在构建起对应的最优搜索二叉树后，这 n 个节点中的某个一定对应二叉树的根节点。

假设最优搜索二叉树的根节点为 $k_t,1\leq t\leq n$，那么根据搜索二叉树性质，所有小于它的节点 $k_1,k_2,\cdots,k_{t-1}$ 构成了左子树，所有大于它的节点 $k_{t+1},k_{t+2},\cdots,k_n$ 构成了右子树，可以确定 $k_1,k_2,\cdots,k_{t-1}$ 对应的左子树一定是这些节点形成的最优搜索二叉树，同理，$k_{t+1},k_{t+2},\cdots,k_n$ 对应的右子树肯定是由这些节点形成的最优搜索二叉树。

用 T 来表示整个二叉树，$T_{\text{left}},T_{\text{right}}$ 分别表示根节点左边的左子树和右边的右子树，用 $E[T]$ 表示二叉树的成本，于是有

$$E[T]=E[T_{\text{left}}]+E[T_{\text{right}}]+1*P_{\text{root}}$$

可以确定 $T_{\text{left}},T_{\text{right}}$ 是节点 $k_1,k_2,\cdots,k_{t-1}$ 和 $k_{t+1},k_{t+2},\cdots,k_n$ 对应的最优搜索二叉树。若不然，假设 T_{left} 不是节点 $k_1,k_2,\cdots,k_{t-1}$ 对应的最优搜索二叉树，用 T'_{left} 表示它们对应的最优搜索二叉树，那么有 $E[T_{\text{left}}]>E[T'_{\text{left}}]$，如果用 T'_{left} 替换 T_{left} 得到新的二叉树 T'，那么就有

$$E[T']<E[T]$$

这与假设 T 是节点对应的最优搜索二叉树相矛盾。由此，就可以将问题分解成两个子问题。假设最优搜索二叉树的根节点是 k_t，就递归地查找节点 $k_1,k_2,\cdots,k_{t-1}$ 和 $k_{t+1},k_{t+2},\cdots,k_n$ 对应的最优搜索二

叉树成本，然后将两个二叉树成本加总再加上访问根节点的成本，由此得到原二叉树的最优成本，于是父问题转变为两个范围更小的子问题。

如果使用 $E_{optimal}[k_1, k_2, \cdots, k_n]$ 来表示 n 个元素对应最优搜索二叉树的查找成本，假设已经找到了由节点 $k_i, k_{i+1}, \cdots, k_j$ 对应的最优搜索二叉树搜索成本 $E_{optimal}[k_i, k_{i+1}, \cdots, k_j]$，如果这棵最优搜索二叉树变成了一棵子树，那就是在根节点的上头出现了新的根节点。

于是访问这棵最优搜索二叉树的成本就得发生变化，由于上头增加了一个节点，此时要访问这棵最优搜索二叉树里面的节点时，每个节点被访问的次数就增加一次，于是根据式（5.4），此时这棵最优搜索二叉树的成本增加了 $p_i + p_{i+1} + \cdots + p_j$，由此得到递归计算公式为

$$E_{optimal}[k_i, k_{i+1}, \cdots, k_j] = \min_{i \leq t \leq j}\{1 * p_t + E_{optimal}[k_i, k_{i+1}, \cdots, k_{t-1}] + (p_i + p_{i+1} + \cdots + p_{t-1})$$
$$+ E_{optimal}[k_{t+1}, k_{t+2}, \cdots, k_j] + (p_{t+1} + p_{t+2} + \cdots + p_j)\}$$
$$= \min_{i \leq t \leq j}\{E_{optimal}[k_i, k_{i+1}, \cdots, k_{t-1}] + E_{optimal}[k_{t+1}, k_{t+2}, \cdots, k_j] + (p_i + p_{i+1} + \cdots + p_j)\}$$

依然使用列表法来计算最优搜索二叉树，二维数组 $E[n,n]$ 用于存储计算最优搜索二叉树所需要的信息。例如，$E[i][j]$ 存储的是节点 $k_i, k_{i+1}, \cdots, k_j$ 对应最优搜索二叉树的搜索成本，于是有

$$E[i][j] = \begin{cases} p_i, i = j \\ 0, j < i \end{cases}。$$

当计算元素 $E[i][j], i < j$ 的值时，需要递归地计算元素 $E[i][r]$、$E[r+1][j]$ 的值，然后找到能够让 $E[i][r-1] + E[r+1][j] + (p_i + p_{i+1} + \cdots + p_j), i < r < j$ 取得最小值的那个 r，并把由此计算的结果设置为 $E[i][j]$ 的值，当二维表内所有元素计算完毕后，$E[1][n]$ 就是需要的结果。

同时还需要维护一个二维表 root[i][j]，它记录节点为 $k_i, k_{i+1}, \cdots, k_j$ 时所对应最优搜索二叉树的根节点，于是通过二维表 root，可以重构出节点 $k_1, k_2, \cdots, k_n$ 所对应的最优搜索二叉树。

5.5.2　构建最优搜索二叉树的代码实现

本小节通过代码将 5.5.1 小节描述的算法思想付诸实现。相关代码如下：

```python
N = 11  #节点数量
P = [0.15, 0.1, 0.05, 0.1, 0.2, 0.05, 0.1, 0.05, 0.05, 0.1, 0.05]  #节点对应的访问概率
E = np.zeros((N, N))
root = np.zeros((N, N)).astype(int)  #记录最优搜索二叉树根节点
for i in range(N):
    for j in range(N):
        root[i][j] = -1
        if i == j:
            E[i][j] = P[i]
            root[i][j] = i
        elif j < i:
            E[i][j] = 0
        else:
            E[i][j] = -1
```

```
def compute_E_table_entry(i , j):
    if i < 0 or i >= N:
        return 0
    if j < 0 or j >= N:
        return 0
    if j <= i:
        return E[i][j]
    if E[i][j] != -1:
        return E[i][j]
    tree_cost = sys.maxsize
    p_sum = 0
    for r in range(i, j + 1):
        p_sum += P[r]
        left_tree_cost = compute_E_table_entry(i, r - 1)
        right_tree_cost = compute_E_table_entry(r + 1, j)
        cost = left_tree_cost + right_tree_cost
        if cost < tree_cost:
            tree_cost = cost
            root[i][j] = r
    E[i][j] = tree_cost + p_sum
    return E[i][j]
compute_E_table_entry(0, N - 1)
print("optimal search tree cost is : ", E[0][N-1])
```

上面代码运行后，输出结果如下：

```
optimal search tree cost is :  2.6500000000000004
```

接下来把对应的二叉树信息打印出来：

```
def print_tree(root, i, j):
    if i > j:
        return
    if (i ==j):   #由于数组下标从 0 开始，因此这里为了打印的信息与文本一致，所以加 1
        print("root with : ",root[i][j] + 1)
        return
    root_num = root[i][j]
    left = root[i][root_num - 1]
    right = root[root_num + 1][j]
    print("root is {0} with left child {1} and right child {2}".format(root_num + 1,
left + 1, right + 1))
    print_tree(root, i, root_num - 1)
    print_tree(root, root_num + 1, j)
    print_tree(root, 0, N - 1)
```

上面代码执行后，打印结果如下：

```
root is 5 with left child 2 and right child 7
root is 2 with left child 1 and right child 4
```

```
root with : 1
root is 4 with left child 3 and right child 0
root with : 3
root is 7 with left child 6 and right child 10
root with : 6
root is 10 with left child 8 and right child 11
root is 8 with left child 0 and right child 9
root with : 9
root with : 11
```

根据上面输出信息，绘制出的最优搜索二叉树如图 5-11 所示。

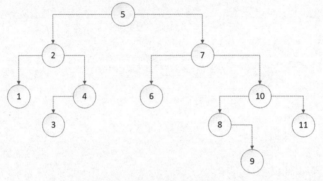

图 5-11　最优搜索二叉树

可以通过计算验证一下，上面二叉树对应的搜索成本为 2.65，而且是成本最少的搜索二叉树。

第6章

线性规划

在前两章研究贪婪算法和动态规划时看到，算法的主要目的是在给定资源约束的条件下寻求最佳解决方案，但是在大型工程实践上，存在另一类"求极值"的问题，它们对应的解决方案相对而言要棘手得多。从本章开始就研究这一类"最优化"问题。

6.1 线性规划基本介绍

例如，在设计跨海大桥时，工程师需要对一个含有几千乃至几万个变量的函数寻求最大值或最小值，同时这些变量的值还必须满足一系列非常苛刻的约束条件。先看一个简单实例来理解什么叫线性规划。

假设有一家巧克力工厂需要生产两种不同类型的巧克力，分别称为类型 A 和类型 B。两种巧克力用到的原料相同，都需要使用牛奶和可可，不同之处在于原料配比。对于类型 A，生产 1 单位需要 2 单位牛奶和 3 单位可可；对于类型 B，生产 1 单位需要 1 单位牛奶和 2 单位可可。

假设工厂现在可用的原料为 5 单位牛奶和 12 单位可可，此时类型 A 的巧克力每单位售价为 6 元，类型 B 的巧克力每单位售价为 5 元，为了最大化销售利润，工厂如何分配生产原料去生产不同巧克力以实现利润最大化呢？

如果用 X 来表示生产类型 A 巧克力的数量，同时用 Y 来表示生产类型 B 巧克力的数量，那么利润函数为 $P(X,Y)=6*X+5*Y$，目的是找到 X,Y，使得利润函数最大化，也就是满足

$$P(X,Y)=\max_{X,Y}\{6*X+5*Y\} \qquad (6.1)$$

问题在于 X,Y 可不能随意设置，它们必须受到原料数量的制约，生产两种巧克力所需要的牛奶数量总和不能超过 5 单位，同时所需要的可可数量总和不能超过 12 单位，于是 X,Y 还得满足

$$\begin{cases} 2X+Y \leq 5 \\ 3X+2Y \leq 12 \\ X \geq 0, Y \geq 0 \end{cases} \qquad (6.2)$$

在满足不等式（6.2）的情况下解决式（6.1）所需要的算法就叫作线性规划。我们把线性规划问题用更严谨的数学方式来表达就是，要优化一组线性函数，同时函数中的变量必须遵守一系列不等式约束。

也就是给定一组变量 $x_1, x_2, \cdots, x_n$，存在一组对应的参数 $a_1, a_2, \cdots, a_n$，它们的线性组合函数 $f(x_1, x_2, \cdots, x_n) = a_1*x_1 + a_2*x_2 + \cdots + a_n*x_n = \sum_{i=1}^{n} a_i x_i$ 是想要最优化的目标函数，要找到一组变量值让目标函数取得最大值或最小值，同时这些变量还必须满足一系列不等式约束。

也就是 $x_1, x_2, \cdots, x_n$ 必须满足

$$f_1(x_1, x_2, \cdots, x_n) \leq b_1$$
$$f_2(x_1, x_2, \cdots, x_n) \leq b_2$$
$$\vdots$$
$$f_n(x_1, x_2, \cdots, x_n) \leq b_n$$

找到满足条件的变量值的方法就叫线性规划。需要注意的是，在线性规划问题中，上面的不等式约束不能取严格的小于号或大于号。如果希望取得目标函数的最小值，那么就叫作最小化线性规划；如果希望取得目标函数的最大值，那么就叫作最大化线性规划。

注意，在约束条件中有大于等于，也有小于等于。事实上，可以统一将约束条件转换为小于等

于，因为对于大于等于的约束条件，只要在两边同时乘以-1 就可以转换成小于等于。

同时对于目标函数也可以统一成寻找最小值，因为对于要寻找最大值的目标函数，只要前面加个负号就能将问题转换为寻找最小值，因此线性规划问题可以统一使用一个"标准型"来描述。

那就是给定 n 个常数 $a_1, a_2, \cdots, a_n$，以及 m 个常数 $b_1, b_2, \cdots, b_m$，希望最大化 $\sum_{i=1}^{n} a_i * x_i$，同时满足约束条件 $\sum_{j=1}^{n} a_{ij} * x_j \leqslant b_j, x_j \geqslant 0, 1 \leqslant i \leqslant m, 1 \leqslant j \leqslant n$。同时把所有能满足约束条件的 x 变量值称为"可行解"，能最大化目标函数的 x 值称为"最优目标值"。

6.1.1 线性规划的标准型转换

任意给定的线性规划问题，它本身可能不符合"标准型"需求，但是通过一系列等价变换，可以将其转换为"标准型"，例如下面的线性规划问题：

$$\min\{-2x_1 + 5x_2\}$$
$$x_1 + 2x_2 = 8$$
$$x_1 - 3x_2 \geqslant -4$$
$$x_1 \geqslant 0$$

注意到上面线性规划问题有若干方面不满足最小值，首先，目标函数是求最小值而不是求最大值；其次，约束条件中的第 2 个不等式是大于等于而不是小于等于；最后，它只要求 $x_1 \geqslant 0$，根据"标准型"需求还必须有 $x_2 \geqslant 0$。下面看看如何通过一系列变化将其转换为标准型。

首先目标函数是求最小值，可以添加一个符号在目标函数前面转换成求最大值，也就是 $\min\{-2x_1 + 5x_2\} \rightarrow \max\{-(-2x_1 + 5x_2)\} = \max\{2x_1 - 5x_2\}$，同时第 2 个约束条件是大于等于，因此为两边添加一个符号变成小于等于，也就是 $x_1 - 3x_2 \geqslant -4 \rightarrow -(x_1 - 3x_2) \leqslant -(-4) \rightarrow -x_1 + 3x_2 \leqslant 4$，最后还需要再转换一个约束条件，那就是让所有变量都大于等于 0，目前在约束条件中只有 $x_1 \geqslant 0$，但是对另一个变量 x_2 却没有相应约束。

解决这个问题的常用思路是对于没有大于等于 0 约束的变量 x_j，用两个变量替换，也就是添加 $x_j' \geqslant 0, x_j'' \geqslant 0$ 使得 $x_j = x_j' - x_j''$。如此替换后，需要将约束条件中任何出现变量 x_j 的地方替换成 $x_j' - x_j''$，于是原来的线性规划系统调整后转换为

$$\max\{2x_1 - 5x_2\}$$
$$x_1 + 2(x_2' - x_2'') = 8$$
$$-x_1 + 3(x_2' - x_2'') \leqslant 4$$
$$x_1 \geqslant 0, x_2' \geqslant 0, x_2'' \geqslant 0$$

注意到变量替换不会影响线性系统的最优解，如果最优解中 $x_2 = 0$，那么变量替换后得到的最优解肯定是 $x_2' = x_2''$，如果最优解中有 $x_2 < 0$，那么肯定有 $x_2' < x_2''$；如果最优解中有 $x_2 > 0$，那么新系统中就有 $x_2' > x_2''$。

为了后面算法设计需要，还需要再做进一步转换，那就是把所有小于等于的约束条件改为等于的约束条件，例如将上面约束条件改为 $x_4 = 4 - [-x_1 + 3(x_2' - x_2'')] \rightarrow x_4 = 4 + x_1 - 3(x_2' - x_2''), x_4 \geqslant 0$，于

是将上一步线性系统再次转换为

$$\max\{2x_3 - 5x_4\}$$
$$x_3 = 8 - 2(x_1 - x_2)$$
$$x_4 = 4 + x_3 - 3(x_1 - x_2)$$
$$x_1 \geqslant 0, x_2 \geqslant 0, x_3 \geqslant 0, x_4 \geqslant 0$$

再做一些简单的代数变换，将等号约束条件右边的 x_3 替换掉，得到线性系统如下：

$$\max\{2x_3 - 5x_4\}$$
$$x_3 = 8 - 2x_1 + 2x_2$$
$$x_4 = 12 - 5x_1 - x_2$$
$$x_1 \geqslant 0, x_2 \geqslant 0, x_3 \geqslant 0, x_4 \geqslant 0$$

注意到上面的线性规划系统中，将原来的 x_1, x_2 转换为 x_3, x_4，原来的 x_1', x_2'' 转换为 x_1, x_2，当前看这种转换看似麻烦不必要，但该形式对后面算法的设计会提供非常大的便利。

在等号约束条件中等号左边的变量叫作"基本元"，等号右边的变量叫作"非基本元"，也就是变量 x_3, x_4 叫作基本元，变量 x_2, x_3 叫作非基本元。在后面实现的算法运行过程中，基本元和非基本元会不断地产生变化。

6.1.2 多种问题形式下的线性规划内核

线性规划用处非常广泛，主要原因在于很多类型的问题其实可以转换为线性规划问题。例如，在图论中往往需要寻找起始点到给定点的最短路径，如图 6-1 所示。

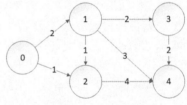

假设想计算从节点 0 到节点 4 的最短路径，用变量 d_1, d_2, d_3, d_4 来表示节点 0 到节点 1,2,3,4 的最短路径，那么解决这个问题本质上是解决如下线性规划系统：

图 6-1　有向连接图

$$\max\{d_4\}$$
$$d_1 \leqslant 2$$
$$d_2 \leqslant 1$$
$$d_2 \leqslant d_1 + 1$$
$$d_3 \leqslant d_1 + 2$$
$$d_4 \leqslant d_3 + 2$$
$$d_4 \leqslant d_1 + 3$$
$$d_4 \leqslant d_2 + 4$$
$$d_1 \geqslant 0, d_2 \geqslant 0, d_3 \geqslant 0, d_4 \geqslant 0$$

注意到问题求的是最短路径，按理目标函数应该是查找最小值才对，但这里却查找最大值，因为如果查找最小值，那么问题的答案就是将所有变量设置为 0，这就与我们的目标不相符。

由于最短路径肯定大于 0，同时最短路径一定能满足上面线性系统的约束条件，且最大化可以让我们找到一个非零解，因此它才能对应正确的最短路径，相关内容在后面会详细介绍。

　　在图论中还存在一种称为极大流问题，给定一个有向图 G，其中有一个起点和一个终点，在两者之间存在很多中间点，同时点与点之间的连接存在一个容量上限，问题是从起点开始发出多少流量，这些流量分流到各个支路后，最终汇合到终点，试问起点能够发出的流量最大是多少？具体而言，如图 6-2 所示。

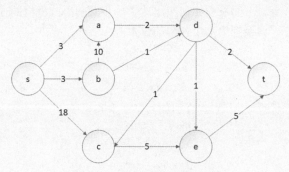

图 6-2　网络最大流量对应图

　　图 6-2 中相互连接的节点其路径上的数字表示能够通过该路径的最大流量，例如边 sa 的值是 3，因此从节点 s 流向 a 的流量最大不能超过 3，问题是从节点 s 发出多少流量才能让节点 t 接收的流量最大化？

　　你可能认为让流量满足 s 发出的边为最大值即可，也就是从节点 s 发出流量 3+3+18=24（个）单位，然后在 t 点接收这些流量即可，但是这么做行不通，因为 3 个单位的流量从 s 抵达 a 点后，从 a 点发出的流量最大只能是 2，所以有 1 个单位的流量过不去。

　　如果用 $c(u,v)$ 表示两个连接节点间的最大容量，如 $c(s,a)=3$，那么就有 $c(u,v) \geqslant 0$。同时用 $f(u,v)$ 表示从 s 点发出的最大流量经过每一条管道时的流量，那么就可以制定出对应的线性规划系统如下：

$$\max\{\sum_{(s,v) \subset E} f(s,v)\}$$
$$f(u,v) \leqslant c(u,v)$$
$$f(u,v) \geqslant 0$$
$$(u,v) \subset E$$

　　式中，E 表示所有边的集合。有很多类型的问题其实可以转换成线性规划问题，这里只是试举两例，因此当掌握了线性规划问题的解法后，实际上已经掌握了很多优化问题的解法。

6.2　求解线性规划问题的 Simplex 算法

扫一扫，看视频

　　本节看看给定一个线性规划系统后，如何找出它的解。线性规划算法很像解方程组，常用的方程组解法叫作高斯消元法。先看看其基本流程。给定一组线性方程如下：

$$9x + 3y + 4z = 7$$
$$4x + 3y + 4z = 8$$
$$x + y + z = 3$$

目的是将方程中同时能满足 3 个等式的变量 x,y,z 解出来。高斯消元法的基本过程主要是 3 个步骤：一是调换方程的位置；二是将一个非零常数同时乘以某个方程等号两边；三是将一个方程乘以一个常数后加上另一个方程。下面看看如何应用这 3 个步骤解出方程组的变量。

第 1 步是将第 3 个方程调换到第 1 个方程的位置：

$$x + y + z = 3$$
$$9x + 3y + 4z = 7$$
$$4x + 3y + 4z = 8$$

第 2 步是将第 1 个方程乘以-9 和-4 分别加到第 2 个和第 3 个方程：

$$x + y + z = 3$$
$$0x - 6y - 5z = -20$$
$$0x - y + 0z = -4$$

注意到第 3 个方程中有两个变量系数为 0，也就是这两个变量被消除，于是可以直接解出剩下变量也就是 y 的值。不难看出，y 对应的值是-4。此时再把第 3 个方程乘以-6 加到第 2 个方程：

$$x + y + z = 3$$
$$0x + 0y - 5z = 4$$
$$0x - y + 0z = -4$$

此时第 2 个方程中遍历 x,y 的系数为 0，说明它们的作用在该方程中被消除，此时可以从方程 2 中解出变量 z 的值是-4/5，最后把 y,z 的值代入第 1 个方程中解出变量 x 的值为-1/5。

我们注意到，线性方程组与线性规划系统中约束条件非常像，唯一不同在于线性方程组每个方程对应等号，线性规划系统的约束条件对应的有等号外还有小于等于号。接下来将把高斯消元法应用到线性规划系统的解决方案上。

6.2.1　高斯消元法应用示例

先看一个具体例子。假设有一个线性规划系统如下：

$$\max\{5x_1 - 3x_2\}$$
$$x_1 - x_2 \leqslant 20$$
$$2x_1 + x_2 \leqslant 2$$
$$x_1, x_2 \geqslant 0$$

首先根据 6.1 节介绍的方式将系统转换如下：

$$\max\{5x_1 - 3x_2\}$$
$$x_3 = 20 - x_1 + x_2$$
$$x_4 = 2 - 2x_1 - x_2$$
$$x_1, x_2, x_3, x_4 \geqslant 0$$

注意到转换后约束条件全部变成等号约束，它与前面运用高斯消元法的方程组很像。约束条件所形成的方程组有 4 个变量，但只有两个方程，因此它有无限多个解。这里关注某些具体特定性质的解。

一种特定解就是把约束条件等号右边变量全部设置为 0，然后得到等号左边变量的值，这种解我们称为"基本解"。例如，将 x_1, x_2 设置为 0，然后得到 $x_3 = 20, x_4 = 2$，由此得到一组基本解为 $(x_1, x_2, x_3, x_4) = (0, 0, 20, 2)$。

根据这组基本解，得到目标函数的值 5*0-3*0=0。接下来要在这组基本解上反复迭代变换，直到最后得到让目标条件最大化的解。从目标函数中找到一个系数为正数的变量，例如当前目标函数中 x_1 的系数为 5，因此选中它。

然后在不破坏约束条件的情况下，尽可能增加它的值。在 x_1 增加时有可能会导致其他变量减少，但在约束条件中要求所有变量都必须大于 0，因此 x_1 不可能无限制地增加。从第 1 个约束条件可以看出，当 x_1 增加超过 20 时变量 x_3 变得小于 0，根据第 2 个约束条件可以看出，当 x_1 增加超过 1 时变量 x_4 变得小于 0，由此确定 x_1 增加不能超过 1。

由于第 2 个约束条件对应 x_1 的增加量最少，因此从第 2 个约束条件入手将 x_1 反解出来变成如下形式：

$$x_1 = 1 - \frac{1}{2}x_4 - \frac{1}{2}x_2$$

然后把上面式子代入其他右边包含变量 x_1 的约束条件中，因此把约束条件 1 进行变换如下：

$$x_3 = 20 - x_1 + x_2 \rightarrow x_3 = 20 - \left(1 - \frac{1}{2}x_4 - \frac{1}{2}x_2\right) + x_2 = 20 - 1 + \frac{1}{2}x_4 + \frac{1}{2}x_2 + x_2$$

$$= 19 + \frac{1}{2}x_4 + \frac{3}{2}x_2$$

同时把目标函数中的变量 x_1 也替换掉，得到结果如下：

$$\max\{5x_1 - 3x_2\} \rightarrow \max\left\{5*\left(1 - \frac{1}{2}x_4 - \frac{1}{2}x_2\right) - 3x_2\right\} \rightarrow \max\left\{5 - \frac{5}{2}x_4 - \frac{11}{2}x_2\right\}$$

于是原来的线性规划系统变换为

$$\max\left\{5 - \frac{5}{2}x_4 - \frac{11}{2}x_2\right\}$$

$$x_1 = 1 - \frac{1}{2}x_4 - \frac{1}{2}x_2$$

$$x_3 = 19 + \frac{1}{2}x_4 + \frac{3}{2}x_2$$

把这个过程叫作 pivot 变换，注意到将基本解代入变换后的线性规划系统的目标函数时，所得结果为 $5 - \frac{5}{2}*2 - \frac{11}{2}*0=0$，与变换前的线性规划系统对应目标函数代入基本解后的结果一样。

同时还需要记住两个概念，比较变换前后两组线性规划系统可以看到，在 pivot 变换前，变量 x_1 在约束条件中的等号右边，变量 x_4 在约束条件中的等号左边。变换后变量 x_1 跑到了等号左边，变

量 x_4 跑到了等号右边。

把类似 x_4 这种在 pivot 变换后从左边跑到右边的变量称为"转出变量"，而像 x_1 这种在 pivot 变换后从右边转移到左边的变量叫作"转入变量"。

根据当前约束条件找出其对应的基本解，将等号右边变量设置为 0 后得到的基本解为 $(x_1, x_2, x_3, x_4) = (1, 0, 19, 0)$，将这组基本解代入目标函数有 $5 - \frac{5}{2} * 0 - \frac{11}{2} * 0 = 5$，注意到目标函数所得结果增大了。

接下来从目标函数中找到系数为正的变量，在满足约束条件下增进它的值，但问题是此时目标函数中所有变量对应的系数都是负数，因此此时无法增加目标函数中任何变量的值，因为一旦增加它们的值，目标函数所得结果就会变小，此时找到了线性规划系统的最优结果。

这意味着当对变量 x_1, x_2 取值 1,0 时目标函数能获得最大值，同时约束条件依然得以满足，这一系列对线性规划系统进行转换并最终获得最优解的过程叫作 Simplex 算法。接下来看看如何使用代码实现该算法。

6.2.2　线性规划系统最优解存在性证明

先看看 Simplex 对应的算法流程图，如图 6-3 所示。

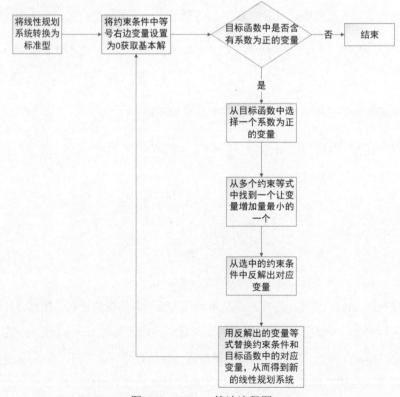

图 6-3　Simplex 算法流程图

图 6-3 所示是线性规划算法的基本流程描述，其中若干步骤还需要进一步分解，第 1 步是如何将线性规划系统依靠算法步骤转换成标准型，然后判断系统是否存在最优解，如果有的话，如何找到基本解。

给定一组线性规划系统，我们将其转换成标准型后可能发现未必存在基本解，例如下面的例子：

$$\max\{2x_1 - x_2\}$$
$$2x_1 - x_2 \leqslant 2$$
$$x_1 + 5x_2 \leqslant -4$$
$$x_1, x_2 \geqslant 0$$

将它转换成标准型后如下：

$$\max\{2x_1 - x_2\}$$
$$x_3 = 2 - 2x_1 + x_2$$
$$x_4 = -4 - x_1 - 5x_2$$
$$x_1, x_2, x_3, x_4 \geqslant 0$$

如果要获得一组基本解，就得把给定标准型约束条件中右边变量全部设置为 0，但这么做会在第 2 个约束条件中获得 $x_4 = -4$，这就违背了所有变量取值必须大于等于 0 的约束，因此例子中给定的线性规划系统不存在最优解。

由此面对一个线性规划系统，首先要做的是判断它是否存在最优解。假设给定线性规划系统如下：

$$\max\{c_1x_1 + c_2x_2 + \cdots + c_nx_n\}$$
$$\sum_{j=1}^{n} a_{ij}x_j \leqslant b_i, 1 \leqslant i \leqslant m$$
$$x_j \geqslant 0, 1 \leqslant j \leqslant n$$

也就是面对一个线性规划系统，它包含 n 个未知变量，并有 m 个约束条件，对该系统做一个变换如下：

$$\max\{-x_0\}$$
$$\sum_{j=1}^{n} a_{ij}x_j - x_0 \leqslant b_i, 1 \leqslant i \leqslant m$$
$$x_j \geqslant 0, 0 \leqslant j \leqslant n$$

也就是说，在原系统基础上增加一个新变量 x_0，同时目标函数转换成求 $-x_0$ 的最大值，并在每个约束条件左边增加 $-x_0$ 得到一个新的线性规划系统。那么原来线性规划系统存在最可行解的必要条件是新变换的线性规划系统存在可行解，显然新系统任何可行解在满足约束条件下必须有 $x_0 = 0$。

这个结论不难证明。假设原来线性规划系统存在一组最优解为 $x = \{x_1', x_2', \cdots, x_n'\}$，如果把 $x_0 = 0$ 加入该最优解得到 $x' = \{0, x_1', x_2', \cdots, x_n'\}$，显然后者能满足变换后线性规划系统的所有约束条件，同时 $x_0 = 0$，因此它是变换后线性规划系统的最优解。

反过来，假设变换后线性规划系统存在可行解，显然可行解中必须满足 $x_0 = 0$，假设其可行解

为 $\tilde{x} = \{0, \tilde{x}_1, \tilde{x}_2, \cdots, \tilde{x}_n\}$，那么把可行解代入新系统的约束条件中就不难发现 $\{\tilde{x}_1, \tilde{x}_2, \cdots, \tilde{x}_n\}$ 能够满足原系统的约束条件，因此它是原系统的一组可行解。

一旦确认原系统存在可行解后，就能从所有可行解中找到让目标函数最大化的解，于是原系统就存在最优解，只有确定给定系统存在最优解后，后续的一系列行动才会有意义。

6.2.3　Simplex 算法的代码实现

根据图 6-3 所示的流程，首先需要获得系统的一组基本解，可以根据 6.2.2 小节描述的原理确认它有最优解，得到肯定答案后，需要将给定系统转换成标准型以便执行后续算法。

首先确定一些变量的命名，在 6.2.1 节给出的例子中得到线性规划系统的标准型如下：

$$\max\{5x_1 - 3x_2\}$$
$$x_3 = 20 - x_1 + x_2$$
$$x_4 = 2 - 2x_1 - x_2$$
$$x_1, x_2, x_3, x_4 \geqslant 0$$

用向量 c 表示目标函数中变量对应的系数集合，也就是 $c = [5, -3]$；用 B 表示左边约束条件中基本元对应的下标集合，也就是 $B = [3, 4]$；用 b 表示右边约束条件中的常量集合，也就是 $b = [20, 2]$；用 A 表示右边非基本元对应的系数取反后的集合，也就是 $A = \begin{bmatrix} 1 & -1 \\ 2 & 1 \end{bmatrix}$，有了这些符号说明后，可以着手使用代码实现 pivot 变换。相关代码如下：

```
def pivot(N, B, A, b, c, v, l, e):
    '''
    N对应非基本元变量下标，B对应基本元变量下标，A对应非基本元在约束方程组中的系数相反数形成的矩
阵，b对应约束条件中小于等于号右边的数值集合，c对应目标函数中变量系数形成的集合，v对应当前目标函
数的取值，l对应转出变量下标在B中的位置，e对应转入变量下标在N中的位置
    '''
    b[l] = b[l] / A[l][e]    #将给定等式的常数和除了转入变量以外的其他变量对应的系数除以转入变
量对应的系数
    for j in range(len(A[0])):
        if j == e:
            continue
        A[l][j] = A[l][j] / A[l][e]
    A[l][e] = 1 / A[l][e]    #这是等号左边变量转入右边后对应的系数
    for i in range(len(A)):    #改变其他等式常数和变量系数
        if i == l:
            continue
        b[i] = b[i] - A[i][e] * b[l]
        for j in range(len(A[0])):
            if j == e:
                continue
            A[i][j] = A[i][j] - A[i][e] * A[l][j]
        A[i][e] = -A[i][e] * A[l][e]    #由于A中元素对应约束条件中变量系数的相反数，因此A中
```

元素相乘后符号会负负得正，故前面要加个负号

```
    v = v + c[e] * b[l]   #变量替换后修改目标函数的值
    for j in range(len(c)):  #目标函数中转出变量替换成转入变量后修改相关系数
        if j == e:
            continue
        c[j] = c[j] - c[e] * A[l][j]
    c[e] = -c[e] * A[l][e]
    leaving_variable_index = B[l]
    entering_variable_index = N[e]
    B[l] = entering_variable_index
    N[e] = leaving_variable_index
    return  (N, B, A, b, c, v)
A = [
    [1, 1, 3],
    [2, 2, 5],
    [4, 1, 2]
    ]
B = [4, 5, 6]
N = [1, 2, 3]
b = [30, 24, 36]
c = [3, 1, 2]
v = 0
l = 2
e = 0
(N, B, A, b, c, v)=pivot(N, B, A, b, c,v, l, e)
print("index of no basic variables after pivoting: ", N)
print("index of basic variables after pivoting: ", B)
print("coefficients of no basic variables after pivoting: ", A)
print("object function coefficients after pivoting is : ", c)
print("object function value after pivoting is : ", v)
```

这里通过一个具体示例来说明代码的运行逻辑。假设要解决的线性规划系统如下：

$$\max\{3x_1 + x_2 + 2x_3\}$$
$$x_1 + x_2 + 3x_3 \leqslant 30$$
$$2x_1 + 2x_2 + 5x_3 \leqslant 24$$
$$4x_1 + x_2 + 2x_3 \leqslant 36$$
$$x_1, x_2, x_3 \geqslant 0$$

将其转换成标准型后形式如下：

$$\max\{3x_1 + x_2 + 2x_3\}$$
$$x_4 = 30 - x_1 - x_2 - 3x_3$$
$$x_5 = 24 - 2x_1 - 2x_2 - 5x_3$$
$$x_6 = 36 - 4x_1 - x_2 - 2x_3$$
$$x_1, x_2, x_3, x_4, x_5, x_6 \geqslant 0$$

此时基本元的下标为 4,5,6，因此变量 B 对应的内容为 $B = [4,5,6]$，同理非基本元的下标为 1,2,3，因此变量 N 对应的内容是 $N = [1,2,3]$。同时在约束条件中非基本元对应的系数相反数集合为

$$A = \begin{bmatrix} 1 & 1 & 3 \\ 2 & 2 & 5 \\ 4 & 1 & 2 \end{bmatrix}。$$

同时约束条件中常量集合为 $b = [30,24,26]$，在目标函数中变量对应系数集合为 $c = [3,1,2]$，代码中输入变量 v 对应目标函数当前取值结果，根据 Simplex 算法会把所有非基本元取值为 0，所以此时目标函数对应的结果为 0。

根据 Simplex 算法，从目标函数中选择一个系数为正的变量，因此可以选择变量 x_1，然后在保持变量 $x_4, x_5, x_6 \geq 0$ 的前提下增加它的值，看看哪个约束条件让它的增加值最少。

不难发现，最后一个约束条件让 x_1 的增加值最少，因此选中最后一个约束等式进行下一步变换。这意味着转入变量对应 x_1，转出变量对应 x_6，而 x_1 在 3 个约束条件中对应的系数处于矩阵 A 的第 1 列，因此代码函数中的输入变量 $x_1 = 0$，变量 x_6 下标对应 $B[2]$，因此 $e = 2$。

接下来第 1 步处理时将要变换的约束函数两边除以转入变量系数的相反数，也就是实现：

$$x_6 = 36 - 4x_1 - x_2 - 2x_3 \rightarrow \frac{1}{4}x_6 = 9 - x_1 - \frac{1}{4}x_2 - \frac{1}{2}x_3 \rightarrow x_1 = 9 - \frac{1}{4}x_6 - \frac{1}{4}x_2 - \frac{1}{2}x_3$$

这几步变换对应的代码就是：

```
b[l] = b[l] / A[l][e]   #将给定等式的常数和除了转入变量以外的其他变量对应的系数除以转入变量对应的系数
    for j in range(len(A[0])):
        if j == e:
            continue
        A[l][j] = A[l][j] / A[l][e]
    A[l][e] = 1 / A[l][e]   #这是等号左边变量转入右边后对应的系数
```

接着把 x_1 对应的右边等式替换到其他约束中包含变量 x_1 的地方。例如：

$$x_4 = 30 - x_1 - x_2 - 3x_3 \rightarrow x_4 = 30 - (9 - \frac{1}{4}x_6 - \frac{1}{4}x_2 - \frac{1}{2}x_3) - x_2 - 3x_3$$

$$= 21 + \frac{1}{4}x_6 - \frac{3}{4}x_2 - \frac{5}{2}x_3$$

对每一个约束条件都做如此变换，实现这些操作的对应代码就是：

```
for i in range(len(A)):   #改变其他等式常数和变量系数
    if i == l:
        continue
    b[i] = b[i] - A[i][e] * b[l]
    for j in range(len(A[0])):
        if j == e:
            continue
        A[i][j] = A[i][j] - A[i][e] * A[l][j]
    A[i][e] = -A[i][e] * A[l][e]   #由于 A 中元素对应约束条件中变量系数的相反数，因此 A 中
元素相乘后符号会负负得正，故前面要加个负号
```

当完成所有替换后，约束条件变成以下情形：

$$x_4 = 21 + \frac{1}{4}x_6 - \frac{3}{4}x_2 - \frac{5}{2}x_3$$

$$x_5 = 6 + \frac{1}{2}x_6 - \frac{3}{2}x_2 - 4x_3$$

$$x_1 = 9 - \frac{1}{4}x_6 - \frac{1}{4}x_2 - \frac{1}{2}x_3$$

此时约束条件中的常量 b 变成 b =[21,6,9]，约束条件中非基本元系数相反数对应的矩阵为

$A = \begin{bmatrix} -0.25 & 0.75 & 2.5 \\ -0.5 & 1.5 & 4.0 \\ 0.25 & 0.25 & 0.5 \end{bmatrix}$，变换时也需要对目标函数进行相应变换：

$$\max\{3x_1 + x_2 + 2x_3\} \rightarrow \max\left\{3*\left(9 - \frac{1}{4}x_6 - \frac{1}{4}x_2 - \frac{1}{2}x_3\right) + x_2 + 2x_3\right\} \rightarrow \max\left\{27 - \frac{3}{4}x_6 + \frac{1}{4}x_2 + \frac{1}{2}x_3\right\}$$

这一步骤对应的代码段就是：

```
v = v + c[e] * b[l]   #变量替换后修改目标函数的值
  for j in range(len(c)):  #目标函数中转出变量替换成转入变量后修改相关系数
    if j == e:
        continue
    c[j] = c[j] - c[e] * A[l][j]
  c[e] = -c[e] * A[l][e]
```

同时变换后基本元下标和非基本元下标都产生了变化，现在基本元下标为 B =[4,5,1]，非基本元下标为 N =[6,2,3]，因此要修改这两个变量对应的内容。对应代码片段如下：

```
leaving_variable_index = B[l]
  entering_variable_index = N[e]
  B[l] = entering_variable_index
  N[e] = leaving_variable_index
```

如此就完成了一次 pivot 变换，注意到此时如果把所有非基本元都取值为 0，那么目标函数取值就增加到了 27，由此，先根据本例描述设置相应参数并调用 pivot()函数进行编号，然后把结果输出。最后得到结果如下：

```
index of no basic variables after pivoting: [6, 2, 3]
index of basic variables after pivoting: [4, 5, 1]
coefficients of no basic variables after pivoting:  [[-0.25, 0.75, 2.5], [-0.5, 1.5, 4.0], [0.25, 0.25, 0.5]]
object function coefficients after pivoting is : [-0.75, 0.25, 0.5]
object function value after pivoting is : 27.0
```

从输出结果看，它与前面分析的结果完全一致。接下来完成整个 Simplex 算法的实现。

```
import sys
def simplex(N, B, A, b, c, v):
  mini_increase = sys.maxsize
```

```
    l = 0
    for e in range(len(c)):  #在目标函数中找到系数大于 0 的对应变量
        if c[e] <= 0:
            continue
        for i in range(len(A)):  #看哪个约束条件能让给定变量的增加值最小
            if A[i][e] > 0 and b[i] / A[i][e] < mini_increase:
                mini_increase = b[i] / A[i][e]
                l = i
        if mini_increase == sys.maxsize:  #目标函数没有最优解，它可以无限制增长
            return False
        (N, B, A, b, c, v) = pivot(N, B, A, b, c, v, l, e)
    for i in range(len(B)):
        print("x{0} : {1}".format(B[i], b[i]))
    for i in range(len(N)):
        print("x{0} : 0".format(N[i]))
    print("optimal value is : " , v)
A = [
    [1, 1, 3],
    [2, 2, 5],
    [4, 1, 2]
    ]
B = [4, 5, 6]
N = [1, 2, 3]
b = [30, 24, 36]
c = [3, 1, 2]
v = 0
simplex(N, B, A, b, c, v)
print("coefficients in object function are", c)
```

代码实现的基本思路是，先从目标函数中找到第一个系数大于 0 的变量，然后遍历每个约束条件，查看哪个约束条件使得给定变量的值增加得最少，最后基于该约束条件执行 pivot 变换。上面代码运行后，输出结果如下：

```
x4 : 18.0, x2 : 4.0, x1 : 8.0, x6 : 0, x5 : 0, x3 : 0, optimal value is : 28.0
coefficients in object function are [-0.6666666666666666, -0.16666666666666666,
-0.16666666666666663]
```

为了验证上面代码实现是否正确，先把本小节使用的例子通过手算的方式解出最优值，基于前面完成的第 1 次变换后，得到如下线性规划系统：

$$\max\left\{27-\frac{3}{4}x_6+\frac{1}{4}x_2+\frac{1}{2}x_3\right\}$$

$$x_4=21+\frac{1}{4}x_6-\frac{3}{4}x_2-\frac{5}{2}x_3$$

$$x_5=6+\frac{1}{2}x_6-\frac{3}{2}x_2-4x_3$$

$$x_1 = 9 - \frac{1}{4}x_6 - \frac{1}{4}x_2 - \frac{1}{2}x_3$$

$$x_1, x_2, x_3, x_4, x_5, x_6 \geq 0$$

接下来从目标函数中找到第 1 个系数大于 0 的变量是 x_2，然后通过检测 3 个约束条件发现，第 2 个约束条件能让 x_2 从 0 增加到 4 并且保持所有变量都大于等于 0 的约束，因此选中它做变换，于是有

$$x_5 = 6 + \frac{1}{2}x_6 - \frac{3}{2}x_2 - 4x_3 \to \frac{2}{3}x_5 = 4 + \frac{1}{3}x_6 - x_2 - \frac{8}{3}x_3 \to x_2 = 4 + \frac{1}{3}x_6 - \frac{2}{3}x_5 - \frac{8}{3}x_3$$

把 x_2 对应的表达式代入其他约束有

$$x_4 = 21 + \frac{1}{4}x_6 - \frac{3}{4}x_2 - \frac{5}{2}x_3 \to x_4 = 21 + \frac{1}{4}x_6 - \frac{3}{4}*\left(4 + \frac{1}{3}x_6 - \frac{2}{3}x_5 - \frac{8}{3}x_3\right) - \frac{5}{2}x_3 \to x_4 = 18 + 0x_6 + \frac{1}{2}x_5 - \frac{1}{2}x_3$$

$$x_1 = 9 - \frac{1}{4}x_6 - \frac{1}{4}x_2 - \frac{1}{2}x_3 \to x_1 = 9 - \frac{1}{4}x_6 - \frac{1}{4}*\left(4 + \frac{1}{3}x_6 - \frac{2}{3}x_5 - \frac{8}{3}x_3\right) - \frac{1}{2}x_3 \to x_1 = 8 - \frac{1}{3}x_6 + \frac{1}{6}x_5 + \frac{1}{6}x_3$$

同时将 x_2 对应的等号右边代入目标函数有

$$\max\left\{27 - \frac{3}{4}x_6 + \frac{1}{4}x_2 + \frac{1}{2}x_3\right\} \to \max\left\{27 - \frac{3}{4}x_6 + \frac{1}{4}*\left(4 + \frac{1}{3}x_6 - \frac{2}{3}x_5 - \frac{8}{3}x_3\right) + \frac{1}{2}x_3\right\}$$

$$\to \max\left\{28 - \frac{2}{3}x_6 - \frac{1}{6}x_5 - \frac{1}{6}x_3\right\}$$

由此得到新的线性规划系统如下：

$$\max\left\{28 - \frac{2}{3}x_6 - \frac{1}{6}x_5 - \frac{1}{6}x_3\right\}$$

$$x_4 = 18 + 0x_6 + \frac{1}{2}x_5 - \frac{1}{2}x_3$$

$$x_2 = 4 + \frac{1}{3}x_6 - \frac{2}{3}x_5 - \frac{8}{3}x_3$$

$$x_1 = 8 - \frac{1}{3}x_6 + \frac{1}{6}x_5 + \frac{1}{6}x_3$$

$$x_1, x_2, x_3, x_4, x_5, x_6 \geq 0$$

在新的线性规划系统中，目标函数里没有任何变量的系数为正，因此算法结束。此时系统对应最大值为 28，非基本元为 x_6, x_5, x_3，取值为 0，基本元取值对应约束条件中的常量，也就是 $x_4 = 18$，$x_2 = 4$，$x_1 = 8$，计算结果与程序输出一致，因此可以验证代码实现是正确的。

6.2.4 代码实现最优解存在性检测

在 6.2.1 小节中提到，并不是任何线性规划系统都存在最优解，同时给出了一个反例。如果在约束条件中，每个常量都大于等于 0，那么线性规划系统肯定有最优解，此时将每个变量选取为 0 即可。

只有当约束条件中的常量有小于 0 的情况时才需要验证系统是否存在最优解。手算一个反例以

便对 6.2.2 小节给出的存在性证明有更深的理解。依然使用 6.2.2 小节给出的例子：

$$\max\{2x_1 - x_2\}$$
$$2x_1 - x_2 \leqslant 2$$
$$x_1 + 5x_2 \leqslant -4$$
$$x_1, x_2 \geqslant 0$$

根据 6.2.2 小节可知，需要引入一个新变量 x_0，同时将线性规划系统修改如下：

$$\max\{-x_0\}$$
$$2x_1 - x_2 - x_0 \leqslant 2$$
$$x_1 + 5x_2 - x_0 \leqslant -4$$
$$x_0, x_1, x_2 \geqslant 0$$

如果原系统存在最优解，那么新系统也存在最优解，而且必须是 $x_0 = 0$。首先将其转换成标准型如下：

$$\max\{-x_0\}$$
$$x_3 = 2 + x_0 - 2x_1 + x_2$$
$$x_4 = -4 + x_0 - x_1 - 5x_2$$
$$x_0, x_1, x_2 \geqslant 0$$

由于第 2 个约束条件能让 x_0 的值增加，因此选中它进行 pivot 变换。变换后整个系统情况如下：

$$\max\{-4 - x_4 - x_1 - 5x_2\}$$
$$x_3 = 2 + x_0 - 2x_1 + x_2$$
$$x_0 = 4 + x_4 + x_1 + 5x_2$$
$$x_0, x_1, x_2 \geqslant 0$$

注意到此时目标函数中已经没有变量对应的系数大于 0，因此算法结束，所有的非基本元取值为 0，基本元取值约束中的常量，于是有 $x_0 = 4$，这与 6.2.2 小节中要求必须有 $x_0 = 0$ 相矛盾，于是给定的线性规划系统没有最优解。

接下来看看如何使用代码实现验证过程。

```python
def is_system_feasible(A, b, c):
    has_to_check = False
    for k in range(len(b)):  #检验是否存在小于 0 的常数
        if b[k] < 0:
            has_to_check = True
            break
    index = 1
    N = []
    B = []
    v = 0
    for i in range(len(A[0])):  #设置非基本元变量的下标
        N.append(index)
        index += 1
    for i in range(len(A)):  #设置基本元的下标
```

```
        B.append(index)
        index += 1
    if has_to_check is False:  #系统存在最优解，返回它的标准形式
        return True
    N_copy = N.copy()
    N_copy.insert(0, 0)   #加入新变量 x0 的下标
    B_copy = B.copy()
    b_copy = b.copy()
    c_copy = [-1, 0, 0]   #目标函数只有一个参数-x0
    A_copy = A.copy()
    for i in range(len(A)):
        A_copy[i].insert(0, -1)   #每个约束条件都添加 x0
    l = k
    (N_copy, B_copy, A_copy, b_copy, c_copy, v) = pivot(N_copy, B_copy, A_copy, b_copy,
c_copy, v, l, 0)   #转换目标函数使得它包含有系数为正的变量
    (N_copy, B_copy, A_copy, b_copy, c_copy, v) = simplex(N_copy, B_copy, A_copy,
b_copy, c_copy, v)
    for i in range(len(B_copy)):
        if B_copy[i] == 0 and b[i] != 0:
            return False
    return True
```

接下来把前面例子中的线性规划系统对应参数输入上面实现的函数中看看代码运行结果。

```
A=[[2, -1], [1, 5]]
c = [2, -1]
b = [2, -4]
v = 0
res = is_system_feasible(A, b, c)
if res is True:
    print("the given system is feasible")
else:
    print("the given system is infeasible")
```

上面代码执行后，输出结果如下：

```
x3 : 6.0, x0 : 4.0, x4 : 0, x1 : 0, x2 : 0, optimal value is :  -4.0
the given system is infeasible
```

可以看到，代码对线性规划系统计算出来的最优结果为-4.0，同时变量 x_0 的取值不是 0，因此根据 6.2.2 小节的结论，给定系统不存在最优解。

6.3　Simplex 算法时间复杂度分析

通过前面章节的描述，可以看到每做一次 pivot 变换，目标函数所得结果可能会增加，可以肯定的是，它的值一定不会减少。每次从目标函数中找到一个系数大于 0 的变量，然后在约束条件中

选取让它增值最少的那个进行 pivot 变换。

当目标函数中不存在变量系数大于 0 的情况时，算法结束，因此只要计算出多少次 pivot 变换能使得目标函数不存在系数大于 0 的变量时，就可以确定算法的时间复杂度。为了确定其执行 pivot 变换的次数，先证明一个定理。

假设有 n 个变量 $x_1, x_2, \cdots, x_n$，I 是变量下标的集合，也就是 $I = \{1, 2, 3, \cdots, n\}$，对于两组各自含有 n 个元素的实数集合 $A = \{a_1, a_2, \cdots, a_n\}$，$B = \{b_1, b_2, \cdots, b_n\}$，同时 r 表示任意实数，如果无论 n 个变量如何取值，式 $\sum_{j \in I} a_j x_j = r + \sum_{j \in I} b_j x_j$ 都能成立，那么有 $a_j = b_j, r = 0$。

首先让 n 个变量全部取值为 0，那么根据式 $\sum_{j \in I} a_j x_j = r + \sum_{j \in I} b_j x_j$，就能得出 $r = 0$。同时让某个变量 $x_j = 1$，其他下标不等于 j 的变量都取值 0，也就是 $x_k = 0, k \neq j$，那么代入公式就有 $a_j = b_j$，由于 j 的值可以取 $1 \sim n$ 内任意值，因此确定有 $a_j = b_j, j \in I$。

接下来就可以确定 Simplex 算法的时间复杂度。假设当线性规划系统转换成标准型后存在 n 个非基本元，同时存在 m 个基本元，那么算法要么在 $\binom{m+n}{m}$ 次 pivot 变换后结束，要么就永远不会结束。

首先可以确定，当线性规划系统处于标准型时，如果基本元的下标不变，那么约束条件等式右边的非基本元系数和常量的取值一定是唯一的。用反证法来看，假设约束条件左边基本元下标确定后，等号右边的非基本元系数和常量有两种不同取值方式。假设第 1 种方式为

$$x_i = b_i - \sum_{j \in N} a_{ij} x_j, i \in B$$

第 2 种方式为

$$x_i = b_i' - \sum_{j \in N} a_{ij}' x_j, i \in B$$

其中 B 是基本元下标的集合，N 是非基本元下标的集合，让两个等式相减就有

$$0 = x_i - x_i = b_i - b_i' - \sum_{j \in N} (a_{ij} - a_{ij}') x_j \to \sum_{j \in I} a_{ij} x_j = (b_i - b_i') + \sum_{j \in I} a_{ij}' x_j, i \in B$$

根据前面证明的定理就有 $b_i - b_i' = 0 \to b_i = b_i'$，并且有 $a_{ij} = a_{ij}'$，也就是说，一旦在标准型下基本元的下标确定后，约束条件右边常量和非基本元对应的系数一定是唯一的。由于每次只需 pivot 变换时，来自非基本元的转入变量在变换后形成基本元，来自原来基本元的转出变量会变成非基本元。

因此基本元的下标集合只能在原来 m 个基本元的下标和 n 个非基本元的下标中进行组合，因此基本元下标的组合方式最多只能有 $\binom{m+n}{m}$ 种不同情况，也就是说，当执行 pivot 的次数一旦超过 $\binom{m+n}{m}$ 次后，基本元的下标一定会产生重复。因此，如果算法不能在 $\binom{m+n}{m}$ 次 pivot 变换中结

束，它将不会结束，因此，Simplex 算法的时间复杂度要么就是 $O\left(\binom{m+n}{m}\right)$，要么就是死循环。

出现死循环的情况非常罕见，但的确会存在这样的特例。看一个具体例子：

$$\max\{2.3x_1 + 2.15x_2 - 13.55x_3 - 0.4x_4\}$$
$$0.4x_1 + 0.2x_2 - 1.4x_3 - 0.2x_4 \leqslant 0$$
$$-7.8x_1 - 1.4x_2 + 7.8x_3 + 0.4x_4 \leqslant 0$$
$$x_i \geqslant 0, i = 1,2,3,4$$

将它转换成标准型就有

$$\max\{2.3x_1 + 2.15x_2 - 13.55x_3 - 0.4x_4\}$$
$$x_5 = 0 - 0.4x_1 - 0.2x_2 + 1.4x_3 + 0.2x_4$$
$$x_6 = 0 + 7.8x_1 + 1.4x_2 - 7.8x_3 - 0.4x_4$$
$$x_i \geqslant 0, i = 1,2,3,4,5,6$$

由于目标函数中第 1 个系数不为 0 的变量是 x_1，同时第 1 个约束条件能让 x_1 的值增加，因此选中它进行 pivot 变换，于是有

$$x_5 = 0 - 0.4x_1 - 0.2x_2 + 1.4x_3 + 0.2x_4 \rightarrow x_1 = 0 - 2.5x_5 - 0.5x_2 + 3.5x_3 + 0.5x_4$$

将变量 x_1 右边替换到目标函数和其他约束条件后得到变换后的线性规划系统为

$$\max\{-5.75x_5 + 1.0x_2 - 5.5x_3 + 0.75x_4\}$$
$$x_1 = 0 - 2.5x_5 - 0.5x_2 + 3.5x_3 + 0.5x_4$$
$$x_6 = 0 - 19.5x_5 - 2.5x_2 + 19.5x_3 - 3.5x_4$$
$$x_i \geqslant 0, i = 1,2,3,4,5,6$$

由于此时在目标函数中第 1 个系数大于 0 的变量是 x_2，同时在两个约束条件中 x_2 都只能取值 0，所以采用任何一个约束条件来做进行 pivot 变换都可以。如果此时选中第 2 个约束条件进行变换，那么变换后的结果为

$$\max\{2.3x_3 + 2.15x_4 - 13.55x_5 - 0.4x_6\}$$
$$x_1 = 0 - 0.4x_3 - 0.2x_4 + 1.4x_5 + 0.2x_6$$
$$x_2 = 0 + 7.8x_3 + 1.4x_4 - 7.8x_5 - 0.4x_6$$
$$x_i \geqslant 0, i = 1,2,3,4,5,6$$

注意到，这次得到的线性规划系统与开始时的系统完全等价，只不过变量的下标不同而已，因此对该系统的后续变换会再次重复前面的步骤，因此 Simplex 算法将会一直循环下去。

解决这种情况的办法叫作布朗登法则，也就是当转出变量在所有约束中的增加值都一样时，选择等号左边变量下标最小的约束条件进行 pivot 变换。

6.4　Simplex 算法必能寻得最优解的证明

在 6.3 节确定了 Simplex 算法的时间复杂度，证明了它要么在给定步骤内结束，要么会死循环般

地运行下去，但是还不能确定，如果 Simplex 算法能结束，那么结束时它是否已经找到了最优解。

本节就要确定，一旦 Simplex 算法能结束，那么结束时它一定找到了最优解。首先介绍一个线性规划系统的等价变换，给定一个线性规划系统，它的目标函数是求最大值，约束条件对应小于等于号。

可以通过一系列变换将目标函数变成求最小值，同时约束条件变成大于等于号。变换的基本步骤是，将原来目标函数中的系数与约束条件中的常量进行相互交换，同时将约束条件中变量参数对应的系数矩阵进行转置。举个具体例子，给定线性规划系统如下：

$$\max\{2x_1 + 0x_2 - 6x_3\}$$
$$1x_1 + 1x_2 - x_3 \leqslant 7$$
$$3x_1 - 1x_2 + 0x_3 \leqslant 8$$
$$-1x_1 + 2x_2 + 2x_3 \leqslant 0$$
$$x_i \geqslant 0, i = 1, 2, 3$$

目标函数的变量系数集合为 $\boldsymbol{c} = [2, 0, -6]$，约束条件的常量集合为 $\boldsymbol{b} = [7, 8, 0]$，变量对应的系数

矩阵为 $\boldsymbol{A} = \begin{bmatrix} 1 & 1 & -1 \\ 3 & -1 & 0 \\ -1 & 2 & 2 \end{bmatrix}$，系数矩阵对应的转置为 $\boldsymbol{A}^{\mathrm{T}} = \begin{bmatrix} 1 & 3 & -1 \\ 1 & -1 & 2 \\ -1 & 0 & 2 \end{bmatrix}$。由此，可以得到它的等价变

换如下：

$$\min\{7y_1 + 8y_2 + 0y_3\}$$
$$1y_1 + 3y_2 - 1y_3 \geqslant 2$$
$$1y_1 - 1y_2 + 2y_3 \geqslant 0$$
$$-1y_1 + 0y_2 + 2y_3 \geqslant -6$$
$$y_i \geqslant 0, i = 1, 2, 3$$

可以严谨地说，对于线性规划系统：

$$\max\{c_1x_1 + c_2x_2 + \cdots + c_nx_n\}$$
$$\sum_{j=1}^{n} a_{ij}x_j \leqslant b_j, i = 1, 2, \cdots, m$$
$$x_j \geqslant 0, 1 \leqslant j \leqslant n$$

其对应的等价变换形式为

$$\min\{b_1y_1 + b_2y_2 + \cdots + b_my_m\}$$
$$\sum_{i=1}^{m} a_{ij}y_i \geqslant c_i, j = 1, 2, \cdots, n$$
$$y_i \geqslant 0, 1 \leqslant i \leqslant m$$

可以证明，等价变换前后的两组线性规划系统拥有相同最优解。我们看变换前系统的目标函数为 $\sum_{j=1}^{n} c_j x_j$，根据变换后线性规划系统的约束条件 $\sum_{i=1}^{m} a_{ij}y_i \geqslant c_i$，把后者代入前者就有 $\sum_{j=1}^{n} c_j x_j \leqslant \sum_{j=1}^{n} \left(\sum_{i=1}^{m} a_{ij}y_i \right) x_j = \sum_{i}^{m} \left(\sum_{j=1}^{n} a_{ij}x_j \right) y_i \leqslant \sum_{i=1}^{m} b_i y_i$。

这意味着变换前线性规划系统任何一组解代入目标函数后所得结果要小于变换后线性规划系统

任何一组解代入目标函数后的结果。所以，如果 $\tilde{x}_1, \tilde{x}_2, \cdots, \tilde{x}_m$ 是变换前线性规划系统的最优解，同时假设 $\tilde{y}_1, \tilde{y}_2, \cdots, \tilde{y}_n$ 是变换后线性规划系统最优解，那么就有 $\sum_{j=1}^{n} c_j \tilde{x}_j \leqslant \sum_{i=1}^{m} b_i \tilde{y}_i$。

可以看到，等价变换前无论变量取任何值，对应的目标函数结果都会小于变换后线性规划系统变量取任何值时所对应的目标函数结果，于是如果两者相等时，也就是当 $\sum_{j=1}^{n} c_j \tilde{x}_j = \sum_{i=1}^{m} b_i \tilde{y}_i$ 成立时，两个线性规划系统都实现了最优结果，也就是前者实现了最大值后者实现了最小值。

由此要想证明，当 Simplex 算法结束时变量值就是最优解，那么只要在等价变换中找到一组变量解，使得它对应目标函数的值等于 Simplex 算法结束时线性规划系统对应目标函数值即可。

假设 Simplex 算法结束时，线性规划系统的形式如下：

$$\max\{v' + \sum_{j \in N} c_j' x_j\}$$

$$x_i = b_i' - \sum_{j \in N} a_{ij}' x_j, i \in B$$

式中，N 对应此时非基本元的下标，B 对应基本元的下标。由于此时是 Simplex 算法结束时的线性规划系统形式，因此目标函数中的变量系数 $c_j \leqslant 0$，此时令

$$y_i = \begin{cases} -c_{n+i} \\ 0 \end{cases} \tag{6.3}$$

那么就能实现 $\sum_{j=1}^{n} c_j \tilde{x}_j = \sum_{i=1}^{m} b_i \tilde{y}_i$。看看一个具体示例，在 6.2.3 小节中用 Simplex 算法解决了下面的线性规划系统：

$$\max\{3x_1 + x_2 + 2x_3\}$$
$$x_1 + x_2 + 3x_3 \leqslant 30$$
$$2x_1 + 2x_2 + 5x_3 \leqslant 24$$
$$4x_1 + x_2 + 2x_3 \leqslant 36$$
$$x_1, x_2, x_3 \geqslant 0$$

此时 $n = 3$，对应的是非基本元的数量。同时该线性规划系统对应的等价变换如下：

$$\min\{30y_1 + 24y_2 + 36y_3\}$$
$$1y_1 + 2y_2 + 4y_3 \geqslant 3$$
$$1y_1 + 2y_2 + 1y_3 \geqslant 1$$
$$3y_1 + 5y_2 + 2y_3 \geqslant 2$$
$$y_i \geqslant 0$$

同时 6.2.3 小节也给出了在 Simplex 算法执行结束时的线性规划系统：

$$\max\left\{28 - \frac{2}{3}x_6 - \frac{1}{6}x_5 - \frac{1}{6}x_3\right\}$$

$$x_4 = 18 + 0x_6 + \frac{1}{2}x_5 - \frac{1}{2}x_3$$

$$x_2 = 4 + \frac{1}{3}x_6 - \frac{2}{3}x_5 - \frac{8}{3}x_3$$

$$x_1 = 8 - \frac{1}{3}x_6 + \frac{1}{6}x_5 + \frac{1}{6}x_3$$

$$x_1, x_2, x_3, x_4, x_5, x_6 \geqslant 0$$

注意看，在等价变换后的系统中位于目标函数中的变量有 3 个，分别是 y_1, y_2, y_3，而线性变换前非基本元的数量是 3，也就是 $n=3$，于是根据前面结论：

$$y_i = \begin{cases} -c_{n+i} \\ 0 \end{cases}$$

有 $y_1 = -c_{3+1} = -c_4 = 0$，因为变量 x_4 不在目标函数中，所以也可以认为它对应的系数在目标函数中取值为 0，同理有 $y_2 = -c_{3+2} = -c_5 = 1/6, y_3 = -c_{3+3} = -c_6 = 2/3$，将其代入目标函数有 $30 \times 0 + 24 \times 1/6 + 36 \times 2/3 = 4 + 24 = 28$。由于满足 $\sum_{j=1}^{n} c_j \tilde{x}_j = \sum_{i=1}^{m} b_i \tilde{y}_i$，根据前面的论证，确定在 Simplex 算法结束时，等价变换前的线性规划系统取得了最优解。

接下来对该结论给出严谨证明。假设原来线性规划系统如下：

$$\max\{c_1 x_1 + c_2 x_2 + \cdots + c_n x_n\}$$

$$\sum_{j=1}^{n} a_{ij} x_j \leqslant b_j, i = 1, 2, \cdots, m$$

$$x_j \geqslant 0, 1 \leqslant j \leqslant n$$

对其执行 Simplex 算法后，在算法结束时所得形式如下：

$$\max\left\{ v' + \sum_{j \in N} c'_j x_j \right\}$$

$$x_i = b'_i - \sum_{j \in N} a'_{ij} x_j, i \in B$$

此时处于目标函数中的变量都属于非基本元，同时变量系数 c'_j 都小于 0。如果把此时的基本元也添加到目标函数，但它们对应的系数为 0，那么目标函数就会变成

$$\max\left\{ v' + \sum_{j \in N} c'_j x_j + \sum_{i \in B} c'_i x_i \right\}, c'_i = 0$$

根据 Simplex 算法步骤，始终让非基本元的取值为 0，因此有

$$\max\left\{ v' + \sum_{j \in N} c'_j x_j + \sum_{i \in B} c'_i x_i \right\} \to \max\left\{ v' + \sum_{j \in N} c'_j * 0 + \sum_{i \in B} 0 * x_i \right\} = v'$$

把 $c_j, j \in N, c_i, i \in B$ 这两个系数集合合并起来就有

$$\max\left\{ v' + \sum_{j \in N \cup B} c'_j x_j \right\} = \max\left\{ v' + \sum_{k=1}^{m+n} c^{m+n}_{k=1} x_k \right\}$$

在实现 Simplex 算法时确定，如果把现在各个变量的取值按照下标一一代入最初线性规划系统的目标函数中，所得结果也是 v'，于是就有

$$\sum_{t=1}^{n} c_t x_t = v' + \sum_{k=1}^{m+n} c_{k=1}^{m+n} x_k$$

把上面公式做个简单拆分，有

$$\sum_{t=1}^{n} c_t x_t = v' + \sum_{k=1}^{m+n} c_{k=1}' x_k = v' + \sum_{k=1}^{n} c_k' x_k + \sum_{j=n+1}^{m+n} c_j' x_j$$

注意到公式中下标大于 n 的那部分系数和变量的乘积 $\sum_{j=n+1}^{m+n} c_j' x_j$，此时可以应用式（6.3）对其进行替换：

$$\sum_{j=n+1}^{m+n} c_j' x_j = \sum_{i=1}^{m} c_{n+i}' x_{n+i} = \sum_{i=1}^{m} -y_i x_{n+i}$$

式中，变量 y_i 是线性规划系统进行等价变换后对应系统在目标函数中的变量。这里又注意到变量 x_{n+i} 不是正对应线性规划系统中的基本元吗？因此它可以用约束条件等号右边的表达式来替换，于是有

$$\sum_{i=1}^{m} -y_i x_{n+i} = \sum_{i=1}^{m} -y_i \left(b_i - \sum_{j=1}^{n} a_{ij} x_j \right) = \sum_{i=1}^{m} -y_i b_i + \sum_{i=1}^{m} \sum_{j=1}^{n} (a_{ij} x_j) y_i$$

把上面公式推导代入原来等式就有

$$\sum_{j=1}^{n} c_j x_j = v' + \sum_{k=1}^{n} c_k' x_k + \sum_{j=n+1}^{m+n} c_j' x_j \rightarrow v' + \sum_{k=1}^{n} c_k' x_k + \sum_{i=1}^{m} -y_i b_i + \sum_{i=1}^{m} \sum_{j=1}^{n} (a_{ij} x_j) y_i$$

$$= \left(v' - \sum_{i=1}^{m} y_i b_i \right) + \left(\sum_{k=1}^{n} c_k' x_k + \sum_{j=1}^{n} \sum_{i=1}^{m} (a_{ij} y_i) x_j \right)$$

$$= \left(v' - \sum_{i=1}^{m} y_i b_i \right) + \left(\sum_{j=1}^{n} (c_j' x_j + \sum_{i=1}^{m} (a_{ij} y_i)) x_j \right)$$

这时再回忆一下 6.3 节中证明的定理，对于式 $\sum_{j \in I} a_j x_j = r + \sum_{j \in I} b_j x_j$，如果对变量 x_j 如何取值都能成立，那么一定有 $r = 0, a_j = b_j$，于是就可以把该定理应用到上面的公式，就有

$$0 = v' - \sum_{i=1}^{m} y_i b_i, c_j = c_j' x_j + \sum_{i=1}^{m} (a_{ij} y_i), j = 1, 2, \cdots, n$$

因此得到 $0 = v' - \sum_{i=1}^{m} y_i b_i \rightarrow v' = \sum_{i=1}^{m} y_i b_i$，同时根据 $c_j = c_j' x_j + \sum_{i=1}^{m} (a_{ij} y_i), j = 1, 2, \cdots, n$，我们注意到系数 $c_j' \leqslant 0$，于是有 $c_j \geqslant \sum_{i=1}^{m} (a_{ij} y_i), j = 1, 2, \cdots, n$，注意到这个不等式恰好对应等价变换后线性规划系统的约束条件，也就是此时变量 y_i 的取值是等价变换后线性规划系统的合法取值。

于是就有 $\sum_{j=1}^{n} c_j x_j = v' = \sum_{i=1}^{m} y_i b_i$，这就意味着当 Simplex 算法运行结束时，获得了原来线性规划系统的最优解。

第7章

图 论

　　如何从起点开始，以最短路径或最短时间抵达目的地，始终是人类永恒的追求。这种追求除了时常在文艺作品中展现外，在算法研究中当然要占据非常重要的位置。这些研究现在已经对我们的生活产生了巨大影响，想想看，现在每天在路上跑的滴滴，依靠的正是图论中的相关算法，以"多，快，好，省"的方式将乘客运送到目的地。

　　因此，"你从哪里来，要到哪里去"，不仅仅是一个哲学问题，更是一个涉及数百亿美元的出行产业问题，既然图论拥有如此巨大的"钱景"，它当然值得我们好好研究。

7.1 深度优先与广度优先

图论实际上是将一系列对象抽象成节点，对象间的连接用连线表示，图论就是要研究点与线组合成的图形所具有的性质，如图 7-1 所示。

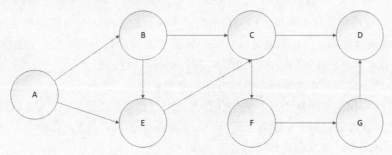

图 7-1 节点连接图示例

从图 7-1 中可以窥见图论要研究的对象。图论要研究的主要是图中节点的拓扑关系，也就是要研究节点如何连接，以及连接所形成的路径有何种性质。在研究图的拓扑性时，一个重要议题就是如何在边的牵引下，遍历所有节点，而图论的所有算法都要基于节点的遍历上。

在图论中节点有两种遍历方式，一种叫作深度优先；另一种叫作广度优先。深度优先遍历是指沿着路径的衍生去访问所遇到的每一个节点。以图 7-1 所示，如果从节点 A 出发，使用深度优先遍历，那么所遍历节点次序如图 7-2 所示。

图 7-2 深度优先遍历节点次序

深度优先遍历的基本思路是"顺藤摸瓜"，从给定路径出发往深处走，直到走到尽头，再依次回溯去寻找其他路径，所以在图 7-2 所示的深度搜索路径中，从节点 A 出发一直走到底就遍历了节点 B、C、D。

走到节点 D 后发现没有出路，然后回退到节点 C，这时发现它有另一条出路，于是就沿着新路径进入节点 F，然后再走到节点 G，此时发现节点 G 的下一步是已经访问过的节点 D，因此再次原路返回直到节点 B。

在节点 B 时又发现它有一条新路径，于是根据路径又进入节点 E，从节点 E 出发发现它进入已经访问过的节点 C，于是原路返回到节点 A，从节点 A 发现它还有一条路径没走过，于是就进入节点 E，发现该点已经访问过了，于是再次返回节点 A，此时发现再也没有新路径可以访问，于是遍历结束。

广度优先遍历的基本思路是，从一个节点开始，先遍历由它出发可以抵达的所有节点，然后再从中选择下一个节点进行下一次遍历。按照广度优先原则，从图 7-1 中的节点 A 出发，遍历节点次序如图 7-3 所示。

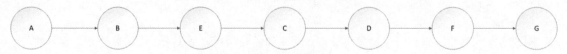

图 7-3　广度优先遍历节点次序

图 7-3 所示是根据广度优先原则进行遍历的节点次序。从节点 A 出发它能抵达两个节点，分别是 B、E，因此先访问这两点。接下来可以从节点 B 或 E 出发，如果先从节点 B 出发，可以抵达两点 E、C，由于节点 E 已经被访问过，因此此次访问到的新节点是 C。

此时节点 B 的下层节点都被访问，因此可以从节点 E 出发，它的下层节点是 C，而且已经被访问过，因此从节点 C 出发访问新节点。从节点 C 出发可以访问两个新节点，分别是 D、F。

假设进入的是节点 D，由于它没有下层节点，因此重新进入节点 F，它的下层节点是 G，由于节点 G 再没有下层节点，因此遍历结束。

深度优先和广度优先这两种遍历方式非常重要，它们是所有图论算法的基础。在 7.2 节将介绍广度优先遍历的重要作用。

扫一扫，看视频

7.2　迪杰斯特拉最短路径算法

如果在节点的连线上标上数字表示两点间的距离，那么自然就会设想如何在给定图中从一点出发以最短路径抵达另一点。假设把图 7-1 修改一下得到图 7-4。

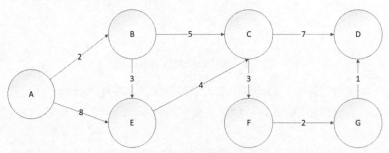

图 7-4　带有长度的路径

如图 7-4 所示，点与点的连线间有数字标明两者之间的距离，假设从节点 A 出发抵达节点 G，如何走才能使得路径最短？不言而喻找到合适的算法非常重要。有了算法，当滴滴司机接单时，后台就会使用算法计算出乘客上车时间与目的地间的最短路径，于是司机就能节省油费，乘客就能节省时间。

从图 7-4 中可以看到一种现象，从节点 A 到节点 E 的距离是 8，如果先从节点 A 到节点 B，然后再从节点 B 到节点 E，此时距离是 5，这意味着当从起始节点出发抵达某个节点时，有可能会找到从起始节点到另一个节点的最短路径。

　　从该想法出发，可以得到迪杰斯特拉最短路径算法。算法流程图如图 7-5 所示。

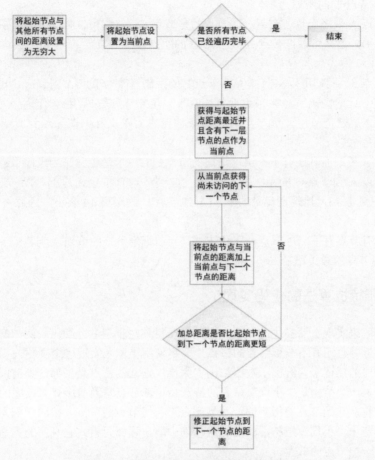

图 7-5　迪杰斯特拉最短路径算法流程图

　　将算法作用到图 7-4，看看从节点 A 开始如何计算它到其他节点的最短路径。首先把节点 A 与其他节点的距离初始化为无穷大，同时将节点 A 作为当前点。从节点 A 出发抵达它的下一个连接点，假设是节点 E。

　　此时当前节点是 A，起始节点是 A，于是当前节点与起始节点的距离是 0，当前节点与下一个节点 E 的距离是 8，于是把起始节点 A 到节点 E 的距离更改为 8，然后继续遍历当前节点的下一个连接点，也就是 B，由于当前点到节点 B 的距离是 2，因此把起始节点到节点 B 的距离修改为 2。

　　此时获得距离起始节点最近的节点是 B，遍历节点 B 的下一个连接点。如果先遍历节点 E，此时起始节点到当前节点 B 的距离是 2，当前节点 B 到节点 E 的距离是 3，距离加总就是 5，于是把起始节点 A 到节点 E 的距离从 8 修改为 5。

　　继续从节点 B 访问它的下一个连接点，此时应该访问节点 C，同理把起始节点 A 到节点 C 的距离从无穷大修改为从节点 A 到节点 B 的距离加上从节点 B 到节点 C 的距离，也就是 7，此时节点 E 还有下一层节点也就是节点 C，但从起始节点 A 到达节点 E 再到达节点 C 的距离是 9，因此只需保留起始节点 A 到节点 C 的距离为 7。

此时距离节点 A 最短而且还有下一层节点的是节点 C，从它可以抵达的下一层节点有 D 和 F，如果先抵达节点 D，那么可以把节点 A 到节点 D 的距离修改为节点 A 到节点 C 再到节点 D 的距离之和，也就是 14。

接着进入节点 F，同理可以将节点 A 到节点 F 的距离修改为节点 A 到节点 C 再到节点 F 的距离之和，也就是 10。此时距离节点 A 最近而且还有下一层的节点是 F，将它作为当前节点，节点 F 的下一层节点是 G，于是把节点 A 到节点 G 的距离从无穷大修改为从节点 A 到节点 F 再到节点 G 的距离之和，也就是 12。

此时与节点 A 最近而且还有下一层可访问的节点是 G，于是将它作为当前节点，它的下一层节点是 D，此时节点 A 到节点 G 的距离是 12，节点 G 到节点 D 的距离是 1，于是从节点 A 到节点 G 再到节点 D 的距离是 13，比现在记录的节点 A 到节点 D 的距离 14 要小，因此将节点 A 到节点 D 的距离修改为 13。

这时再也没有节点有下一层节点，算法结束，当前记录下来的节点 A 到其他各个节点的距离就是节点 A 到其他节点的最短路径。

7.2.1 迪杰斯特拉算法的代码实现

本小节用代码来实现上面描述的算法。这里需要对某些步骤进行细化，例如怎么执行"获得离起始节点距离最近并且还有下一层节点的节点"。将使用小堆来实现这个步骤。

在前面堆排序的描述中，给出了数据结构"大堆"，它的特点是顶部是当前所有节点中的最大值，同理对应的另一个结构是"小堆"，它的特点是顶部节点是当前所有节点中的最小值。

于是就可以将从起始节点遍历到的，并且还有下一层节点的节点，按照它们与起始节点的距离进行堆排序，构造出"小堆"结构，然后每次从堆中取出顶部元素，它对应的就是与起始节点距离最短而且还有下一层节点的节点。

首先要用数据结构来描述图 7-4 所对应的图信息，例如记录节点间的连接路径等。相应代码如下：

```
vertex_list = ['A', 'B', 'E', 'C', 'F', 'D', 'G']   #记录图中所有节点
graph = {}   #记录节点与节点的连接关系
graph['A'] = ['B', 'E']
graph['B'] = ['C', 'E']
graph['E'] = ['C']
graph['C'] = ['D', 'F']
graph['F'] = ['G']
graph['G'] = ['D']
graph['D'] = ['D']
edges = {}   #记录边长度
edges[('A', 'B')] = 2
```

```
edges[('A', 'E')] = 8
edges[('B', 'E')] = 3
edges[('B', 'C')] = 5
edges[('E', 'C')] = 4
edges[('C', 'F')] = 3
edges[('C', 'D')] = 7
edges[('G', 'D')] = 1
edges[('F', 'G')] = 2
edges[('D', 'D')] = 0
```

在上面的代码中，使用 graph 记录给定节点与其他节点的连接关系，使用 edges 记录图中边的长度。为了方便，如果某个节点没有与其他节点有连接，就认为它自己连接自己。例如，节点 D 在图中没有与其他节点相连，但在上面代码中设置它与自己相连，连接路径的长度为 0。

接下来看看迪杰斯特拉算法的实现。

```
from heapdict import heapdict
import sys
def Dijkstra(s, vertex_list,graph, edges):
    hd = heapdict()
    distance_map = {}  #记录起始节点到其他所有节点的最短路径
    for v in vertex_list:  #将起始节点与其他节点的距离加入小堆
        if v == s:
            hd[(s, v)] = 0
distance_map[(s, v)] = 0
        else:
            hd[(s, v)] = sys.maxsize
            distance_map[(s, v)] = sys.maxsize
    edge = hd.peekitem()
    while edge is not None:
        points_in_edge = edge[0]
        second_point = points_in_edge[1]
        update = False
        for connect_point in graph[second_point]:
            edge_len = edges[(second_point, connect_point)]
            if hd[(s, second_point)] + edge_len < distance_map[(s, connect_point)]:
                print("path from {0} to {1} to {2} is shorter with length {3}".format(s,
second_point, connect_point, hd[(s, second_point)] + edge_len))
                hd[(s, connect_point)] = hd[(s, second_point)] + edge_len
                distance_map[(s, connect_point)] = hd[(s, second_point)] + edge_len
                update = True
        if update == False:  #一旦堆元素有更新时不能把顶部元素弹出，因为被更新后的元素可能恰
好处于堆顶
            hd.popitem()
        if hd.__len__() == 0:
            edge = None
        else:
```

```
        edge = hd.peekitem()
    return distance_map
```

上面代码根据前面描述的迪杰斯特拉算法逻辑进行编码实现，其中使用 heapdict 来执行"小堆"功能。一开始设置一条虚拟路径，那就是起始节点到起始节点的路径，将其设置为 0。

然后代码将起始节点与其他所有节点的路径长度设置为最大值 maxsize，再从 heapdict 中获取起始节点到其他节点的最短路径，while 循环第一次执行时，拿到的边就是('A','A')。

接着代码拿出边的第 2 个点作为当前节点，然后查找与该节点相连的其他节点，再计算起始节点到当前节点的距离加上当前节点到下一个连接节点的距离之和是否小于起始节点到下一个连接节点的距离，如果是，那么就将起始节点到下一个连接节点的距离修改为从起始节点到当前节点的距离加上当前节点到下一层节点的距离之和。

调用上面函数计算一下起始节点 A 到其他节点的最短路径：

```
distances = Dijkstra('A', vertex_list, graph, edges)
for key in distances.keys():
    print("the shortest distance from {0} to {1} is {2}".format(key[0], key[1],
distances[key]))
```

上面代码运行后，输出结果如下：

```
path from A to A to B is shorter with length 2
path from A to A to E is shorter with length 8
path from A to B to C is shorter with length 7
path from A to B to E is shorter with length 5
path from A to C to D is shorter with length 14
path from A to C to F is shorter with length 10
path from A to F to G is shorter with length 12
path from A to G to D is shorter with length 13
the shortest distance from A to B is 2
the shortest distance from A to E is 5
the shortest distance from A to C is 7
the shortest distance from A to D is 13
the shortest distance from A to F is 10
the shortest distance from A to G is 12
```

从上面输出结果可以看出，起始节点与其他节点最短路径的更新变换，代码最后打印出起始节点到其他节点的最短路径，它与在之前的分析结果完全一致，由此确定程序实现逻辑是正确的。

7.2.2　迪杰斯特拉算法的正确性与效率

从前两节对迪杰斯特拉算法的解释和实现中可以发现，它的思想与前面讲过的动态规划非常像。假设从起始节点 A 出发，要计算它到节点 F 的最短路径，在抵达节点 F 之前必须先抵达若干个节点，假设为 C、D、E，如图 7-6 所示。

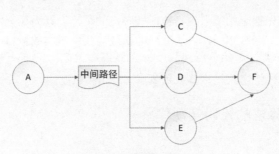

图 7-6　途经路径示意图

从图 7-6 中可以看到，要从起始节点 A 到达节点 F，在经过一系列中间路径后，必须先经过 3 个节点 C、D、E 才能抵达节点 F。迪杰斯特拉算法的做法是，先找到节点 A 到节点 C、D、E 的最短路径，然后再用 3 个最短路径加上每个节点与节点 F 之间的距离，并从中选出最小者，这种想法与前面讲述的动态规划不谋而合。

如果用 PATH(A,C,F) 表示从节点 A 开始经过节点 C 再到节点 F 的路径长度，假设 PATH(A,C,F)> PATH(A,D,F)>PATH(A,E,F)，如果算法首先遍历路径 A→C→F，在接下来执行时如果遍历到路径 A→D→F，那么代码块：

```
if hd[(s, second_point)] + edge_len < hd[(s, connect_point)]:
        print("path from {0} to {1} to {2} is shorter with length {3}".format(s,
second_point, connect_point, hd[(s, second_point)] + edge_len))
        hd[(s, connect_point)] = hd[(s, second_point)] + edge_len
        distance_map[(s, connect_point)] = hd[(s, second_point)] + edge_len
```

在执行时就会把节点 A 到节点 F 的最短路径修改为路径 A→D→F 的长度。同理，当后面遍历到路径 A→E→F 时，上面代码块又会将节点 A 到节点 F 的路径长度修改成 A→E→F 的路径长度，因此算法最终能正确计算起始节点到给定节点的最短路径。

由于算法首先将起始节点与其他节点的距离进行堆排序，如果用 $|V|$ 表示图中节点的数量，那么这一步对应的时间复杂度为 $O(|V|*\lg(|V|))$。接下来每次从小堆上弹出最小值对应的节点，遍历该节点发出的边。

如果用 $|E|$ 表示图中的边数量，那么每次遍历一条边时都有可能调整起始节点到给定节点的距离，而调整使得堆内元素进行排列，这个过程对应的时间复杂度是 $O(\lg(|V|))$，因此 while 循环结束后，用于堆调整的时间复杂度是 $O(|E|*\lg(|V|))$，由此算法的总时间复杂度为 $O((|V|+|E|)*\lg(|V|))$。

7.3　贝尔曼-福德算法

扫一扫，看视频

迪杰斯特拉算法存在一个问题，那就是所有边对应的距离必须是正数，如果有存在负数的边，它就可能出问题。贝尔曼-福德算法能解决图中任意两点的最短路径问题，即使某条路径中对应的长度是负数。

算法的基本思想是，先把起始节点到其他所有节点的距离设置为无穷大，然后执行两个循环，外层循环的次数与图中的节点数相同，内层循环的次数与图中边的数量相同，在内层循环中，每遍历到一条边 (u,v) 时，算法判断起始节点到节点 u 的距离加上边 (u,v) 的长度是否小于起始节点到节点 v 的距离，如果是，那么就修改起始节点到节点 v 的距离长度。

7.3.1 贝尔曼-福德算法的代码实现

假设给定的效果如图 7-7 所示。

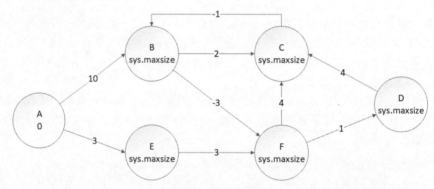

图 7-7　节点连接图

在图 7-7 中，除了给定节点对应标号，也就是 A,B,…,F 外，每个节点中还给出了起始节点到该节点的最短路径，一开始除了起始节点到它自己的距离为 0 外，起始节点到其他节点的距离都初始化为无穷大，由于图中总共有 6 个节点 9 条边，因此外层循环有 6 次，内层循环有 9 次。

在第 1 次内层循环时，假设遍历到的边为(B,C),(C,D),(C,B),…,(A,B),(A,E)，当访问边（B,C）时，由于此时节点 A 到节点 B 的距离是无穷大，即使边(B,C)长度是 2，无穷大加上 2 还是无穷大，因此遍历该边后，节点 A 到节点 C 的距离依然是无穷大。

直到遍历到最后两条边(A,B),(A,E)时，由于节点 A 到节点 A 的距离是 0，此时就能将节点 A 到节点 B 和节点 E 的距离进行更新。结果如图 7-8 所示。

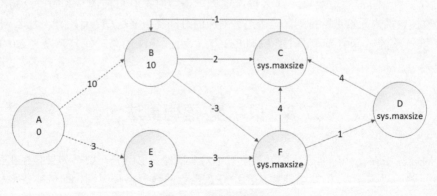

图 7-8　节点距离更新

在图 7-8 中，边(A,B),(A,E)变成了虚线，表明算法遍历这两条边产生了效果，节点 B、E 对应的值从 sys.maxsize 转变为 10,3，也就是节点 A 到这两个节点的距离从无穷大缩小成 10,3。此时第 2 次遍历时，如果边(B,C),(B,F),(E,F)最后被遍历到，那么起始节点 A 到这些节点的距离就变成了 (A,F) → 6, (A,C) → 12，以此类推，当外层 6 次循环结束后，起始节点到所有节点的最短路径都能确定。

先给出算法的代码实现，然后再考虑算法的正确性。先按照图 7-8 进行初始化工作。

```
vertex_list = ['A', 'B', 'E', 'C', 'F', 'D']  #记录图中所有节点
edges = {}  #记录边长度
edges[('A', 'B')] = 10
edges[('A', 'E')] = 3
edges[('B', 'C')] = 2
edges[('B', 'F')] = -3
edges[('C', 'B')] = -1
edges[('E', 'F')] = 3
edges[('F', 'C')] = 4
edges[('F', 'D')] = 1
edges[('D', 'C')] = 4
```

接着实现算法并将算法作用到图 7-8 上。

```
def bellman_ford(s, vertex_list, edges):
    distance = {}
    for v in vertex_list:  #将起始节点与其他节点的距离设置为无穷大
        if v == s:
            distance[(s, v)] = 0
        else:
            distance[(s, v)] = sys.maxsize
    for i in range(len(vertex_list)):  #外层循环对应图中节点的数量
        for edge in edges.keys():  #内层循环对应图中边的数量
            u = edge[0]
            v = edge[1]
            if distance[(s, u)] < sys.maxsize and distance[(s, u)] + edges[edge] <
distance[(s, v)]:
                distance[(s, v)] = distance[(s, u)] + edges[edge]
                print("from {0} to {1} then to {2} can be shorter with distance
{3}".format(s, u, v, distance[(s, v)]))
        for edge in edges.keys():  #检测是否有"负环"生成
        u = edge[0]
        v = edge[1]
        if distance[(s, v)] > distance[(s, u)] + edges[edge]:
            return None
    return distance
distances = bellman_ford('A', vertex_list, edges)
for d in distances.keys():
print("the shortest path from A to {0} is {1}".format(d[1], distances[d]))
```

上面代码运行后，输出结果如下：

```
from A to A then to B can be shorter with distance 10
from A to A then to E can be shorter with distance 3
from A to B then to C can be shorter with distance 12
from A to B then to F can be shorter with distance 7
from A to E then to F can be shorter with distance 6
from A to F then to C can be shorter with distance 10
from A to F then to D can be shorter with distance 7
from A to C then to B can be shorter with distance 9
the shortest path from A to A is 0
the shortest path from A to B is 9
the shortest path from A to E is 3
the shortest path from A to C is 10
the shortest path from A to F is 6
the shortest path from A to D is 7
```

注意看输出，一开始程序计算出起始节点 A 到节点 C 的距离是 12，随着循环的进行，程序又将节点 A 到节点 C 的距离修正为 10，最后算法计算出起始节点 A 到其他节点的最短路径如图 7-9 所示。

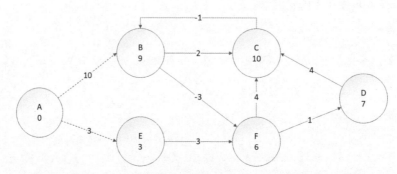

图 7-9　算法计算出起始节点到各节点的最短路径

由于算法有两层循环，外层循环的次数为图中节点的个数，内层循环的次数对应图中的边数，因此算法的时间复杂度为 $O(|E|*|V|)$。在代码实现中需要注意，由于存在数值为负的边，因此有可能形成"负环"，也就是多条边形成回路，而且边长加总为负。

当存在"负环"时，节点不存在最短路径。因为我们可以在"负环"上无限循环从而使得两节点距离趋向于无穷小，因此在代码实现中也注意检查"负环"是否存在。当算法循环结束后，发现从起始节点到节点 v 的距离比起始节点到节点 u 加上节点 u 到节点 v 的距离还大时，意味着"负环"的存在。

7.3.2　贝尔曼-福德算法用于金融套利

在任意时刻，金融市场上给出的各国货币汇率各不相同，假设此刻 1 美元可以兑换 49 印度卢比，1 印度卢比可以兑换 2 日元，而 1 日元就可以兑换 0.0107 美元，如果用 1 美元购买 49 卢比，然后再将它全部购买日元，最后用日元换回美元所得结果为 1×49×2×0.0107=1.0486（美元）。

注意到拿 1 美元兑换一圈之后所得回报为 4.86%，这意味着如果你的资金够多，又有好方法找到这样的兑换路径，那么使用资金按照路径反复滚动就能获得非常丰厚的利润，而贝尔曼-福德算法恰恰是找到这种路径的好方法。

假设市场上有 n 种货币，用符号 $c_1, c_2, \cdots, c_n$ 表示，用 $R[i,j]$ 表示货币 c_i 与货币 c_j 之间的汇率，如果存在一条套利路径，那么意味着能找到某种货币的兑换次序，如 $c_{i1}, c_{i2}, \cdots, c_{ik}$，使其满足公式：

$$R[i_1,i_2] * R[i_2,i_3] * \cdots * R[i_k,i_1] > 1 \tag{7.1}$$

问题在于怎么找到满足式（7.1）的货币组合呢？先把式（7.1）两边取对数有

$$\lg(R[i_1,i_2] * R[i_2,i_3] * \cdots * R[i_k,i_1]) > \lg(1) \rightarrow \lg(R[i_1,i_2]) + \lg(R[i_2,i_3]) + \cdots + \lg(R[i_k,i_1]) > 0$$
$$\rightarrow (-\lg(R[i_1,i_2])) + (-\lg(R[i_2,i_3])) + \cdots + (-\lg(R[i_k,i_1])) < 0 \tag{7.2}$$

也就是将乘法通过取对数的方式转换为加法，注意到前面计算路径长度时，路径的总长度是将组成路径的每条边的长度进行加总，这一点提示我们可以使用贝尔曼-福德算法来解决。

把每种货币看作图中的一个节点，任何两种可以相互兑换的货币就是相连的两个节点，两点间的距离就是两者汇率取对数后的相反数，同时增加一个新节点 s 作为起始节点，它可以抵达图中任何节点 v，并且设置边 (s,v) 的长度为 0。

然后在形成的图上运行贝尔曼-福德算法，计算从节点 s 到所有节点的最短路径。如果发现有"负环"存在，那意味着式（7.2）成立，于是就能找到套利路径；反之，则不存在套利路径。

读者可以自己尝试用代码实现一下这个问题的解决方案。

7.3.3　贝尔曼-福德算法的正确性

在前面章节中，通过代码实现及手动计算得出算法的确能找到图中给定两点的最短路径，但是我们没有在逻辑上确定算法找到的距离的确是起始节点到给定节点的最短路径。在本小节中将证明算法是可靠的。

在代码实现中，使用 distance[(s,v)] 表示当前程序计算得到的 s 和 v 两点之间的距离，如果用 shortest_path[(s,v)] 表示起始节点 s 到给定节点 v 的最短路径，首先证明不等式 distance[(s,v)] $\geqslant$ shortest_path[(s,v)] 在程序运行的任何时刻都保持成立。

用归纳法来证明这个结论。在 7.3.1 小节的代码实现中可以看到，代码主体是两个循环嵌套，最外层循环次数为 $|V|$，最内层循环次数为 $|E|$，总循环次数为 $|V|*|E|$，我们要证明的就是经过这么多次循环后，不等式依然成立。

首先在循环开始前，使用如下代码将起始节点到自身的距离初始化为 0，将起始节点到其他节点的距离初始化为无穷大。

```
for v in vertex_list:    #将起始节点与其他节点的距离设置为无穷大
    if v == s:
        distance[(s, v)] = 0
    else:
        distance[(s, v)] = sys.maxsize
```

　　可以把上面的初始化代码认为是循环第 0 次时的状况，此时如果起始节点 s 与给定节点 v 存在连通路径，那么两点间的距离肯定小于无穷大，特别是两点间的最短路径一定小于无穷大，但此时 distance[(s, v)]的值被设置成无穷大，因此有 distance[(s, v)] ⩾ shortest_path[(s, v)]，如果 s 和 v 之间没有连通路径，那么也可以认为两者之间的最短路径为无穷大，因此无论如何不等式成立。

　　假设不等式在程序循环 $n-1$ 次后还成立，在第 n 次循环时，如果 distance[(s, v)]的值有变动，那么程序一定是执行了语句：

```
distance[(s, v)] = distance[(s, u)] + edges[edge]
```

　　根据假设，在第 $n-1$ 次循环时不等式成立，那么意味着有 distance[(s, u)] ⩾ shortest_path[(s, u)]，因此上面语句执行后有

```
distance[(s,v)]=distance[(s,u)]+edges[edge] ⩾ shortest_path(s,u)+edges[edge]
```

　　由于 edges[edge]对应的是边 (u, v) 的长度，shortest_path(s, u) 对应的是 s 到 u 的最短路径，那么 s 到 v 的最短路径肯定小于等于 s 到 u 的最短路径加上 u 到 v 的距离，因此有 shortest_path(s, u) + edges[edge] ⩾ shortest_path[(s, v)]，于是在第 $n+1$ 次循环后不等式依然成立。

　　根据归纳法，在程序循环 $|V|*|E|$ 次后不等式依然成立，也就是说，即使在程序结束时，该不等式依然成立。由于始终有 distance[(s, v)] ⩾ shortest_path[(s, v)]，一旦等号成立，那么 distance[(s, v)]的值就不会再减少，同时由于代码判断语句：

```
if distance[(s, u)] < sys.maxsize and distance[(s, u)] + edges[edge] < distance[(s, v)]:
```

　　因此 distance[(s, v)]的值只能减少而不能增加，由此一旦等号成立后，不管程序如何运行，distance[(s, v)]的值始终等于节点 s 和 v 之间的最短路径。

　　接着证明，如果起点 s 到终点 v 的所有路径中不存在环，同时假设最短路径为 $s = v_0, v_1,$ $v_2, \cdots, v_{n-1}, v$，当最短路径中每一条边 (v_{i-1}, v_i) 按次序执行如下代码：

```
if distance[(s, u)] < sys.maxsize and distance[(s, u)] + edges[edge] < distance[(s, v)]:
        distance[(s, v)] = distance[(s, u)] + edges[edge]
```

　　一旦完成执行后就有 distance[(s, v_i)]=shortest_path[(s, v_i)]。首先当第 0 次执行时 $s = v_0$，而且已经在初始化时设置 distance[(s, s)]=0，由于每个点到其自身的最短路径就是 0，因此在第 0 次循环时，已经有 distance[(s, v_0)]=shortest_path[(s, v_0)]=0。

　　根据假设，第 $k-1$ 条边通过上面代码块执行后，distance[(s, v_{k-1})]已经等于起始节点 s 到节点 v_{k-1} 的最短路径。不难证明，从起始节点开始经过最短路径上每一点 v_i 时所经过的距离就是起始节点到 v_i 的最短路径。

　　因此，s 到 v_k 的最短路径就等于 s 到 v_{k-1} 的最短路径加上边 (v_{k-1}, v_k) 的长度。于是当程序遍历边 (v_{k-1}, v_k)，并执行语句：

```
distance[(s, v)] = distance[(s, u)] + edges[edge]
```

就有 distance[(s, v_k)]–distance[(s, v_{k-1})]+(v_{k-1}, v_k)，根据归纳法的推理，此时有 distance[(s, v_{k-1})]=shortest_path[(s, v_{k-1})]，于是有 distance[(s, v_k)]=shortest_path[(s, v_{k-1})]+(v_{k-1}, v_k) =shortest_path

$[(s, v_k)]$，根据前面的论证，一旦 distance$[(s, v_{k-1})]$ 等于 shortest_path$[(s, v_k)]$ 后，它的值将不再变化，因此直到程序结束，始终有 distance$[(s, v_{k-1})]$=shortest_path$[(s, v)]$。

同时最短路径最多含有 $|V|-1$ 条边，因为超过 $|V|-1$ 条边，路径就会形成环，这与前面假设最短路径不包含环矛盾。由于代码有两层循环，最外层循环是 $|V|$ 次，最内层循环是 $|E|$ 次，因此每次内层循环执行时，都将所有边用于执行前面的 if 代码块。

因此第 1 次循环结束后，边 (v_0, v_1) 就经过了 if 代码块的执行，于是就有了 distance$[(s, v_1)]$=shortest_path$[(s, v_1)]$。第 2 次内层循环时，因为代码又将 if 代码块执行到所有边上，于是就有了 distance$[(s, v_2)]$=shortest_path$[(s, v_2)]$，于是在最后一次循环时就有了 distance$[(s, v_n)]$=shortest_path$[(s, v_n)]$，所以算法最终能获得起点 s 到给定终点的最短路径。

7.3.4　贝尔曼-福德算法的改进

贝尔曼-福德算法的时间复杂度为 $|V|*|E|$，如果图中节点的数量和边的数量都比较大，算法的运行效率就会慢。本小节介绍如何改进该算法的执行效率。

把图中每个节点进行编号，如图 7-10 所示。

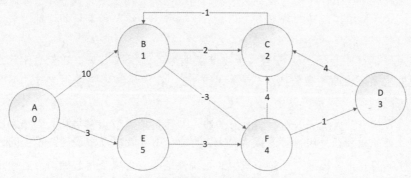

图 7-10　节点编号

注意图 7-10 的节点中包含数字表示节点对应编号。此时把图中的边分成两组，第 1 组边的起点编号小于终点编号，第 2 组边的起点编号大于终点编号。例如，图 7-10 中的边就可以分成两组，分别为(A,B),(A,E),(B,C),(B,F)以及(C,B),(D,C),(F,D),(F,C),(E,F)。

如果把图 7-10 按节点编号次序排列成一行，然后将第 1 组边绘制在上方，第 2 组边绘制在中间或下方，如图 7-11 所示。

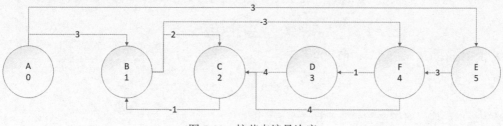

图 7-11　按节点编号次序

根据图 7-10，得到起始节点 A 到终节点 D 的最短路径为(A,E),(E,F),(F,D)，结合图 7-11 发现，最短路径中边(A,E)位于图 7-11 的上方路径，边(E,F),(F,D)都位于图的中间路径。

如果在内层循环遍历边时，先按照节点编号从小到大遍历图 7-11 上方路径，再根据节点编号从大到小遍历中间路径和下方路径，那么第 1 次循环就能依次遍历边(A,E),(E,F),(F,D)，也就是一次循环就能得到起始节点 A 到终节点 D 的最短路径。

可以将这个性质扩展到所有的图形，对给定任意图形，将起始节点编号成 0，其他点可以任意编号，那么就可以像图 7-11 那样改造编号后的图。假设起始节点 s 到给定节点 v 的最短路径为 $s = v_0, v_1, \cdots, v_{n-1}, v_n = v$。

考虑相邻两条边 $(v_{i-1}, v_i),(v_i, v_{i+1})$ 出现反转的情况，也就是上一条边位于改造后图的上方，下一条边位于改造后图的中间或下方，或者是上一条边位于改造后图的中间或下方，下一条边位于改造后图的上方。

如果最短路径中不存在这种反转，那么依照节点的编号从小到大遍历一次上方的边，然后再依照编号从大到小遍历中间和下方的边，按照 7.3.3 小节的论证，一次遍历之后就能得到起始节点与给定节点的最短路径。

现在得考虑最短路径中存在相邻边多次反转的情况。由于路径中有 $|V|-1$ 条边，因此最多可以形成 $|V|-2$ 次反转，把出现反转的情况中，起始节点编号小于终节点编号的边抽出来，它们的数量最多不超过 $(|V|-2)/2$ 条。

同理，将反转情况中起始节点编号大于终节点编号的边提取出来，数量也不超过 $(|V|-2)/2$ 条。于是在最外层循环将循环次数从 $|V|$ 减少到 $|V|/2$，在内层循环中遍历边时，不再依靠任意次序对边进行遍历。

按照节点编号从小到大遍历改造后图上方的边，然后再按照节点编号从大到小遍历改造后图中间或下方的边，如此只要在外层循环次数为 $|V|/2$ 的情况下，就可以将最短路径中的边按照最短路径中的排列次序遍历一次。根据 7.3.3 小节中的正确性证明，可以获得起始节点到给定节点的最短路径，此时算法的时间复杂度为 $O(|V|*|E|/2)$，相对于原来而言，效率改进了 1 倍。

7.4 卡普均值最小回路算法

扫一扫，看视频

给定一个含有环的有向图，找出图中所有的环并计算其路径长度，然后除以环的边数，所得结果称为环的平均值。如果用 $c = \{e_1, e_2, \cdots, e_n\}$ 表示环包含的边集合，那么环的平均值就表示为

$$u(c) = \frac{1}{n} \sum_{i=1}^{n} \text{len}(e_i)$$

式中，$\text{len}(e_i)$ 表示边 e_i 对应的长度。用

$$u(c^*) = \min_{c} \frac{1}{n} \sum_{i=1}^{n} \text{len}(e_i)$$

表示环的最小均值，问题在于如何计算这个值。

7.4.1 均值最小回路算法的原理

首先可以确定，如果图中均值最小的环其值为 0，那么图中不包含负环。假设图中负环为 $c' = \{e'_1, e'_2, \cdots, e'_n\}$，由于是负环，那么所有边加总为负数，也就是 $\sum_{i=1}^{n} e'_i < 0$，显然将所有边加总后再除以边的数量依然得负值：

$$u(c') = \frac{1}{n} \sum_{i=1}^{n} e'_i < 0$$

这显然就与均值最小的环值为 0 相矛盾。如果用 shortest_path[$(s,v),k$] 表示起点为 s、终点为 v 的边数正好是 k 的路径中最小那条，如果 s,v 之间不存在包含 k 条边的路径，那么 shortest_path[$(s,v),v$] 等于 sys.maxsiz，于是就有

$$\text{shortest\_path}[\,(s,v)\,] = \min_{0 \leqslant k \leqslant n-1} \text{shortest\_path}[\,(s,v),k\,] \tag{7.3}$$

假设从 s 到 v 的最短路径不止一条，那么可以选取包含边数最少的那条，于是式（7.1）就能满足。为了标记方便，用符号 $\lambda_k(s,v)$ 表示 shortest_path[$(s,v),k$]，$\lambda(s,v)$ 表示 shortest_path[(s,v)]，如果图中环的均值最小为 0，那么有

$$\max_{0 \leqslant k \leqslant |V|-1} \frac{\lambda_{|V|}(s,v) - \lambda_k(s,v)}{|V| - k} \geqslant 0 \tag{7.4}$$

看式（7.4）的左边，由于 $\lambda_{|V|}(s,v)$ 与变量 k 无关，因此式（7.4）左边要取得最大值，就需要选取 k，使得 $\lambda_k(s,v)$ 取得最小值。根据式（7.3），当 k 等于从 s 到 v 最短路径的边数时，它能取得最小值。

由于环的最小均值为 0，根据前面论证，图中不可能包含负环，因此 s 到 v 的最短路径所包含的边的数量不超过 $|V|-1$，因此有 $k \leqslant |V|-1$，有 $|V|-k \geqslant 1$，无论 k 取何值。同时 $\lambda_{|V|}(s,v)$ 表示从 s 出发抵达 v 的包含 $|V|$ 条边的路径，该路径的长度一定大于等于最短路径长度，于是有 $\lambda_{|V|}(s,v) - \lambda_k(s,v) \geqslant 0$，因此式（7.4）成立。

假设图中环的最小均值为 0，同时 $c = \{e_1, e_2, \cdots, e_n\}$ 是一条环并且环中所有路径长度加总的值为 0，也就是 $\sum_{i=1}^{n} e_i = 0$。同时令 u,v 是环上的任意两点，并假设沿着环从 u 到 v 的路径长度为 x，那么有

$$\lambda(s,v) = \lambda(s,u) + x \tag{7.5}$$

注意到 u,v 在边的长度之和为 0 的环上，沿着环 u 到 v 的边的长度之和为 x，那么沿着环从 v 到 u 的边的长度之和就是 $-x$。给定起始节点 s，它到节点 v 的最短路径长度就是 $\lambda(s,v)$，沿着这条最短路径先从 s 抵达 v，然后再沿着环从 v 抵达 u，那么这条路径的长度就是 $\lambda(s,v) - x$。

由于这条从 s 抵达 u 的路径长度一定大于等于 s 到 u 的最短路径，因此有

$$\lambda(s,v) - x \geqslant \lambda(s,u) \tag{7.6}$$

同理，从起始节点 s 到 u 的最短路径为 $\lambda(s,u)$，如果沿着这条最短路径从 s 抵达 u，然后再沿着环 c 从 u 抵达 v，于是这段路径的距离长度就是 $\lambda(s,u) + x$，显然这条路径的长度一定大于等于从 s

到 u 的最短路径长度，于是有

$$\lambda(s,u)+x \geqslant \lambda(s,v) \tag{7.7}$$

把式（7.6）和式（7.7）结合起来就有

$$\lambda(s,v) = \lambda(s,u)+x \tag{7.8}$$

假设给定图中环的最小均值是 0，那么在均值为 0 的环上，肯定存在一点 v，使得下面公式成立：

$$\max_{0 \leqslant k \leqslant n-1} \frac{\lambda_{|V|}(s,v) - \lambda_k(s,v)}{n-k} = 0 \tag{7.9}$$

注意看式（7.9）中分子的 $\lambda_{|V|}(s,v)$，它表示从起始节点 s 经过 $|V|$ 条边抵达 v 的所有路径中路径最短那条。由于总共只有 $|V|$ 个节点，两点间的路径如果不包含环，那么路径中的边数一定会小于等于 $|V|-1$。

由于 $\lambda_{|V|}(s,v)$ 表示的路径含有的边数为 $|V|$，因此这条路径肯定包含了一个环。为了找到满足条件的点 v，选定均值为 0 的环上任意一点 u，先从起点 s 找到抵达 u 的最短路径，假设这条路径含有边的数量为 t。

由于 u 是环上一点，抵达 u 后从它开始绕着环"遛弯"，每走一步就在 t 的基础上加 1，一旦计数增加到 $|V|$ 时停止，此时抵达的点就是要找的点 v。根据式（7.8），我们知道由起点 s 到 v 的最短路径为 $\lambda(s,v) = \lambda(s,u)+x$。

由于在计数为 $|V|$ 时抵达节点 v，此时肯定是第 2 次抵达节点 v，因为经过了一个环。由于环的均值为 0，也就是环中所有边的长度加总为 0，于是第 1 次抵达 v 到第 2 次抵达 v 之间所经历的路径长度为 0。

因此从起始节点 s 遍历环后第 2 次抵达点 v 的路径所含边数为 $|V|$，同时该路径的长度为点 s 到 v 的最短路径 $\lambda(s,v)$，因此只要把 k 选为从 s 经过点 u 第 1 次抵达 v 时路径所对应的边数，那么式（7.9）就可以成立。

对于式（7.9）还需要注意的一点是，满足条件的 k 是从起始节点 s 开始，抵达环上某点 u，然后再抵达 v 点的边的数量，而 n 是从起始节点 s 开始抵达某点 u，沿着环第 2 次抵达节点 v 时的边数，于是 $n-k$ 对应的正好是环的边数，于是式（7.9）等号左边表示的正好是环的均值。

给定起始节点 s，对图中每个点 v，根据如下公式做计算：

$$\max_{0 \leqslant k \leqslant n-1} \frac{\lambda_{|V|}(s,v) - \lambda_k(s,v)}{n-k} \tag{7.10}$$

也就是说，先计算从起始节点 s 经过 $|V|$ 条边后抵达 v 的路径中的最短路径，然后查找是否存在从 s 到 v 的包含 k 条边的路径，如果存在，则找到满足式（7.10）的数值 k，对所有节点 v 按照式（7.10）计算后，找出计算结果最小的节点 v^*。

如果图中环的最小均值为 0，那么根据式（7.9）肯定有

$$\max_{0 \leqslant k \leqslant n-1} \frac{\lambda_{|V|}(s,v^*) - \lambda_k(s,v^*)}{n-k} = 0 \tag{7.11}$$

如果对图中每条边的长度都增加一个常数 t，那么不难验证节点 v^* 所在的环的均值会从 0 增

加到 t。同时即使每条边的长度同时增加 t，v^* 所在的环依然是图中均值最小的环。

由此就可以设计出从图中找到均值最小环的算法。首先选定任意一点作为起始节点 s，再分别计算 $\lambda_{|V|}(s,v)$ 和 $\lambda_k(s,v), 0 \leqslant k \leqslant |V|-1$，然后根据式（7.10）计算相应结果，在所有节点中，经过式（7.10）计算后的最小值就是图中环的最小均值。

接下来的问题是，如何计算 $\lambda_{|V|}(s,v)$ 和 $\lambda_k(s,v), 0 \leqslant k \leqslant |V|-1$，这里就可以使用到前面讲解过的动态规划算法。对于点 v，假设在图中有 m 条以它为终点的边 $(u_1,v),(u_2,v),\cdots,(u_m,v)$，那么有

$$\lambda_k(s,v) = \min\{\lambda_{k-1}(s,u_1)+(u_1,v),\cdots,\lambda_{k-1}(u_m,v)+(u_m,v)\} \tag{7.12}$$

通过动态规划，结合式（7.12）计算出每个节点 v 对应的 $\lambda_k(s,v), 0 \leqslant k \leqslant |V|-1$，然后根据式（7.10）进行计算并从所有节点计算的结果中找出最小值，该值对应的就是均值最小环对应的均值。

7.4.2　代码实现卡普均值最小回路算法

本小节通过代码的方式实现 7.4.1 小节描述的算法。首先给出要寻找最短均值回路的图，如图 7-12 所示。

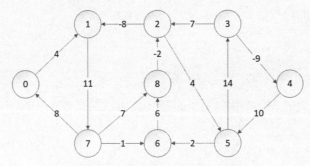

图 7-12　寻找最短均值回路的图

从图 7-12 中不难计算出由虚线构成的环均值最小，其均值为 (2+6+(-2)+4) ÷ 4=2.5，接下来用代码实现算法，并检验代码能否正确找到均值最小的环。首先用数据结构表达图中的节点和边。

```python
import numpy as np
vertex_list = [0, 1, 2, 3, 4, 5, 6, 7, 8]  #记录图中所有节点
edge_vertex = {}  #记录相连节点
edge_vertex[0] = [7]
edge_vertex[1] = [0, 2]
edge_vertex[2] = [3,8]
edge_vertex[3] = [5]
edge_vertex[4] = [3]
edge_vertex[5] = [4, 2]
edge_vertex[6] = [5, 7]
edge_vertex[7] = [1]
edge_vertex[8] = [6, 7]
edges = np.zeros((len(vertex_list), len(vertex_list))).astype(int)  #记录边的长度
for i in range(len(vertex_list)):
```

```
    for j in range(len(vertex_list)):
        edges[i][j] = sys.maxsize
edges[0][1] = 4
edges[1][7] = 11
edges[7][0] = 8
edges[2][1] = 8
edges[2][5] = 4
edges[3][2] = 7
edges[3][4] = -9
edges[4][5] = 10
edges[5][3] = 14
edges[5][6] = 2
edges[6][8] = 6
edges[8][2] = -2
edges[7][6] = 1
edges[7][8] = 7
path_table = np.zeros((len(vertex_list) + 1, len(vertex_list))).astype(int)   #第i
行第j列表示从起始节点0经过i条边后到达节点j的最短路径长度
for i in range(len(vertex_list) + 1):
    for j in range(len(vertex_list)):
        path_table[i][j] = sys.maxsize
path_table[0][0] = 0   #起始节点通过0条边抵达自己
```

上面代码利用相应数据结构将图7-12的节点和边等相关信息表达出来，接着使用动态规划算法计算 $\lambda_n(s,u)$ 和 $\lambda_k(s,u)$ 。相关代码如下：

```
def compute_path_table(k, v):
    if k < 0 or k > len(vertex_list):
        return sys.maxsize
    if v < 0 or v >= len(vertex_list):
        return sys.maxsize
    if k == 0:
        return path_table[k][v]
    if path_table[k][v] != sys.maxsize:
        return path_table[k][v]
    for u in edge_vertex[v]:  #根据式(7.12)进行计算
        s_to_u = compute_path_table(k - 1, u)
        if s_to_u != sys.maxsize  and s_to_u + edges[u][v] < path_table[k][v]:
            print("u: {0}, k: {1}, s_to_u: {2}, s_to_v: {3}".format(u, k, s_to_u, s_to_u
+ edges[u][v]))
            path_table[k][v] = s_to_u + edges[u][v]
    return path_table[k][v]
for k in range(len(vertex_list) + 1):
    for v in vertex_list:
        compute_path_table(k, v)
```

在上面代码中，使用二维表 path_table 来存储起始节点 0 到其他给定节点的路径信息，path_table[k][v]存储的是从起始节点 0 经过 k 条边后抵达节点 u 的最短路径，它同时也对应着变量 $\lambda_k(s,u)$，图中有多少个节点 path_table()就包含几行，因此它的最后一行元素对应的就是变量 $\lambda_n(s,u)$。

这段代码是整个算法的核心所在。在执行 compute_path_table()函数时，它会通过输入参数 k,v 检测二维表 path_table 对应元素是否已经计算过，如果已经计算，那么直接返回；如果没有计算，则根据式（7.12）进行递归计算。

由于整个二维表包含$|V|^2$个元素，因此这段代码运行的时间复杂度为$O(|V|^2)$。接下来可以按照式（7.10）进行计算，然后取所得结果的最小值，其对应的就是图中环的最小均值。

```
mean_circle = []
for v in vertex_list:
    mean_circle.append(-sys.maxsize -1)
for v in vertex_list:
    for k in range(len(vertex_list)):
        if path_table[k][v] != sys.maxsize and path_table[len(vertex_list)][v] !=
sys.maxsize and ((path_table[len(vertex_list)][v] - path_table[k][v]) /
(len(vertex_list) - k)) > mean_circle[v]:
            mean_circle[v] = (path_table[len(vertex_list)][v] - path_table[k][v]) /
(len(vertex_list) - k)
minimun_mean_circle = sys.maxsize
for c in mean_circle:
    if c != -sys.maxsize-1 and c < minimun_mean_circle:
        minimun_mean_circle = c
print("the minimun mean circle length is : ", minimun_mean_circle)
```

上面代码运行后，输出结果如下：

```
the minimun mean circle length is :  2.5
```

从输出结果来看，它与前面分析结果一致，因此代码设计逻辑是正确的。

7.5 弗洛伊德-华沙任意两点最短路径算法

扫一扫，看视频

7.1~7.4 节研究了对于给定图，如何查找给定节点到其他节点的最短路径。如果想查找所有节点到其他节点的最短路径应该怎么做呢？一个简单的方法是，依次将图中每个点当作起始节点，如果图中没有距离为负的边，那么就使用迪杰斯特拉算法依次查找每个节点到其他节点的最短路径。

如果图中有距离为负的边，那么就使用贝尔曼-福德算法，依次将图中的每个节点作为起始节点，分别计算它到其他节点的最短路径。这些都是可行方法，唯一的问题在于算法效率不高。本节介绍如何有效地查找图中每个节点到其他节点的最短路径。

7.5.1　算法原理描述

首先假设要研究的图中不包含负边，对于图中的任意两点 v_1, v_m，假设两点间存在一条连通路径为 $p = \{v_1, v_2, \cdots, v_m\}$。对该路径掐头去尾剩下的节点 $v_2, v_3, \cdots, v_{m-1}$，我们称为该路径的过渡节点。首先为图中每个节点进行编号，如果图中有 n 个节点，那么节点编号就从 1 到 n。

对于给定的任意两点 v_1, v_m，如果它们之间相互连通，那么从节点 v_1 开始可以找到至少一条以上从 v_1 路径抵达 v_m 的路径。假设所有路径中对应节点最大编号为 k，也就是如果遍历所有从 v_1 出发最终抵达 v_m 的路径，组成这些路径的节点没有一个编号能超过 k。

于是 k 就能将这些路径分成两部分，一部分包含了节点 k，另一部分不包含节点 k。于是从 $v_1 \sim v_m$ 的最短路径只有两种情况，要么包含节点 k，要么不包含节点 k。如果是后者，那么最短路径中所有节点的编号都不会大于 k。如果情况属于前者，假设起始节点 v_1 的编号为 i，终节点 v_m 的编号为 j，那么最短路径可以切割成两部分，前一部分由编号为 i 的节点抵达编号为 k 的节点；后一部分由编号为 k 的节点抵达编号为 j 的节点，如图 7-13 所示。

图 7-13　最短路径包含节点 k

不难证明，图 7-13 中的路径 p_1 一定是节点 i 到节点 k 的最短路径，如果不是，用不同于 p_1 的从节点 i 到节点 k 的最短路径替换掉 p_1，得到一条从节点 i 到节点 j 的更短路径，这就与假设图 7-13 是节点 i 到节点 j 的最短路径相矛盾。

注意到由于编号 k 是节点 i 到节点 j 最短路径中的最大编号，那么路径 p_1 和 p_2 中的节点编号最大不超过 $k-1$，如果用 $d_{i,j}^k$ 表示从节点 i 到节点 j 所有路径中节点编号不超过 k 且路径最短的那条，那么有如下关系成立：

$$d_{i,j}^k = d_{i,k}^{k-1} + d_{k,j}^{k-1}$$

当然节点 i 到节点 j 的最短路径可能属于另一部分，也就是那些节点编号最大不超过 $k-1$ 的路径，如果是这种情况，那么最短路径就可以表示为 $d_{i,j}^{k-1}$，如果节点 i 到节点 j 的最短路径不包含中间节点，也就是边 (i,j) 就是两者间的最短路径，这种情况我们认为路径中最大节点编号为 0，那么如下公式成立：

$$d_{i,j}^k = \begin{cases} (i,j), k=0 \\ \min(d_{i,j}^{k-1}, d_{i,k}^{k-1} + d_{k,j}^{k-1}), 1 \leq k \leq n \end{cases} \tag{7.13}$$

由于将图中节点从 $1 \sim n$ 进行了编号，其中 n 是图中节点的数量，那么对于任意两点 i, j，可以确定两者间的最短路径等于 $d_{i,j}^n$，于是可以依据式（7.13）采用动态规划的方式计算 $d_{i,j}^n$，从而得到两点间的最短路径。

7.5.2　算法的代码实现

本小节介绍如何使用代码实现 7.5.1 小节算法。这里使用图 7-14 作为算法运行的例子。

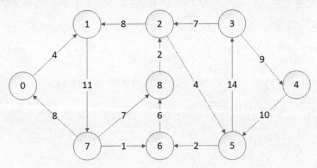

图 7-14　算法运行示例图

该图与 7.4.2 小节给定的示例图一模一样，先使用代码并配合适当的数据结构将图中节点与边的信息表达出来。

```
vertex_list = [0, 1, 2, 3, 4, 5, 6, 7, 8]   #记录图中所有节点
edge_vertex = {}   #记录相连节点
edge_vertex[0] = [1]
edge_vertex[1] = [7]
edge_vertex[2] = [1, 5]
edge_vertex[3] = [2, 4]
edge_vertex[4] = [5]
edge_vertex[5] = [3, 6]
edge_vertex[6] = [8]
edge_vertex[7] = [6, 8 ,0]
edge_vertex[8] = [2]
edges = np.zeros((len(vertex_list), len(vertex_list))).astype(int)   #记录边的长度
for i in range(len(vertex_list)):
    for j in range(len(vertex_list)):
        edges[i][j] = sys.maxsize
edges[0][1] = 4
edges[1][7] = 11
edges[7][0] = 8
edges[2][1] = 8
edges[2][5] = 4
edges[3][2] = 7
edges[3][4] = 9
edges[4][5] = 10
edges[5][3] = 14
```

```
edges[5][6] = 2
edges[6][8] = 6
edges[8][2] = 2
edges[7][6] = 1
edges[7][8] = 7
```

接下来使用动态规划方法，结合式（7.13）计算连接节点 i, j 并且编号不超过 k 的最短路径。注意到式（7.13）在计算变量 $d_{i,j}^k$ 时使用到变量 $d_{i,j}^{k-1}, d_{i,k}^{k-1}, d_{k,j}^{k-1}$，由此可以构造两张二维表，第 1 张二维表的第 i 行第 j 列存储 $d_{i,j}^{k-1}$，第 2 张二维表的第 i 行第 j 列存储 $d_{i,j}^k$。相关代码如下：

```python
def floyd_warshall(vertext_list ,edge_vertex, edges):
    n = len(vertext_list)
    D_0 = np.zeros((n, n)).astype(int)
    P_0 = np.zeros((n, n)).astype(int)   #记录 i~j 最短路径上处于 j 前面的节点编号
    for u in vertext_list:
        for v in edge_vertex[u]:   #当 k=0 时，i, j 之间的最短路径就是两者连线
            D_0[u][v] = edges[u][v]
            P_0[u][v] = u  #(u, v) 边中排在节点 v 前面的节点为 u
    for i in range(n):
        for j in range(n):
            if D_0[i][j] == 0 and i != j:  #两点间没有连接，那么在 k=0 时它们之间距离为无穷大
                D_0[i][j] = sys.maxsize
    for k in range(1, n):
        D_1 = np.zeros((n, n)).astype(int)
        P_1 = np.zeros((n, n)).astype(int)
        for i in range(n):
            for j in range(n):  #根据式（7.13）计算
                D_1[i][j] = D_0[i][j]
                if D_0[i][k] != sys.maxsize and D_0[k][j] != sys.maxsize:
                    D_1[i][j] = min(D_0[i][j], D_0[i][k] + D_0[k][j])
                    if D_0[i][k] + D_0[k][j] < D_0[i][j]:
                        P_1[i][j] = P_0[k][j]
        D_0 = D_1
        P_0 = P_1
    return D_0, P_0
n = len(vertex_list)
D = floyd_warshall(vertex_list, edge_vertex, edges)
print(D)
```

上面代码运行后，输出结果如下：

```
[[ 0  4 24 42 51 28 16 15 22]
 [19  0 20 38 47 24 12 11 18]
 [27  8  0 18 27  4  6 19 12]
 [34 15  7  0  9 11 13 26 19]
 [47 28 20 24  0 10 12 39 18]
```

```
[37 18 10 14 23  0  2 29  8]
[35 16  8 26 35 12  0 27  6]
[ 8 17  9 27 36 13  1  0  7]
[29 10  2 20 29  6  8 21  0]]
```

其中，$D[i][j]$ 表示从节点 i 开始抵达节点 j 的最短路径，如 $D[8][0]$，它表示从节点 8 开始抵达节点 0 的路径是 29。从图 7-14 中可以看出，从节点 8 到节点 0 的唯一一条路径是 $8 \rightarrow 2 \rightarrow 1 \rightarrow 7 \rightarrow 0$，路径上边长度相加确实是 29。

在上面代码实现中存在 3 个循环嵌套，每层循环的次数都是 n，也就是图中节点个数，因此算法的时间复杂度为 $O(n^3)$。

7.5.3　获取最短路径

虽然算出了任意两点间的最短路径，但尚未知道路径经历了哪些节点，本小节依据 7.5.2 小节结果将两点间最短路径构造出来。用 $p_{i,j}^k$ 表示从节点 i 到节点 j 中间节点编号不超过 k 的最短路径中排在节点 j 前面的节点编号。

当 $k=0$ 时，如果节点 i 与节点 j 之间有边的连接，那么就有 $p_{i,j}^0 = i$，根据式（7.13）的递归计算可以看到，如果在 $i \sim j$ 之间的最短路径中，节点的最大编号是 k，那么可以将路径分成两段，第 1 段是 $i \sim k$ 的路径，第 2 段是 $k \sim j$ 的路径。

此时从 $i \sim k$ 的最短路径中，排在节点 j 前面的节点编号与从节点 $k \sim j$ 的最短路径中排在节点 j 前面的节点编号一样，于是可以仿照式（7.13）得出记录最短路径中处于节点 j 前面节点编号的公式：

$$p_{i,j}^k = \begin{cases} i, k = 0 \\ p_{i,j}^{k-1}, d_{i,j}^{k-1} \leqslant d_{i,k}^{k-1} + d_{k,j}^{k-1} \\ p_{k,j}^{k-1}, d_{i,j}^{k-1} > d_{i,k}^{k-1} + d_{k,j}^{k-1} \end{cases} \tag{7.14}$$

由此可以模仿 7.5.2 小节中计算 $d_{i,j}^k$ 的方式来计算 $p_{i,j}^k$。在 7.5.2 小节代码中设置了两张二维表 P_0,P_1，它们的职责就是根据式（7.14）来计算当连接 i,j 的最短路径中间节点编号不超过 k 时，排在节点 j 前面的节点编号。

7.5.2 小节代码中返回的 P_0，它的第 i 行第 j 列就对应 $p_{i,j}^n$，该值对应的正是从 $i \sim j$ 的最短路径中排在节点 j 前面的节点编号。由此要找到最短路径上的节点，可以通过 $p_{i,j}^n$ 找到路径倒数第 2 个节点编号，假设它的值为 k，然后再通过 $p_{i,k}^n$ 得到最短路径倒数第 3 个节点的编号，以此类推。相应的实现代码如下：

```
def get_shortest_path(i, j, P):
    path = []
    if i == j:
        path.append(i)
        return path
```

```
    k = P[i][j]
    path.extend(get_shortest_path(i, k ,P))
    path.append(j)
    return path
i = 8
j = 0
p = get_shortest_path(i, j, P)
print("shortest path from {0} to {1} is {2}".format(i, j, p))
```

上面代码打印出了从节点 8 到节点 0 最短路径上的每个节点。运行后输出的结果如下：

```
shortest path from 8 to 0 is [8, 2, 1, 7, 0]
```

结合图 7-14 观察发现，代码输出的结果是正确的。

扫一扫，看视频

7.6　强森任意两点最短路径算法

弗洛伊德-华沙算法在计算任意两点间最短路径时，所需时间复杂度是 $O(|V|^3)$，当图中节点和边的数量比较多时，算法的效率就会下降。本节所介绍的强森算法将迪杰斯特拉算法和贝尔曼-福德算法结合起来，使得计算效率有所提升。

7.6.1　负边的长度修正

强森算法的基本思想是，如果图中没有负边，那么就使用迪杰斯特拉算法遍历每个节点，找到它与其他节点的最短路径。如果图中含有负边，但没有负环，那么算法会对边长做一些修改并准确找到给定两点的最短路径。

对边长进行修改时必须确保两点：第一，在修改前，如果 p 是节点 u, v 之间的最短路径，那么在修改后必须保证 p 依然是节点 u, v 之间的最短路径；第二，确保修改后没有负边。接下来看看算法如何在保证这两点的基础上对边长进行修改。

假设有一个函数 T，它能给每个节点赋值，也就是把节点 v_i 当作参数传入函数 T，就可以得到一个数值 $T(v_i)$，如果用 $E(u,v)$ 表示图中每一条边 (u,v) 的长度，可以这么修改：

$$E(u,v) = E(u,v) + T(u) - T(v) \tag{7.15}$$

在这样修改之下，最短路径不会发生变化。假设 $P: \{v_0, v_1, \cdots, v_n\}$ 是起始节点 v_0 抵达终节点 v_n 的一条路径，当边长按照上面公式修改后，路径 P 的长度为

$$\begin{aligned} &E(v_0,v_1) + T(v_0) - T(v_1) + E(v_1,v_2) + T(v_1) - T(v_2) + \cdots \\ &= E(v_0,v_1) + E(v_1,v_2) + \cdots + E(v_n,v_{n-1}) + T(v_0) - T(v_n) \end{aligned} \tag{7.16}$$

也就是说，边长修改后，路径的长度会变，但路径的相对大小没有变，原来是最短路径，修改后依然是最短路径，只不过路径的长度有所变化而已。依照这个性质，只要设计好函数 T，就能把图中的负边改成正边。

对给定任意一个图，增加一个新节点 s，然后对原来图中每个节点 v，增加新的边 (s,v)，并把

这些边的长度都设置为 0。由于对任何节点 v，都有一条边 (s,v) 使得从 s 可以抵达 v，因此从 s 到任意节点 v 的最短路径一定存在。

于是对于任何边 (u,v)，可以查找从 s 到两点的最短路径，分别记为 $\lambda(s,u),\lambda(s,v)$，由于从 s 到 v 是可以先从 s 通过最短路径抵达 u，然后再通过边 (u,v) 抵达节点 v，显然这条路径是从 s 抵达 v 的所有路径中的某一条，因此该路径的长度一定大于等于从 s 到 v 的最短路径，因此有

$$\lambda(s,v) \leqslant \lambda(s,u) + E(u,v) \tag{7.17}$$

根据该公式，就可以把函数 T 设置成从 s 到对应节点的最短路径，也就是

$$T(v) = \lambda(s,v) \tag{7.18}$$

然后将式（7.18）代入式（7.15）就有

$$E(u,v) = E(u,v) + T(u) - T(v) \rightarrow E(u,v) = E(u,v) + \lambda(s,u) - \lambda(s,v) \geqslant 0 \tag{7.19}$$

经过如此修改后图中所有边都变成了正边，同时根据前面的论证，在修改前两点间的最短路径在修改后依然是两点间的最短路径。

7.6.2 强森算法的基本流程

当给定一个图 $G = (V,E)$，算法首先构造一个新节点 s，然后从该节点引出多条边分别连接图中的每个节点，这些边的长度都被设置成 0，然后使用贝尔曼-福德算法计算从 s 到图中所有节点的最短路径。

如果运行贝尔曼-福德算法后发现图中含有负环，那么停止后续计算，因为含有负环的图不存在最短路径。如果没有负环，此时已经得到了 s 到所有点的最短路径，那么根据式（7.19）修改每条边的长度，由此图中的负边会被修正为正边。

遍历图中每个节点，运用迪杰斯特拉算法计算其到其他节点的最短路径，然后对结果依据式（7.19）进行逆运算，也就是将所得结果加上 $\lambda(s,v) - \lambda(s,u)$ 就可以得到边长没有修改时所对应的最短路径。

7.6.3 算法的代码实现

如图 7-15 所示为算法的示例图。

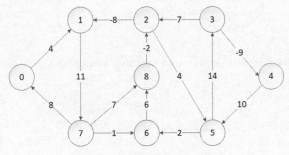

图 7-15 算法运行示例图

图 7-15 与在 7.5.2 小节使用的图结构一样，只不过将其中某些边的长度变成负数。首先使用数

据结构表达图中点和边的信息，同时增加一个编号为 9 的新节点，让它连接图中所有节点，并使连接的边长为 0。

```
vertex_list = [0, 1, 2, 3, 4, 5, 6, 7, 8]  #记录图中所有节点
edge_vertex = {}   #记录相连节点
edge_vertex[0] = [1]
edge_vertex[1] = [7]
edge_vertex[2] = [1, 5]
edge_vertex[3] = [2, 4]
edge_vertex[4] = [5]
edge_vertex[5] = [3, 6]
edge_vertex[6] = [8]
edge_vertex[7] = [6, 8 ,0]
edge_vertex[8] = [2]
edges = {}
edges[(0, 1)] = 4
edges[(1, 7)] = 11
edges[(7, 0)] = 8
edges[(2, 1)] = -8
edges[(2, 5)] = 4
edges[(3, 2)] = 7
edges[(3, 4)] = -9
edges[(4, 5)] = 10
edges[(5, 3)] = 14
edges[(5, 6)] = 2
edges[(6, 8)] = 6
edges[(8, 2)] = -2
edges[(7, 6)] = 1
edges[(7, 8)] = 7
```

接下来实现强森算法。

```
def johnson(vertex_list ,edge_vertex, edges):
    s = len(vertex_list)
    edge_vertex[s] = vertex_list.copy()
    for v in vertex_list:  #新节点到其他节点的边长为 0
        edges[(s, v)] = 0
    vertex_list.append(s)
    bellman_ford_distance = bellman_ford(s, vertex_list, edges)  #计算新节点到其他所
有节点的最短路径
    print("shortest path from new point to other points are: ", bellman_ford_distance)
    if bellman_ford_distance == None:  #图中含有负环
        print("graph contains negative circle")
        return
    for edge in edges.keys():  #将每条边的长度按照式（7.19）进行修正
        d_u = bellman_ford_distance[(s, edge[0])]
        d_v = bellman_ford_distance[(s, edge[1])]
```

```
        edges[edge] = edges[edge] + d_u - d_v
    D = []
    for u in vertex_list:
        distance_map = Dijkstra(u, vertex_list, edge_vertex, edges)
        l = []
        for edge in distance_map.keys():  #根据式（7.19）做逆运算
            d = distance_map[edge]
            d = d + bellman_ford_distance[(s, edge[1])] - bellman_ford_distance[(s,
edge[0])]
            l.append(d)
            print("shortest path from {0} to {1} is {2}".format(edge[0], edge[1], d))
        D.append(l)
    return D
```

调用 johnson() 函数，将前面初始化的数据转入，计算每个节点之间的最短路径。

```
D = johnson(vertex_list, edge_vertex, edges)
```

上面代码运行后，将输出结果的一部分显示如下：

```
shortest path from 5 to 0 is 17
shortest path from 5 to 1 is -2
shortest path from 5 to 2 is 6
shortest path from 5 to 3 is 14
shortest path from 5 to 4 is 5
shortest path from 5 to 5 is 0
shortest path from 5 to 6 is 2
shortest path from 5 to 7 is 9
shortest path from 5 to 8 is 8
shortest path from 5 to 9 is 9223372036854775807
```

上面输出显示了节点 5 到其他节点的最短路径，结合图 7-15 检测可以得知输出结果是正确的。也就是说，代码实现的逻辑是正确的。

第8章

随机化算法和概率性分析

　　算法的定义是，依据严谨逻辑设计的一系列处理步骤。这意味着它具备"确定性"，对于同样的输入数据，它执行同样的运算或操作步骤，最终得到同样的结果。其过程无论重复多少次都一样，对于同样的数据，不可能是算法运行到第 100 次得到的结果会和运行到第 200 次得到的结果不一样。

　　算法设计思想长时间以来秉持牛顿机械观。这种观念认为万事万物的发展都基于因果律，一个结果必定由其对应的原因引起，事物就像一串项链上的珍珠，而因果律就是将珍珠串联起来的链子。

　　然而随着认知的深入，特别是量子力学的发展，人们发现事情并不具备确定性，一个原因并不会必然导致确定的结果，而是多个结果以某种概率交替发生。

　　同时有些问题使用确定性的逻辑步骤很难解决，但通过随机化引入不确定性时，反而能够容易解决。本章专门研究随机化算法，看看如何通过概率性分析解决某些棘手问题。

8.1 布丰投针法精确计算圆周率

在以微积分为标志的现代数学建立以前,人们很难用确定性的方法或步骤精确计算圆周率的值,即使是在微积分建立后,准确计算 π 依然耗时耗力,乃至如今依然有超级计算机通过计算 π 小数点后的位数来展现其运算能力。

有意思的是,这个看似非常困难的问题可以通过一种看似很随意、很离谱的方式来轻松解决,这就是神奇的布丰投针法。

如图 8-1 所示,在平面上有两条距离为 d 的平行线,假设拿一根长度为 L 的铁针随机丢到纸面上,试问铁针与某条直线相交的概率是多少?假设铁针长度 $L < d$,这样铁针就不会同时与两条直线相交。

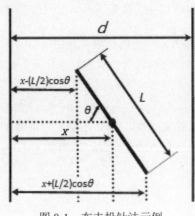

图 8-1 布丰投针法示例

8.1.1 布丰投针法的理论分析

假设 x 是铁针中点与距离最近的那条平行线之间的距离,同时 θ 是针与线形成的夹角,由此就可以使用这两个变量来描述针与线是否相交。由于 x 和 θ 的取值必须满足条件 $\{(x,\theta) | 0 \leqslant x \leqslant d/2, 0 \leqslant \theta \leqslant \pi/2\}$,所以,两个变量构成的概率密度函数为

$$f(x,\theta) = \frac{4}{\pi d} \qquad (8.1)$$

于是,得到铁针与直线相交的概率函数为

$$P\left(x \leqslant \frac{L}{2} * \sin\theta\right) = \iint_{x \leqslant \frac{L}{2}\sin\theta} f(x,\theta)\mathrm{d}x\mathrm{d}\theta \qquad (8.2)$$

把式(8.1)和式(8.2)结合展开进行积分运算就有

$$P\left(x \leqslant \frac{L}{2} * \sin\theta\right) = \iint\limits_{x \leqslant \frac{L}{2}\sin\theta} f(x,\theta)\mathrm{d}x\mathrm{d}\theta = \frac{4}{\pi d}\int_0^{\frac{\pi}{2}}\int_0^{\frac{L}{2}\sin\theta} \mathrm{d}x\mathrm{d}\theta$$

（8.3）

$$= \frac{4}{\pi d}\int_0^{\frac{\pi}{2}}\frac{L}{2}\sin\theta\mathrm{d}\theta = \frac{4}{\pi d} * (-\cos\theta)\Big|_0^{\frac{\pi}{2}} = \frac{2L}{\pi d}$$

根据上面的公式，可以反解出 π，那就是

$$\pi = \frac{2L}{P\left(x \leqslant \frac{L}{2}\sin\theta\right) * d}$$

（8.4）

式中，$P\left(x \leqslant \frac{L}{2}\sin\theta\right)$ 表示铁针与直线相交的概率，这个值可以通过简单实验的方式得到。例如，随机投针 M 次，记录其中针与线相交的次数 N，那么用 N/M 就可以代替 $P\left(x \leqslant \frac{L}{2}\sin\theta\right)$ 进行运算，从而解出 π 的值，显然 M 越大，得到的结果就越精确。

据说，美国内战结束后，一个名为福克斯的军官回家养伤，这段时间无事可干，他觉得非常无聊。为了苦中作乐，他把一根铁线丢到一块木板上，铁线相当于上面所说的铁针，木板的上下边缘相当于上面描述的平行线。

他这么丢了好几周，然后记录相交次数，并使用式（8.4）推算 π 的值，最后得到的结果是 3.14。当然，要想靠这种方式精确计算 π 小数点后若干位，则需要上千年时间去专心投针。

8.1.2 布丰投针法的代码实现

直到 1946 年第一台计算机 ENIAC 发明后，人类才能将 π 的值精确计算到小数点后 2037 位。现在超级计算机的能力可以准确地计算到小数点后几十亿位，然而在计算机发明之前，计算 π 值最实用的方式，还是这里描述的布丰投针法。

接下来用代码模拟一下这个过程。首先看看程序设计思路的基本流程，如图 8-2 所示。

根据图 8-2 所示的设计思路，完整代码如下：

```
%matplotlib qt
import math
import numpy as np
from numpy import random
import matplotlib.pyplot as plt
import matplotlib.lines as mlines
```

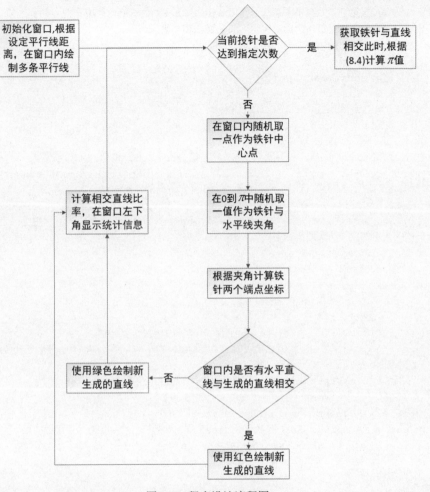

图 8-2　程序设计流程图

```
UPDATE_FREQ = 500   #每模拟投针 500 次后就将结果绘制出来
BOUND = 10   #图形绘制区域的长和宽
BORDER = 0.05 * 10   #绘制区域边缘宽度
NEEDLES= 10000   #投针的次数
NEEDLE_LENGTH = 1   #针的长度
FLOORBOARD_WIDTH = 2   #两条平行线之间的距离
FLOORBOARD_COLOR = 'black'   #两条平行线的颜色
NEEDLE_INTERSECTING_COLOR = 'red'   #铁针与线相交时的颜色
NEEDLE_NON_INTERSECTING_COLOR = 'green'   #铁针与直线不相交时的颜色
class Needle:
    def __init__(self, x = None, y = None, theta = None, length = NEEDLE_LENGTH):
        '''
```

　　x，y 作为铁针的中点，由于图像绘制区域的宽度为 BOUND，因此可以把中点坐标设置在宽度内的任何地方，theta 是铁针与水平方向的夹角，在分析时将该值限制在 0 和 π/2 之间，考虑这个区间是因为我们确定哪条平行线与铁针更接近。如果不考虑这个前提条件，那么夹角的值就可以限定在 0 和 π 之间。模拟时不事先考虑哪条线与铁针的距离更近，因此对夹角区间采用 0 和 π 之间

```python
    '''
    if x is None:
        x = random.uniform(0, BOUND)
    if y is None:
        y = random.uniform(0, BOUND)
    if theta is None:
        theta = random.uniform(0, math.pi)
    self.center = np.array([x, y])   #设置铁针中心点坐标
    self.comp = np.array([length/2 * math.cos(theta), length/2 * math.sin(theta)])
#根据铁针与水平方向的夹角，计算中心在水平方向和竖直方向的距离
    self.endPoints = np.array([np.add(self.center, -1 * self.comp),
                        np.add(self.center, self.comp)])   #根据中心与水平方向和
竖直方向的距离运算铁针两头的坐标
    def  intersectsY(self, y):
        return  self.endPoints[0][1] < y and self.endPoints[1][1] > y   #y是平行线在
竖直方向上的坐标
class Buffon_Sim:    #启动模拟进程
    def  __init__(self):
        self.floorboards = []   #存储平行线在竖直方向上的 y 坐标
        self.boards = int ((BOUND / FLOORBOARD_WIDTH) + 1)   #计算平行线在绘制区域内的数量
        self.needles = []   #存储模拟的铁针
        self.intersections = 0   #记录铁针与平行线相交的数量
        window = "Buffon"
        title = "Buffon Needle Simulation"
        desc = (str(NEEDLES) + " needles of length " + str(NEEDLE_LENGTH) +
            " uniformly distributed over a " + str(BOUND) + " by " + str(BOUND) +
            " area" + " with floorboards of width " + str(FLOORBOARD_WIDTH))
#描述当前模拟情况
        self.fig = plt.figure(figsize = (8,8))
        self.fig.canvas.set_window_title(window)
        self.fig.suptitle(title, size = 16, ha = 'center')
        self.buffon = plt.subplot()   #将模拟投针绘制出来
        self.buffon.set_title(desc, style = 'italic', size = 9, pad = 5)
        self.results_text = self.fig.text(0, 0, self.updateResults(), size = 10)
#将投针情况绘制成图像
        self.buffon.set_xlim(0 - BORDER, BOUND + BORDER)
        self.buffon.set_ylim(0 - BORDER, BOUND + BORDER)
        plt.gca().set_aspect('equal')
    def  plotFloorboards(self):
        for j in range(self.boards):
            self.floorboards.append(0 + j * FLOORBOARD_WIDTH)   #绘制平行线
            self.buffon.hlines(y = self.floorboards[j], xmin = 0,
                        xmax = BOUND, color = FLOORBOARD_COLOR, linestyle = '--',
linewidth = 2.0)
```

```python
    def tossNeedle(self):    #模拟投针过程
        needle = Needle()
        self.needles.append(needle)
        p1 = [needle.endPoints[0][0], needle.endPoints[1][0]]    #获取铁针两个端点的 x 坐标
        p2 = [needle.endPoints[0][1], needle.endPoints[1][1]]    #获取铁针两个端点的 y 坐标
        for k in range(self.boards):    #检测铁针是否与平行线相交
            if needle.intersectsY(self.floorboards[k]):
                self.intersections += 1
                self.buffon.plot(p1, p2, color = NEEDLE_INTERSECTING_COLOR, linewidth
= 0.5)    #将相交的铁针用红色线段表示
                return
        self.buffon.plot(p1, p2, color = NEEDLE_NON_INTERSECTING_COLOR, linewidth =
0.5)    #将不相交的铁针用绿色线段表示


    def plotNeedles(self):
        for i in range(NEEDLES):
            self.tossNeedle()
            self.results_text.set_text(self.updateResults(i + 1))
            if (i + 1) % UPDATE_FREQ == 0:    #连续模拟指定次数投针后把结果绘制出来
                plt.pause(0.0001)
    def updateResults(self, needlesToTossed = 0):
        if self.intersections == 0:
            sim_pi = 0
        else :
            sim_pi = (2 * NEEDLE_LENGTH * needlesToTossed) / (FLOORBOARD_WIDTH *
self.intersections)    #根据式（8.4）计算 π 值
        error = abs(((math.pi - sim_pi) / math.pi) * 100)    #计算模拟结果与真实结果的误差
        s = ("Intersections: " + str(self.intersections) + \
             "\nTotal Needles: " + str(needlesToTossed) + \
             "\nApproximation of pi: " + str(sim_pi) + "\nError: " + str(error) + "%")
        return s
    def plot(self):
        legend_lines = [mlines.Line2D([], [], color = FLOORBOARD_COLOR, linestyle =
'--', lw = 2),
                        mlines.Line2D([], [], color = NEEDLE_INTERSECTING_COLOR, lw = 1),
                        mlines.Line2D([], [], color = NEEDLE_NON_INTERSECTING_COLOR,
lw = 1)]
        self.buffon.legend(legend_lines, ['floorboard', 'intersecting needle',
'non-intersecting needle'],
                           loc = 1, framealpha = 0.9)
        self.plotFloorboards()

        self.plotNeedles()
        plt.show()
```

```
bsim = Buffon_Sim()
bsim.plot()
```

上面代码运行结果如图 8-3 所示。

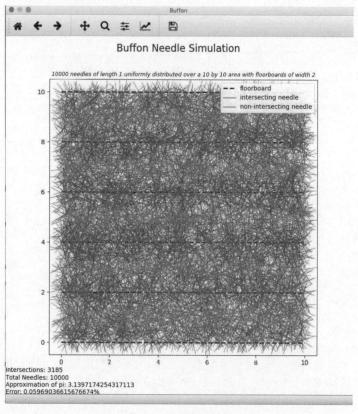

图 8-3　程序运行结果

当代码运行时，它会启动一个窗口，窗口中的横向模拟前面分析中的水平线，然后程序模拟投针过程，如果铁针与平行线相交，它就会以红色线段绘制出来；如果不相交，它就会以绿色线段绘制出来，读者可以运行程序以观看实际效果。

在左下角以文本的方式统计当前模拟结果。从图 8-3 中可以看到，模拟了 10000 次投针过程，当模拟结束时，与直线相交的针数是 3185，根据式（8.4）反解出来的 π 值是 3.13971，同时我们计算了模拟结果与正确值之间的误差不过 0.05%。

从上面运行结果来看，通过模拟的方式来估算圆周率所得结果非常准确。如果使用确定性的算法来运算 π，不但实现过程远比现在的随机模拟要复杂，而且要想结果足够精确，得消耗不小的算力。

随机化模拟自然也存在相应问题，最主要的一点是要想得到较为准确的结果，模拟的次数必须足够多，如果模拟次数过少，那么所得结果与正确结果的差距会非常明显。

8.2　随机信号变量

概率论是数学领域的一大分支，其理论体系较为复杂，从 8.1 节推导铁针与直线相交的概率中就可以看到，其推导过程具有一定的复杂性。幸运的是，从算法角度考虑，可以将分析过程大大简化，接下来要研究的随机信号变量是简化推理复杂性的重要工具。

8.2.1　随机信号变量的基本原理

在概率论中，有一个重要概念叫作数学期望。它对应一种运算，将一个变量的取值和取值概率相乘，最后进行加总。例如，用 x 表示投掷一个六面骰子时正面朝上的点数，总共有 6 种可能性，分别对应的值为 1,2,3,4,5,6，每种可能性出现的概率是 1/6，因此 x 的数学期望为

$$E[x] = 1 \times \frac{1}{6} + 2 \times \frac{1}{6} + 3 \times \frac{1}{6} + 4 \times \frac{1}{6} + 5 \times \frac{1}{6} + 6 \times \frac{1}{6} = \frac{7}{2}$$

概率论分析中，要涉及多个随机变量的考虑，其难点在于变量之间可能会相互影响。例如，当考虑一个人的体重时，其性别就是相关因素，这种多种因素相互耦合影响，使得概率分析变得非常复杂。

幸运的是，上面提到的数学期望，在做加法的情况下就可以完全不用考虑变量之间的相关性。也就是说，两个随机变量 x,y，不管它们之间的取值是否会相互影响，都有

$$E[x+y] = E[x] + E[y] \tag{8.5}$$

证明一下式（8.5）。首先，如果 x 和 y 是离散型变量，那么数学期望定义为

$$E[x] = \sum_{i=1}^{n} P(x = x_i) * x_i \tag{8.6}$$

于是式（8.5）展开就有

$$\begin{aligned} E[x+y] &= \sum_{i=1}^{n}\sum_{j=1}^{m} P(x = x_i, y = y_j) * (x_i + y_j) \\ &= \sum_{i=1}^{n}\sum_{j=1}^{m} P(x = x_i, y = y_j) * x_i + \sum_{i=1}^{n}\sum_{j=1}^{m} P(x = x_i, y = y_j) * y_j \end{aligned} \tag{8.7}$$

这里假设变量 x 有 n 种可能取值，变量 y 有 m 种可能取值。对于 $\sum_{i=1}^{n}\sum_{j=1}^{m} P(x = x_i, y = y_j) * x_i$，如果固定 i 不变，先对下标 j 进行求和，就有

$$\sum_{i=1}^{n}\sum_{j=1}^{m} P(x = x_i, y = y_j) * x_i = \sum_{i=1}^{n} P(x = x_i) * x_i = E[x] \tag{8.8}$$

同理，对于 $\sum_{i=1}^{n}\sum_{j=1}^{m} P(x = x_i, y = y_j) * y_j$，固定 j 不变，先对下标 i 进行求和，就有

$$\sum_{i=1}^{n}\sum_{j=1}^{m} P(x = x_i, y = y_j) * x_i = \sum_{j=1}^{m} P(y = y_j) * y_j = E[y] \tag{8.9}$$

于是把式（8.8）和式（8.9）代入式（8.7）就可以得到式（8.5）。

虽然在式（8.5）中只有两个随机变量，但它的结论可以拓展到任意多个随机变量，也就是说下面公式成立：

$$E\left[\sum_{i=1}^{n} x_i\right] = \sum_{i=1}^{n} x_i \tag{8.10}$$

对于随机变量是连续型，式（8.10）依然成立，忽略掉相关证明。随机变量这种特性对我们解决一些复杂难题很有帮助，这里引入一个概念叫随机信号变量 I，如果某个特定事件发生了，它取值 1，要不然取值 0，于是有

$$E[I] = P(I=1) \times 1 + P(I=0) \times 0 = P(I=1) \tag{8.11}$$

随机信号变量能够让很多看似复杂的问题简单化，例如投掷 N 次骰子，试问正面朝上为 1 点的次数是多少。如果按照正常的概率分析，其推导过程会比较烦琐，如果使用信号随机变量，那么问题就简单多了。

用随机信号变量 I_i 表示第 i 次骰子正面朝上的点数是否为 1，如果是，那么它取值 1；如果不是，那么它取值 0，由于点 1 朝上的概率是 1/6，因此有 $E[I_i]=1/6$，于是在投掷了 N 次后，点 1 正面朝上的次数为

$$E\left[\sum_{i=1}^{N} I_i\right] = \sum_{i=1}^{N} E[I_i] = \sum_{i=1}^{N} \frac{1}{6} = \frac{N}{6}$$

由此可见，使用随机信号变量来分析某些概率问题能大大简化其复杂性。

8.2.2 随机信号变量的分析应用实例

本小节看几个例子，从中体会随机信号变量如何将一个复杂的问题简单化。有 n 个戴着帽子的客户进入一家餐厅前，会把自己的帽子交给一位保管员。用餐结束后，保管员会随机从所有帽子中抽出一顶还给客户，请问预期有多少个客户能拿到属于自己的帽子？

按照传统分析，用 N 表示正确拿到自己帽子的人数，那么预期能拿到自己帽子的人数为

$$E[N] = \sum_{i=0}^{n} k * P(N=k) \tag{8.12}$$

问题在于 $P(N=k)$，也就是正好有 k 个人拿到自己帽子的概率计算起来相当麻烦，如果还要结合式（8.12）进行运算，那就难上加难。如果使用随机信号变量，分析就会简单得多。

假设用 N_i 表示第 i 个客人是否拿到属于自己的帽子，如果拿到属于自己的帽子，那么 $N_i=1$；要不然 $N_i=0$，于是就有 $N=N_1+N_2+\cdots+N_n$，所以有

$$E[N] = E\left[\sum_{i=1}^{n} N_i\right] = \sum_{i}^{n} E[N_i] \tag{8.13}$$

由于从 n 顶帽子中随机选中对应客户的帽子，其概率是 $1/n$，因此有 $E[N_i]=1/n$，所以代入式（8.13）就有

$$E[N] = \sum_{i=1}^{n} E[N_i] = \sum_{i=1}^{n} \frac{1}{n} = 1 \tag{8.14}$$

也就是预期只有 1 个客户能拿到属于他自己的帽子。接下来用代码模拟一下这个过程：

```python
import random
from random import shuffle

CUSTOMER_NUM = 10  #顾客的人数
```

```
CUSTOMER_HATS = random.sample(range(1, CUSTOMER_NUM * 10), CUSTOMER_NUM)  #使用随机
数表示客户帽子
customer_hats_map = {}
for i in range(CUSTOMER_NUM):
    customer_hats_map[i] = CUSTOMER_HATS[i]

simulations = 100000  #模拟运行的次数
correct_count = 0  #拿到自己帽子的人数

for i in range(simulations):
    shuffle(CUSTOMER_HATS)  #随机打乱帽子的排列次序
    for i in range(CUSTOMER_NUM):
        if customer_hats_map[i] == CUSTOMER_HATS[i]:  #从当前帽子中拿出第 1 顶还给客户
            correct_count += 1

print('The number of customer getting the right hat is : {0}'.format(int(correct_count
/ simulations)))
```

多次运行上面代码，大多数时候它都会返回 1，有时候返回 0，很少出现返回大于 1 的结果。由此可见，我们的分析是正确的。

接下来再看看有关数组元素分布情况的分析。假设数组 $A[1 \cdots n]$ 含有 n 个不同的整型元素，如果满足条件：$i < j, A[i] > A[j]$，那么就把 (i, j) 称作数组 A 的转置。任意给定一个数组 A，期望它包含多少个转置？

对于 (i, j)，使用随机信号变量 $I_{i,j}$ 来表示它是否是转置，如果 $i < j, A[i] > A[j]$，那么有 $I_{i,j} = 1$；要不然 $I_{i,j} = 0$。接下来需要确定概率 $P(I_{i,j} = 1)$，对于数组中任意两个元素 $A[i], A[j]$，由于数组含有 n 个不同元素，因此必然有 $A[i] < A[j]$，或者 $A[i] > A[j]$。

由于只可能有两种情况，因此任何一种情况出现的概率必然是 $1/2$，所以有 $P(I_{i,j} = 1) = 1/2$。由于 i 的取值范围是 1 到 $n-1$，j 的取值范围是 $i+1$ 到 n，如果用随机变量 R 表示数组 A 有可能出现的转置次数，那么就有

$$E[R] = E\left[\sum_{i=1}^{n-1}\sum_{j=i+1}^{n} I_{i,j}\right] = \sum_{i=1}^{n-1}\sum_{j=i+1}^{n} E[I_{i,j}] = \frac{n(n-1)}{2} \times \frac{1}{2} = \frac{n(n-1)}{4} \tag{8.15}$$

可以仿照上面例子，用代码做模拟实验看看上面的结论是否正确。

8.3　使用概率算法找到真命天子（女）

扫一扫，看视频

我们生活在一个不确定的世界里，唯一不变的就是不断地变化。变化给世界带来不确定性，使得它有改进更新的可能。对于人而言，变化给生活带来机遇的同时，也带来很多风险。

俗话说"男怕入错行，女怕嫁错郎"。当然，我们永远无法确定某个行业在未来是否依然处于

上升状态，更无法确定在茫茫人海中，到底谁才是我们的另一半。

本节从概率分析的角度思考，在不确定中尽可能寻求大概率，将深入研究如何才能最科学地找到自己的另一半。

8.3.1　伴侣寻找问题的原理分析

人在特定时期内能遇见的异性必然是有限的，而我们只能从能遇见的异性中寻找自己的另一半。假设某段时期内能遇见的异性人数为 n，问题在于在不能全面对 n 位候选人进行评估的情况下，以最大概率选中最好的那位。

假设 n 位候选人的水平用 n 个不同的数值表示，数值越大表示其水平越高。问题在于，这 n 位候选人会以随机次序出现在你面前，当某位候选人出现在你面前而你不选择他时，对方就会一去不复返，试问你以怎样的选择策略选中水平最高的那位呢？

在算法中，该问题也被称作最优停止问题。通常做法是你选定一个数值 r，对于前 $r-1$ 位候选人，你只看不选，记录下前 $r-1$ 位候选人的最高水平数值。你从第 r 位开始做选择，一旦发现能力值大于等于前 $r-1$ 位候选人的最高水平时你就选择他。

8.3.2　伴侣寻找问题的数学推导

问题关键在于，如何确定 r 值，使得我们采取前面描述的方法能以最大概率找到水平最高的候选人。用下面公式表示找到最佳候选人的概率：

$$P(r) = \sum_{i=1}^{n} P(\text{第}i\text{位候选人被选中} \cap \text{第}i\text{位候选人水平最高}) \tag{8.16}$$

根据条件概率，把式（8.16）分解为

$$P(r) = \sum_{i=1}^{n} P(\text{第}i\text{位候选人被选中}|\text{第}i\text{位候选人水平最高}) * P(\text{第}i\text{位候选人水平最高}) \tag{8.17}$$

由于第 i 位候选人水平最高的概率是 $1/n$，同时要确保你选择第 i 位候选人，那么在前 $i-1$ 位候选人中，水平最高的那位必须在前 $r-1$ 个人中出现。如果前 $i-1$ 位候选人中，水平最高的那位出现在 r 和 $i-1$ 范围内，按照策略你就会选择他，从而错过最佳人选。

由此，结合上面的分析及条件概率，式（8.17）扩展为

$$P(r) = \sum_{i=1}^{r-1} 0 + \sum_{i=r}^{n} P(\text{前}i-1\text{位候选人中水平最高的那位出现在前}r-1\text{位候选人中}|\text{选中第}i\text{位})$$
$$* P(\text{第}i\text{位被选中})$$

$$= \sum_{i=1}^{r-1} 0 + \sum_{i=r}^{n} P(\text{前}i-1\text{位候选人中水平最高的那位出现在前}r-1\text{位候选人中}|\text{选中第}i\text{位}) * \frac{1}{n} \tag{8.18}$$

其中，前 $i-1$ 位候选人中水平最高的出现在前 $r-1$ 位的概率是 $\dfrac{r-1}{i-1}$，由此式（8.18）转换为

$$P(r) = \sum_{i=r}^{n} \frac{r-1}{i-1} * \frac{1}{n} = \frac{r-1}{n} \sum_{i=r}^{n} \frac{1}{i-1} \tag{8.19}$$

对式（8.19）做一些变换：

$$P(r) = \frac{r-1}{n} \sum_{i=r}^{n} \frac{1}{\frac{i-1}{n}} * \frac{1}{n} \qquad (8.20)$$

看 $\sum_{i=r}^{n} \frac{1}{\frac{i-1}{n}} * \frac{1}{n}$，设想把区间[0,1]平均切分成 n 等份：$[0,1/n],[1/n,2/n],\cdots,[(n-1)/n, n/n]$，那么

$\frac{i-1}{n}, i=r,r+1,\cdots,n$ 就相当于从第 r 个区间开始的左边缘点。如果令 $x = \frac{r-1}{n}, t = \frac{i-1}{n}$，特别是有

$t = \frac{i-1}{n}, i=r,r+1,\cdots,n$，当 $n \to \infty$ 时就等价于 $t=x, x+1/n, x+2/n, \cdots, 1$。

于是式（8.20）就变成

$$P(r) = x * \sum_{x}^{1} \frac{1}{t} * \frac{1}{n} \qquad (8.21)$$

如果对微积分有所了解，会发现式（8.21）满足黎曼和的定义，因此当 $n \to \infty$，可以用下面的微积分方式来近似：

$$P(r) = x * \int_{x}^{1} \frac{1}{t} dt \qquad (8.22)$$

式中，dt 等价于式（8.21）中的 $1/n$。对式（8.22）做完积分运算后得

$$P(r) = -x * \ln(x) \qquad (8.23)$$

要选择 r 使 $P(r)$ 的值尽可能大，因此把式（8.23）相对于 x 求导，并算出使导数为 0 时的 x 取值：

$$\frac{dP(r)}{dx} = \frac{d[x * -\ln(x)]}{dx} = -\ln(x) - 1 = \ln\left(\frac{1}{x}\right) - 1 = 0 \qquad (8.24)$$

于是 $x = \frac{1}{e}$ 时，式（8.24）取值为 0，因此当选择 r，使 $\frac{r-1}{n} = \frac{1}{e} \to r-1 = \frac{n}{e}$，这意味着当在审视 n/e 个候选人后就不再观望，从第 $n/e+1$ 人开始做选择，选中正确人选的概率最大。

e 的取值大概是 2.7，因此可以观望前 1/3 的候选人，在后 2/3 的候选人中做选择。同时 n 也可以表示时间，假设想在一年内找到合适的另一半，那么应该在前 4 个月只考察，并在后 8 个月果断做出选择。

8.3.3　使用代码模拟伴侣寻找问题

使用代码，结合 8.3.2 小节分析结果，对伴侣寻找问题进行模拟分析，并通过数据分析看看选择算法能在多大程度上准确地捕捉最佳候选人。

```
import numpy as np
def choose_candidate(CANDIDATES_NUM = 100):
    candidates = np.arange(1, CANDIDATES_NUM+1)    #模拟每个人的水平，数值越大水平越高，数
值从 1~100 不等
```

```
    np.random.shuffle(candidates)    #将候选人随机排列
    view_only = int(round(CANDIDATES_NUM / np.e))    #根据分析，前 n/e 个候选人只看不选
    best_from_view_only = np.max(candidates[: view_only])    #记录前 n/e 个候选人中水平最高的
    select_candidates = candidates[view_only:]
    chosen_candidate = select_candidates[0]
    for i in range(len(select_candidates)):
        if select_candidates[i] > best_from_view_only:
            chosen_candidate = select_candidates[i]    #当有比观察候选人中水平高的人出现时，立即选择
    return chosen_candidate
'''
假设有 100 个候选人，模拟 100000 次，并使用图表显示模拟效果
'''
simulation = np.array([choose_candidate() for i in range(100000)])
plt.figure(figsize = (10, 6))
plt.hist(simulation, bins = 100)
plt.xticks(np.arange(0, 101, 10))
plt.ylim(0,40000)
plt.xlabel('Chosen candidate')
plt.ylabel('frequency')
plt.show()
```

上面代码运行后，结果如图 8-4 所示。

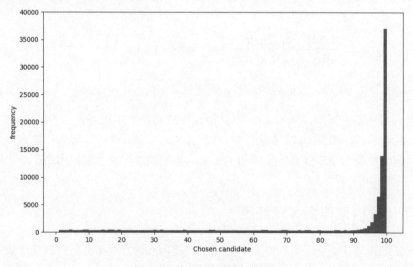

图 8-4   代码运行结果（1）

在模拟代码中，我们用 1~100 来表示 100 个不同候选人的能力，1 表示最低，100 表示最高。从图 8-4 中可以看出，代码选中能力值为 100 的候选人次数最多，这意味着算法的确能让我们选中最佳人选的概率最大化。

事实上，算法即使不能选中最佳候选人，但选中的人能力值在前 10 名的概率相当高。可以通过以下代码绘制出相关概率：

```python
plt.figure(figsize = (10, 6))
plt.plot(np.cumsum(np.histogram(simulation, bins = 100)[0]) / 100000)
plt.ylim(0, 1)
plt.xlim(0, 100)
plt.yticks(np.arange(0, 1.1, 0.1))
plt.xticks(np.arange(0, 101, 10))
plt.xlabel('Chosen candidate')
plt.ylabel('Chosen probability')
plt.show()
```

上面代码运行后，结果如图 8-5 所示。

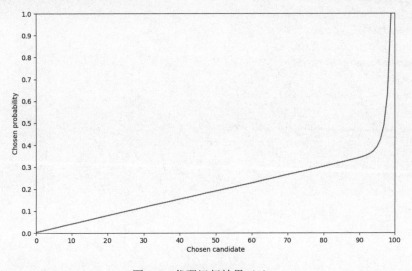

图 8-5　代码运行结果（2）

图 8-5 中的曲线表示相应能力值候选人被选中的概率。从中可以看到，在取值[90,100]这个区间，曲线突然急剧上升，从 0.3 一下子飙升到 1.0，也就是说，算法选中能力值在[90,100]这个区间候选人的概率超过 70%。

修改一下 choose_candidate()代码，调整截止线，看看当截止线不是 n/e 时，效果如何。

```python
import numpy as np
def choose_candidate(CANDIDATES_NUM = 100, reject = np.e):  #增加一个截止性变量
    candidates = np.arange(1, CANDIDATES_NUM+1)  #模拟每个人的水平，数值越大水平越高，数值从 1~100 不等
    np.random.shuffle(candidates)  #将候选人随机排列
    if reject == np.e:
        view_only = int(round(CANDIDATES_NUM / np.e))  #根据分析，前 n/e 个候选人只看不选
    else:
```

```
        view_only = int(round(reject * CANDIDATES_NUM / 100))
    best_from_view_only = np.max(candidates[: view_only])   #记录前 n/e 个候选人中水平最
高的

    best_from_view_only = np.max(candidates[: view_only])
    rest = candidates[view_only:]
    try:
        return rest[rest > best_from_view_only][0]
    except IndexError:
        return candidates[-1]
chosen_candidate = []
for r in range(5, 101, 5):
    simulation = np.array([choose_candidate(100, reject = r) for i in range(100000)])
#使用不同截止比率
    chosen_candidate.append(np.histogram(simulation, bins = 100)[0][99] / 100000)
#计算最大能力值候选人被选择概率
plt.figure(figsize = (10, 6))
plt.scatter(range(5, 101, 5), chosen_candidate)
plt.xlim(0, 100)
plt.xticks(np.arange(0, 101, 10))
plt.ylim(0, 0.4)
plt.xlabel('% of candidates rejected')
plt.ylabel('probability of choosing best candidate')
plt.grid(True)
plt.axvline(100/np.e, ls = '--', c = 'red')
plt.show()
```

上面代码运行后，结果如图 8-6 所示。

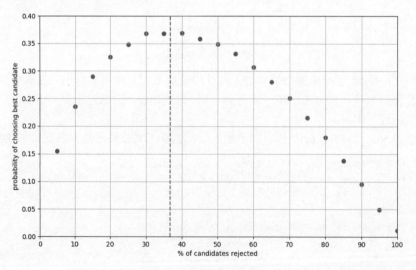

图 8-6　代码运行结果（3）

从图 8-6 中可以看到，x 轴表示的是观察截止比率，随着观察截止比率从 0 开始增加时，选中最佳候选人的比率不断升高，当观察截止比率位于 30%~40%的某个点时，也就是竖直线所在位置时，选中最佳候选人的概率最大。

虚线所在的位置其实恰好等于 1/e，当观察截止比率大于 1/e 时，最佳候选人被选中的概率不断下降，由此可以确定 1/e 是最佳分界线。

当然作为一个理性人，找对象时不应该太苛刻。找到最好那个当然好，但往往可遇而不可求，更切实际的是，找到最好的那几个，例如确保自己能从最好的前 5 名候选人中选到一个即可。基于这样的思路，可以对算法做如下改进：

```python
def get_best_candidates(best_n = 1):
    best_candidate = []
    for c in range(5, 101, 5):
        simulations = np.array([choose_candidate(100, reject = c) for i in
range(10000)])
        #如果想选择前 n 个最佳候选人，那么他们的分值应该大于等于 100-n
        best_candidate.append(len(simulations[simulations >= 100 - best_n]) / 100)

    return best_candidate
plt.figure(figsize = (10, 6))
for i in [1, 2, 5, 10]:  #分别从前 1，2，5，10 个最佳候选人中选一个
    plt.scatter(range(5, 101, 5), get_best_candidates(i), label = str(i))

plt.xlim(0, 100)
plt.ylim(0, 100)
plt.xticks(np.arange(0, 101, 5))
plt.yticks(np.arange(0, 101, 5))
plt.xlabel('% of candidates rejected')
plt.ylabel('Probality of choosing best candidates')
plt.legend(title = 'No . of best candidates')
plt.grid(True)
plt.tight_layout()
plt.show()
```

上面代码运行后，结果如图 8-7 所示。

从图 8-7 中可以看出，底层离散点构成的曲线表示当选择前 1 位，也就是你想选择能力最好的那位候选人时，应该排除前 35%的候选人；自底向上倒数第 2 条离散点构成的曲线表示，当想从最佳的两位候选人中选择时，应该排除前 25%的候选人；自底向上倒数第 3 条离散点构成的曲线表示，当想从最佳的前 5 名候选人中选择时，应该排除前 15%的候选人；最高那条离散点构成的曲线表示，当想从前 10 名最佳候选人中选择时，也是应该排除前 15%的候选人。

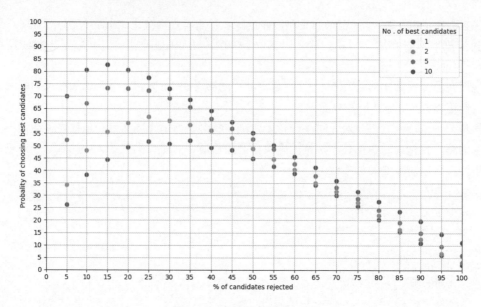

图 8-7　代码运行结果（4）

至此可以看到，随机化算法不仅可以用来解决某些计算问题，还能帮助我们解决人生大事。由此可见，掌握扎实的算法技能对过好这一生相当重要。

扫一扫，看视频

8.4　使用随机化算法实现数据预处理

在编写代码模块或设计程序功能时，常见的一个场景是需要对大量输入数据进行处理。例如，输入数据中是一个大数组等。这种场景时常是黑客对代码进行攻击的好入口。他们通过观察总结出代码对输入数据处理的方式，然后专门构造特定数据类型对程序进行破坏。

例如，开发的代码需要接收一个大数组，并对数组进行快速排序。程序需要从数组中选定一个元素作为主元，也就是 pivot，然后对其他元素进行排列。别有用心的黑客可以构造不同的数组内容去探测你如何选择主元。

如果在设计时按既定规则去选择主元，例如每次都选出数组的中间元素作为主元，那么黑客就可以构造大数组，同时把最大元素放置在数组中间，于是你的程序每次选择主元时都选中最大元素，由此根据快速排序算法特点，程序运行的时间会被大大增长，从而降低程序性能。

因此，面对特定数据模式攻击的应对方法是，在对数据进行处理前，先将输入的数据随机排序，如此黑客就无法摸清程序对数据的处理方式，从而防范其构造特定数据对我们的程序进行恶意攻击。

8.4.1　对输入数组随机排序的算法描述

在程序设计中，接收数组进行处理是常见情形。这也是程序攻击最常选用的着手点。一旦黑客发现某段程序接收数组输入，他会立刻想到缓冲区溢出攻击，另一种选择就是摸清程序对数组的处理机制后，构造特定类型的数组，让程序在不知不觉中按照他的意愿运行。

为了保证程序的安全性和鲁棒性，代码接收输入数组后，最常用的方法是对数组进行随机排序，然后再做处理。通过随机化处理后，外界就很难捕捉到程序运行规律。对数组进行随机化处理的流程如图 8-8 所示。

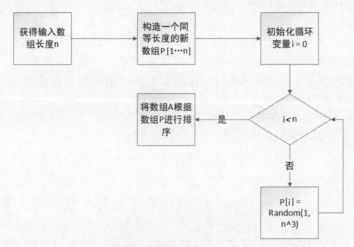

图 8-8　数组排序算法流程图

下面通过一个具体例子来理解上面的算法原理。假设程序接收一个输入数组<7, 9, 11, 13>，由于它的长度为4，根据上面描述的算法流程，要在[1, 64]的范围内选取 4 个随机数，假设选到的随机数数组 P 为<38, 5, 63, 21>。

P 数组里面的元素将作为数组 A 中元素的优先级，由此根据 P 重新将 A 排列成<9,13,7,11>，因为让 $A[i]$ 与 $P[i]$ 对应，当 P 根据元素排列后，A 要保持与 P 的对应关系，因此 A 也进行了相应的排序。

8.4.2　算法的随机性证明

需要确保 8.4.1 小节中描述的算法足够"随机"。只有真正随机，黑客才无法通过调试来摸清规律。如何定义随机呢？含有 n 个元素的数组总共有 $n!$ 种排列方式，需要证明，8.4.1 小节中产生的数组排序，其产生概率只有 $1/n^3$。

首先需要处理一个问题，在算法描述中，有一步是 $P[i] = \text{Random}(1, n^3)$，也就是在范围 $[1, n^3]$ 中随机取出一个数值赋值给 $P[i]$，需要确保赋值不会产生重复，也就是不存在 $P[i] = P[j], i \neq j$。

我们将证明赋值出现重复的概率小于 $1 - 1/n$。我们用 A_i 表示赋值到第 i 个元素时，第一次产生元素重复。显然 $P(A_1) = 0$，因为取出第 1 个元素时，数组 P 是空集，因此它不可能与空集产生重复。

有 $P(A_1) = \dfrac{i-1}{n^3}$，因为选择第 i 个元素时第 1 次产生元素重复，这意味着前 $i-1$ 个元素没有重复，第 i 个元素产生重复，它的值必须与前 $i-1$ 个元素中的某一个相同，因此它有 $i-1$ 种重复方式。由于它是从 n^3 个数值中随机选取的，因此它的值出现在前 $i-1$ 个元素中的概率就是 $\dfrac{i-1}{n^3}$。

由此，数组 P 中元素不产生重复的概率是 $1-P(A_1)-P(A_2)-\cdots-P(A_n)$，转换后就是

$$1-\dfrac{1}{n^3}-\dfrac{2}{n^3}-\cdots-\dfrac{n-1}{n^3}=1-\dfrac{1+2+\cdots+n-1}{n^3}=1-\dfrac{\dfrac{1}{2}n(n-1)}{n^3}\geqslant 1-\dfrac{1}{n}$$，这意味着随着 n 的增大，算法产生数组 P 时，出现元素重复的概率越来越小，以至于数组 P 没有重复元素的概率是 1。

接下来证明在数值 P 不出现重复的情况下，算法产生给定 A 排序的概率是 $1/n^3$。由于 $A[i]$ 根据元素 $P[i]$ 在数组 P 中的大小来决定排序后的位置，如果 $A[i]$ 在排序后被放置在第 j 个位置，那么意味着 $P[i]$ 是数组中第 j 大的元素。

如果用 E_i 来表示元素 $P[i]$ 是数组 P 中第 j 大，那么数组 A 一次特定排序产生的概率就是 $P\{E_1\cap E_2\cap\cdots\cap E_n\}$，根据条件概率原理，可以把它拆解成

$$
\begin{aligned}
P\{E_1\cap E_2\cap\cdots\cap E_n\}&=P\{E_n\,|\,E_1\cap E_2\cap\cdots\cap E_{n-1}\}*P\{E_1\cap E_2\cap\cdots\cap E_{n-1}\}\\
&=\cdots\\
&=P\{E_1\}*P\{E_2\,|\,E_1\}*\cdots*P\{E_i\,|\,E_1\cap E_2\cap\cdots\cap E_{i-1}\}*\\
&\quad P\{E_n\,|\,E_1\cap E_2\cap\cdots\cap E_{n-1}\}
\end{aligned}
$$

由于 $P[1]$ 是第 j 大元素的概率是 $1/n$，$P[2]$ 与 $P[1]$ 值不同，因此它是数组中第 j' 大的概率是 $1/(n-1)$，以此类推，得到

$$P\{E_1\cap E_2\cap\cdots\cap E_n\}=\dfrac{1}{n}\cdot\dfrac{1}{n-1}\cdot\cdots=\dfrac{1}{n!}$$

由此可以确保，算法产生的数组排序结果的确是随机的。还需要考虑的一个问题是，只是在概率上证明数组 P 的元素不会发生重复，万一在实践中真的出现了重复应该如何处理。

办法很简单，再来一遍即可。需要证明，在有限次之内可以得到一个不包含重复元素的数组。设想当数组 P 中出现重复元素时，假设第 1 次出现重复元素是在第 i 个位置，特定的元素重复情况就可以和前面提到的 A_i 对应起来，由此"元素出现重复"这一事件可以用下面式子进行表达：

$$A_1\cup A_2\cup\cdots\cup A_n$$

前面证明过，$P(A_{i-1})=\dfrac{i-1}{n}$，同时事件 A_1 与 A_j 相互排斥，因为元素第一次发生重复要么在第 i 位，要么在第 j 位，不可能同时在 i,j 上发生第 1 次重复，所以有

$$P(A_1\cup A_2\cup\cdots\cup A_n)=P(A_1)+\cdots+P(A_n)=\dfrac{1+2+\cdots+(n-1)}{n^3}\leqslant\dfrac{1}{n}$$

由此就有，如果发现数组 P 出现重复元素时就重新生成的话，那么连续 i 次进行重新生成的概率是 $\left(\dfrac{1}{n}\right)^i$，于是用 R 表示当数组 P 出现重复元素后，重新生成数组 P 直到没有重复元素的次数，那么就有

$$E[R]=1*\frac{1}{n}+2*\left(\frac{1}{n}\right)^2+\cdots+n*\left(\frac{1}{n}\right)^n\leqslant n*\frac{1}{n}+n*\left(\frac{1}{n}\right)^2+\cdots+n*\left(\frac{1}{n}\right)^n$$

$$=1+\frac{1}{n}+\frac{1}{n^2}+\cdots+\frac{1}{n^{n-1}}=\frac{n}{n-1}\leqslant 2$$

也就是说，预计重复 2 次左右就可以得到不含有重复元素的数组 P。

8.4.3　改进数组随机排序算法

在 8.4.2 小节中介绍的数组随机排序算法存在一个问题。那就是需要购置一个与输入数组同等长度的数组 P。如果输入数组长度足够大，那么算法执行时就得承受不小的内存开销，本小节对 8.4.2 小节的算法进行改进，以便省去不必要的内存开销。新算法的流程如图 8-9 所示。

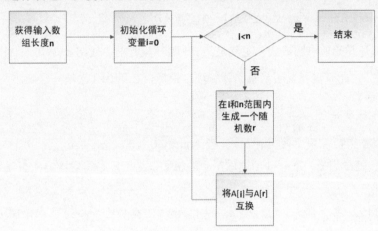

图 8-9　算法流程图

根据图 8-9 给出的算法流程，用代码实现如下：

```python
import random
def  randomize_array_input(array):
    n = len(array)
    for i in range(n):
        swap = random.randint(i, n-1)
        temp = array[swap]
        array[swap] = array[i]
        array[i] = temp
length = 10
array = []
for i in range(length):
    array.append(random.randint(i, length))   #给数组赋值 0~100 之间的随机数
print('array before randomize: ', array)
randomize_array_input(array)
print('array after randomize: ', array)
```

上面代码运行后，结果如图 8-10 所示。

```
array before randomize:  [4, 5, 3, 4, 4, 7, 9, 9, 10, 10]
array after randomize:   [4, 9, 5, 4, 10, 9, 3, 4, 7, 10]
```

图 8-10 代码运行结果

算法逻辑及代码实现比较简单，但必须证明算法的正确性，也就是算法变换后的数组的确是随机的。首先证明一个命题：在 randomize_array_input() 函数中，for 循环在执行前，数组 array[0, i-1] 中元素排列出现的概率是 $\frac{(n-i)!}{n!}$。

下面使用数学归纳法来证明上面的声明。在第 1 次循环开始前，循环变量 $i=0$，此时数组 array[0, 0] 是一个空数组，空数组显然只有一种排列可能性，因此它对应的元素排列概率肯定是 1，此时把 $i=0$ 代入声明中的式子得 $\frac{(n-0)!}{n!}=1$，结论显然成立。

假设第 i 次循环开始前声明成立，也就是第 i 次循环执行前，数组 array[0, i-1] 中元素排列出现的可能性是 $\frac{(n-i)!}{n!}$，此时需要证明当第 i 次循环结束后，在第 $i+1$ 次循环开始前，数组 array[0, i] 中元素排列出现的概率是 $\frac{(n-i-1)!}{n!}$。

在第 i 次循环结束后，假设数组前 i 个元素为 array[0,i]$=a_0,a_1,\cdots,a_{i-1},a_i$。其中，元素 a_i 是第 i 次循环执行时，代码在范围 i 到 $n-1$ 中选取一个随机数作为下标，将对应的元素置换到数组下标位置为 i 处的元素值。

根据数学归纳法，数组前 i 个元素 $a_0,a_1,\cdots,a_{i-1}$ 出现的概率是 $\frac{(n-i)!}{n!}$，如果使用 A_i 表示元素 a_i 被置换到 array[i] 这一事件，同时使用 E_i 表示数组前 i 个元素的排列为 $a_0,a_1,\cdots,a_{i-1}$ 这一事件，那么数组前 $i+1$ 个元素排列为 $a_0,a_1,\cdots,a_{i-1},a_i$ 这一事件可以表示为 $A_i \bigcap E_i$，该事件出现的概率为 $P(A_i \bigcap E_i)$。

根据条件概率定义有 $P(A_i \bigcap E_i)=P(E_i)*P(A_i|E_i)$，根据数学归纳法假设，已经有 $P(E_i)=\frac{(n-i)!}{n!}$，注意到元素 a_i 是代码从 array[i, n-1] 这 $n-i$ 个元素中随机选出的一个元素，因此元素 a_i 被选中的概率是 $\frac{1}{n-i}$，由此得到 $P(A_i \bigcap E_i)=\frac{(n-i)!}{n!}*\frac{1}{n-i}=\frac{(n-i-1)!}{n!}$，由此可证前面的声明成立。

当循环结束时 $i=n-1$，有循环后数组中元素出现的概率就是 $\frac{[n-(n-1)]!}{n!}=\frac{1}{n!}$，由此就在逻辑上保证，代码生成的数组的确是完全随机的。

第 9 章

字符串匹配算法

有时候笔者经常想，所谓的搜索引擎，本质上就是一个超大型的字符串查找程序。它把所有网页放到服务器上集合成一个文档，当用户在搜索框里输入关键字时，搜索引擎只要在后台进行字符串匹配操作即可。

当然，搜索引擎的原理比字符串匹配要复杂得多，然而没有字符串匹配功能，搜索引擎也无法发挥应用的功能，毕竟你显示的内容总得包含用户输入的关键字。从本章开始，就来好好研究搜索引擎后台所使用的各种字符串匹配算法。

9.1　基本概念介绍

字符串匹配的基本目标是，给定一个含有字符比较多的字符串，再给定一个含有字符比较少的字符串，然后查找第 1 个字符串从某个位置开始的字符是否与第 2 个字符串中的字符一一匹配。

例如，给定字符串"abcefgzt"和字符串"cefg"，可以看到第 1 个字符串从第 3 个字符开始连续 4 个字符与第 2 个字符串相同，字符串匹配算法就是要找到这样的起始位置，如果存在这样的位置，将其称为偏移，例如从第 1 个字符串偏移两个字符后两个字符串能产生匹配。

事实上，匹配的字符串不一定只能包含字母，任何能相互比较是否相同的符号组成的"串"都可以进行匹配，因此可以用符号 Σ 表示所有可以比较字符的集合，例如仅仅针对文本而言，它就是 ASCII 码字符集，如果针对 DNA，那么它就是 A、C、G 3 个字符的集合。

在进行字符串比较时，考虑有限长度字符串之间的比较，如果字符串包含 0 个字符，它就称为空字符串。如果第 2 个字符串相对于第 1 个偏移 0 个字符就能匹配上，我们称第 2 个字符串为第 1 个字符串的前缀。如"abcdefg""abcd"，后者就是前者的前缀。

如果把两个字符串同时前后翻转，后者如果是前者的前缀，那么在翻转前，后者就称为前者的后缀，如字符串"abcdefg""defg"，两者翻转后分别为"gfedcba""gfed"，由于后者是前者的前缀，因此翻转前，后者是前者的后缀。

如果用 x 表示一个字符串，那么 $|x|$ 表示字符串中含有字符的个数，也称为字符串的长度。给定两个字符串 x 和 y，它们的连接表示为 $w=xy$，也就是两个字符串合并成一个，其中 x 排在前面，y 接在后面。

于是就有 x 为 w 的前缀，使用符号 $x \subset w$ 表示，y 为 w 的后缀，使用符号 $y \supset w$ 表示，显然有 $|x| \leq |w|$，而且 $|y| \leq |w|$。于是可以得到如下结论：

如果 $x \subset z$，$y \subset z$，并且有 $|x| < |y|$，那么有 $x \subset y$，因为 x, y 同时为 z 的前缀，说明 x 和 y 匹配与 z 偏移为 0 的若干字符，但由于 y 匹配的字符更多，因此 x 就是 y 的前缀。反之亦然，也就是如果 $|x| > |y|$，那么有 $y \subset x$；如果有 $|x| = |y|$，那么有 $x = y$，显然这个结论在 x, y 为 z 的后缀时同样成立。

给定一个字符串 P，它含有 m 个字符，我们把它前 k 个字符组成的子字符串记作 P_k，于是就可以使用更简明的方法描述字符串匹配问题，假设字符数量较多的字符串为 T，长度为 n，我们称它为"文本"，要匹配的字符数量较少的字符串为 P，那么匹配问题可以用如下数学形式声明。

如果字符串 P 能匹配字符串 T，那么意味着存在 s，$0 \leq s \leq n-m$，使得 $P \supset T_{s+m}$。字符串匹配算法就是要查找到满足条件的 s。

9.1.1　暴力枚举匹配法

最简单的字符串匹配算法就是暴力枚举匹配法，也就是从文本 T 的第 1 个字符开始，依次检测后续字符是否与给定字符串 P 中的每个字符相同，如果从第 0 个字符开始依次比对发现不能完全匹配，那么就挪到第 1 个字符开始再次比对。相应代码实现如下：

```
def brute_force_match(T, P):
    n = len(T)
    i = 0
    while i < n - len(P):  #依次从文本 T 中每个字符开始比对
        for j in range(len(P)):
            if T[i + j] != P[j]:
                break
        if j == len(P) - 1:
            return i
        i += 1
    return -1
T = "abcdefghijklmn"
P = "ghij"
s = brute_force_match(T, P)
if s != -1:
    print("{0} occur at position {1} in {2}".format(P, s, T))
```

如果用 n 表示文本 T 的长度，用 m 表示字符串 P 的长度，那么暴力枚举匹配法最多要移动 $n-m+1$ 次，每次比对 m 个字符，因此算法的时间复杂度就是 $O((n-m+1)m)$，当文本长度很大时，这么做的效率非常低下。

9.1.2　字符串 P 中字母出现规律对算法的影响

暴力枚举匹配法效率低的重要原因在于，它没有考虑到匹配字符串内部字符出现的规律或特性，如果假设字符串 P 中的字符不会出现重复，那么可以有效提升算法效率。假设从 T 的第 i 个字符开始比较，经过了 j 个字符出现字符差异，也就是 $T[i+k]=P[k], T[i+j]!=P[j], 0 \leqslant k \leqslant j-1$。

由于 P 中字符不会重复出现，因此可以大胆地越过 $T[i], T[i+1], \cdots, T[i+j-1]$ 这些字符，然后从字符 $T[i+j]$ 开始与字符串 P 中字符依次匹配。相关代码如下：

```
def brute_force_match1(T, P):
    n = len(T)
    i = 0
    while i < n - len(P):  #依次从文本 T 中每个字符开始比对
        count = 0
        for j in range(len(P)):  #假设 P 中字符不会重复出现
            count += 1
            if T[i + j] != P[j]:
                break
        if j == len(P) - 1:
            return i
        i += count
    return -1
T = "abcdefghijklmn"
P = "ghij"
```

```
s = brute_force_match1(T, P)
if s != -1:
    print("{0} occur at position {1} in {2}".format(P, s, T))
```

由于上面代码中，字符串 T 中每个字符最多与 P 中字符进行一次比对，如果字符串 T 包含 n 个字符，那么算法的时间复杂度就是 $O(n)$。

假设字符集含有 d 个元素：$\Sigma_d = \{0, 1, 2, \cdots, d-1\}, d \geqslant 2$，例如以 ASCII 码组成的文本对应的字符个数 d 就是 256。如果含有 n 个字符的文本 T 和含有 m 个字符的字符串 P，它们的字符是完全随机从 Σ_d 中提取组合而成，那么分析一下暴力枚举匹配法的效率。

在暴力枚举匹配法的实现中有两层循环，外层循环最多有 $n-m+1$ 次，内层循环最多有 m 次，它的循环次数取决于 T 从位置 i 开始到底有多少个字符能与 P 匹配。由于 T 和 P 的字符都从 Σ_d 中随机选取，因此内层循环值执行一次的情况是两者第 1 个字符就不同，相应概率为 $\dfrac{d-1}{d}$；执行两次的情况是第 1 个字符相同第 2 个字符不同，对应概率为 $\dfrac{1}{d} * \dfrac{d-1}{d}$，以此类推，执行 k 次的概率是前 $k-1$ 个字符相同而第 k 个字符不同，对应概率为 $\left(\dfrac{1}{d}\right)^k * \dfrac{d-1}{d}$。

如果循环 m 次，它的概率有点特殊，因为它可以对应两种情况，一种情况是前 $m-1$ 次字符都相同，第 m 次字符不同，对应的概率为 $\left(\dfrac{1}{d}\right)^{m-1} * \dfrac{d-1}{d}$；一种情况是 m 次字符都相同，对应概率为 $\left(\dfrac{1}{d}\right)^m$，因此内层循环执行 m 次的概率为 $\left(\dfrac{1}{d}\right)^{m-1} * \dfrac{d-1}{d} + \left(\dfrac{1}{d}\right)^m$。

如果用随机信号变量 N 来表示内层循环执行的次数，那么它的数学期望就是

$$E[N] = 1 * \frac{d-1}{d} + 2 * \frac{1}{d} * \frac{d-1}{d} + \cdots + m * \left(\frac{1}{d}\right)^{m-1} * \frac{d-1}{d} + m * \left(\frac{1}{d}\right)^m \tag{9.1}$$

令

$$S = \left[1 + 2 * \left(\frac{1}{d}\right)^1 + \cdots + m * \left(\frac{1}{d}\right)^{m-1} \right] \frac{d-1}{d} \tag{9.2}$$

在式（9.2）左右两边分别乘以 $1/d$ 就有

$$\frac{1}{d} S = \left[\left(\frac{1}{d}\right)^1 + 2 * \left(\frac{1}{d}\right)^2 + \cdots + (m-1) * \left(\frac{1}{d}\right)^{m-1} + m * \left(\frac{1}{d}\right)^m \right] * \frac{d-1}{d} \tag{9.3}$$

然后用式（9.2）减去式（9.3）有

$$\left(1 - \frac{1}{d}\right) S = \left[1 + \left(\frac{1}{d}\right)^1 + \left(\frac{1}{d}\right)^2 + \cdots + \left(\frac{1}{d}\right)^{m-1} - m * \left(\frac{1}{d}\right)^m \right] * \frac{d-1}{d} \rightarrow S = \frac{1 - d^{-m}}{1 - d^{-1}} - m * \left(\frac{1}{d}\right)^m \tag{9.4}$$

把式（9.4）代入式（9.1）就有

$$E[N] = \frac{1-d^{-m}}{1-d^{-1}} \tag{9.5}$$

由于 $d \geqslant 2, 1-d^{-1} \geqslant 0.5, 1-d^{-m} < 1 \rightarrow \frac{1-d^{-m}}{1-d^{-1}} \leqslant 2$，因此在字符随机选择的情况下，暴力匹配法的复杂度为

$$(n-m+1) * \frac{1-d^{-m}}{1-d^{-1}} \leqslant 2(n-m+1) \tag{9.6}$$

由此可见，文本 T 和字符串 P 中字符出现的规律不同时，算法效率变化非常大，如果能深入挖掘 T, P 中字符出现规律，就能有效地提升匹配效率，这也是后面很多匹配算法的思想出发点。

9.2　罗宾-卡普匹配算法

扫一扫，看视频

暴力枚举匹配法之所以效率很低，原因在于它没有考虑匹配字符串内部字符出现的规律和特性，如果能够利用匹配字符串内部字符出现的特性，可以有效地缩短匹配时间。本节要介绍的罗宾-卡普匹配算法巧妙之处在于用整数运算的形式体现字符规律从而有效提升算法效率。

有过编程经验的人都知道，通过键盘单击输入计算机的字符属于 ASCII 集合，在这个集合中除了有常规的 a,b,c,d,1,2,3,4 外，还有很多奇形怪状的字符，但无论字符形状如何变化，每个字符都对应一个位于[0,256]区间内的整数，于是一个字符可以用一个特定整数代替。

对于如任意字符集 Σ，如果它包含 d 个元素，就可以用 1~d 这些整型数字来对应其中每个字符。于是对于字符串 P，它本质上就是一系列数字的集合。举个具体例子，假设字符集只包含 26 个小写字母，于是每个字母可以对应一个整数，用 1 对应 "a"，2 对应 "b"，以此类推。

假设给定字符串 P= 'abcd'，于是 P 对应的数字排列为 1,2,3,4。把这几个数字整合成一个整数：$1 \times 1000 + 2 \times 100 + 3 \times 10 + 4 \times 1 = 1234$。这么做的显著好处在于它有灵活的转换性。

对另一个字符串 Q= 'bcde'，它与字符串 P 有 3 个相同字符，如何把握这个特点从 P 迅速转换为 Q 呢？由于 Q 对应的整合的整数为 $2 \times 1000 + 3 \times 100 + 4 \times 10 + 5 = 2345$，只要把 P 对应的整数减去 1×1000 然后乘以 10 再加上 e 对应的整数即可，也就是 $2345 = （1234 - 1 \times 1000）\times 10 + 5$。

这种方法给字符串之间的转换表达带来了很好的方便性。如果字符串 P 含有 n 个字符，用 $P[i, i+1, \cdots, i+m]$ 表示从第 i 个字符开始连续 m 个字符所对应的字符串，用 $P_{i,i+m}$ 表示该字符串对应的整合的整数。

根据前面描述，很容易计算出字符串 $P[i+1, \cdots, i+m+1]$ 对应的整合的整数，那就是 $P_{i+1,i+1+m} = 10 \times (P_{i,i+m} - P[i] \times 10^m) + P[i+m+1]$。通过这种计算转换法，就可以实现快速字符串的匹配。

9.2.1　算法的基本原理

假设文本 T 包含 n 个字符，匹配字符串 P 包含 m 个字符，先计算字符串 P 对应的整合的整数 $P_{0,m-1}$，如果文本 T 从第 k 个字符开始能与 P 匹配，也就是有 $T[k]=P[0], T[k+1]=P[1], \cdots,$

$P[k+m-1] = P[m-1]$ ，那么一定有 $T_{k,k+m-1} = P_{0,m-1}$ 。

于是给定含有 n 个字符的文本 T ，先计算 $T_{0,m-1}$ ，然后通过前面描述的方法很容易地就能从 $T_{0,m-1}$ 计算 $T_{1,m}$ ，然后依次计算 $T_{2,m+1}$ ，一直到 $T_{n-m-1,n-1}$ ，然后依次检验 $T_{k,k+m}(0 \leq k \leq n-1)$ 是否等于 $P_{0,m-1}$ ，如果相等，就找到了匹配之处。

运用这种算法，只需在开始使用 $O(m)$ 计算 $P_{0,m-1}, T_{0,m-1}$ ，然后可以使用 $O(1)$ 计算 $T_{k,k+m}$ ，$0 \leq k \leq n-1$ ，检验两个整数是否相等，即所需时间为 $O(1)$ ，因此算法的时间复杂度为 $O(m) + O(n-m+1) = O(n)$ 。

该算法存在一个问题是，如果 m 很大，最后整合的整数可能很大，做运算时就会导致溢出。一种能够减少数值大小但又不破坏数值运算特性的做法是求余。取一个合适的素数 Q ，然后计算 $P_{0,m-1} = P_{0,m-1} \% Q$ 。

为了防止在计算 $P_{0,m-1}, T_{k,k+m-1}$ 过程中出现溢出，把求余运算放入它们的计算过程，也就是 $P_{0,m} = (((P[0]*10^m)\%Q) + ((P[1]*10^{m-1})\%Q) + \cdots + P[m-1]*1)\%Q$ 。

但如此改变后会出现一个问题，在于 $P_{0,m-1}\%Q = T_{k,k+m-1}\%Q$ 成立时并不意味着 $P_{0,m-1} = T_{k,k+m-1}$ 成立，因此一旦前者成立后，还需要做进一步确认，那就是逐个字符比对，也就是看 $P(0), P(1) + \cdots + P[m-1]$ 是否与 $T[k], T[k+1], \cdots, T[k+m-1]$ 依次相等。

最坏情况下是对 $T_{k,k+m}, 0 \leq k \leq n-1$ ，都有 $T_{k,k+m}\%Q = P_{0,m-1}\%Q$ ，如此需要进行 $n-m+1$ 次逐字符比对，每次逐字符比对的时间复杂度为 $O(m)$ ，于是在最坏情况下算法的时间复杂度为 $O((n-m+1)*m)$ ，与暴力枚举匹配法相同。

在实际应用中最坏情况几乎不可能出现，因此实际应用时该算法的效率要远远优于暴力枚举匹配法。

9.2.2 算法的代码实现

本小节看看如何使用代码实现罗宾-卡普匹配算法，假设字符集为 ASCII，因此每个字符对应 $[0,256]$ 的一个整数。代码实现如下：

```python
def rabin_karp_matching(T, P, Q):
    n = len(T)
    m = len(P)
    d = 10
    h = np.power(d, m - 1) % Q
    p = 0
    t = 0
    for i in range(m):  #计算整合整数
        p = (d * p + ord(P[i])) % Q
        t = (d * t + ord(T[i])) % Q
    for i in range(0, n - m + 1):
        if p == t:  #如果整合整数相等，就要逐个字符比对
```

```
        for j in range(m):
            if P[j] != T[i + j]:
                break
        if j == m - 1:
            print("P occurs at position {0} ".format(i))
    if i < n - m:
        t = (d * (t - ord(T[i]) * h) + ord(T[i + m])) % Q
T = "abcdefghopqcmndeftyu"
P = "def"
Q = 29   #选取一个素数
rabin_karp_matching(T, P, Q)
```

上面代码运行后，输出结果如下：

```
P occurs at position 3
P occurs at position 14
```

代码能准确地找到 P 在文本 T 中出现的位置。当选定一个素数 Q 后，对 $P_{0,m-1}$，$T_{k,k+m-1}$ 的计算结果会落入区间$[0,Q]$之间，于是两者对 Q 求余后结果相同的概率为$1/Q$，因此对于长度为 n 的问题，在匹配时需要逐个字符比对的次数大概为 n/Q。

在代码实现中有两个 for 循环，第 1 个 for 循环执行次数为 m，第 2 个 for 循环执行时，嵌套在内部的 for 循环被执行的次数平均为 n/Q，因此逐个字符比对的次数为 $m*n/Q$，而"if i < n - m"这条语句表示每次循环都会执行，它对应的时间复杂度为 $O(1)$。

因此，第 2 个 for 循环执行的时间复杂度为 $O((n-m+1)+m*n/Q)$。如果把素数 Q 选得足够大以至于 $Q>n$，那么就有 $n/Q<1$，于是有 $m*n/Q<m$，因此算法时间复杂度变为 $O(n-m+1+m)=O(n)$。

在实际应用时，罗宾-卡普匹配算法的时间复杂度能达到线性程度。

9.3 有限状态机匹配法

扫一扫，看视频

编译器在编译程序时，首先需要读取程序文本，然后它需要将文本中字符串表示的各种成分读取出来。例如，某个字符串表示变量，另一个字符串表示数字等。它通过一种叫作有限状态机的方法来识别字符串表示的成分。

例如，当编译器读取到字符串的第 1 个字符是数字时，它会进入"数字状态"，接下来读取的字符如果依然是数字，那么它会保持在该状态不变；如果读到空格或分号，则进入结束状态，然后把当前读到的字符串当作数字看待；如果读到字母，则会进入"错误状态"，因为一开始是数字然后是字母所形成的字符串不符合编程语言的语法。

本节将使用有限状态机识别匹配字符串 P 中字母出现的规律，然后利用这些规律加快它在文本 T 中的查找匹配速度。

9.3.1　有限状态机的基本概念

先看看什么叫有限状态机。图 9-1 所示是识别整数字符串的状态机。

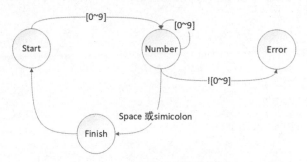

图 9-1　识别整数字符串的状态机

图 9-1 展示了编译器如何通过状态机来从代码文本中识别数字字符串。每个圆圈表示一个状态，圆圈间的连线表示状态间的转换，连线上的内容表示接收到怎样的字符才能发生对应转换。

例如，要从 Start 状态转换到 Number 状态，编译器必须读入 0~9 这 10 个数字字符之一才会进入 Number 状态，在该状态时，如果持续读到数字，那么它会一直保持在该状态；如果读到空格或分号，它会进入 Finish 状态；如果读到非数字字符，它会从 Number 状态进入 Error 状态。

从图 9-1 中可以得到有限状态机的严格定义，它由 5 个要素组成，第 1 个要素是状态集合 Q，也就是状态机中所有节点的集合；第 2 个要素是起始状态 s，任何状态机都得从该状态开始运转；第 3 个要素叫作接收状态 A，例如图 9-1 中的节点 Finish 就是接收状态；第 4 个要素是状态机可接收的字符集 Σ；第 5 个要素就是状态间的转换逻辑 δ，它对应图 9-1 中的所有边。

在图 9-1 中，当状态机处于 Number 状态时，如果读取数字字符，那么它下次转换的还是 Number 状态；如果读取空格或分号，则进入 Finish 状态，这种转换用 $Number = \delta(Number,[0\sim9])$ 来表示。

9.3.2　有限状态机匹配字符串原理

在获得要查找的字符串 P 时，先构造一个状态机来读取它所包含的字符，从而掌握字符出现的规律。先看两个字符串 $P=$ "ababaca"，$X=$ "ehgabab"，发现 P 前 4 个字节构成的前缀恰好是 X 的后缀字符串。

由此定义一种操作 $\sigma(P,X)$，它找到最大数值 k，使得字符串 P 的前 k 个元素合成的前缀恰好是字符串 X 的后缀，如果把前面两个字符串输入该函数，就有 $\sigma('ababaca','ehgabab')=4$。

如果 P 没有任何长度的前缀能作为 X 的后缀，则操作直接返回 0，如果 P 包含 m 个字符，而且有 $\sigma(P,X)=m$，那么显然整个字符串 P 就是字符串 X 的后缀。给定两个字符串 x,y，如果 x 是 y 的后缀，那么有 $\sigma(P,x)\leqslant\sigma(P,y)$。

注意这个函数可以用来描述字符串 P 能在文本 T 中找到匹配时的情况。如果 P 包含 m 个字符，

T 从第 i 个字符开始连续 m 个字符构成的字符串正好与 P 匹配，如果用 $T_{0,i+m-1}$ 表示将 T 的第 1 个字符和第 $i+m$ 个字符抽取出来而形成的字符串，那么就有 $\sigma(P,T_{0,i+m-1})=m$。

由此可以对含有 m 个字符的字符串 P 专门定义一个有限状态机。状态机的状态点集合为 $\{0,1,2,\cdots,m\}$，当状态机位于状态 k 时，假设从 P 中读取的下一个字符是 a，那么状态机下一个跳转状态为 $\sigma(P,P_ka)$。

也就是说，当处于状态 k 时，将字符串 P 的前 k 个字符构成的前缀提取出来，然后跟下一个读取到的字符组合成一个新的字符串。接着计算 P 中最大长度的前缀，这个前缀同时也是字符串 P_ka 的后缀，这个前缀的长度就是对应状态机要跳转的状态。

假设给定字符串 $P=$ "efefefe"，由于它有 7 个字符，因此状态机对应集合为 $Q=\{0,1,2,3,4,5,6,7\}$，同时设定 7 为接收状态。假设字符集为 $\Sigma=\{e,f\}$，要查找的文本为 $T=$ "feffefefefee"。

一开始状态机处于状态 0，根据状态调整原则 $\sigma(P,P_ka)$，如果依次从字符串 P 中读取字符就可以得到如图 9-2 所示的状态机。

图 9-2　读取 P 字符构造的状态机

注意到图 9-2 中状态点 7 为实心，表示它是接收状态。接下来看看对应状态取其他字符时如何跳转。例如在状态 1 时，如果读入字符 e，那么 $P_1e=ee$，此时 P 中第 1 个字符构成的前缀 e 是 P_1e 的后缀，因此 $\sigma(P,P_1e)=1$，由此在状态 1 读取字符 e 时会进入状态 1。

如果在状态 2 时，读取到字符 f，那么状态机会跳转到哪个状态呢？由于 $P_2f=eff$，那么从 P 读取前 0 个字符构成的前缀才能是它的后缀，因此 $\sigma(P,P_2f)=0$，也就是在状态 2 时如果读取字符 2 就进入状态 0。

同理，如果在状态 3 时，读取字符 e，由于 $P_3e=efee$，此时从 P 中读取前 1 个字符构成的前缀 e 才能是 efee 的后缀，所以 $\sigma(P,P_3e)=1$，因此在状态 3 时如果读取字符 e 就会进入状态 1。以此类推，得到一个完整的状态机，如图 9-3 所示。

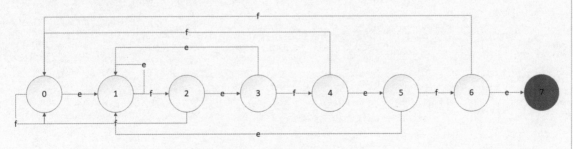

图 9-3　完整的状态机

当确定每个节点在接收到字符集中每个字符后的跳转状态后，就构造出了完整的状态机。此时再次回到状态机的起始点 0，然后依次读入 T 中的字符，如果状态机能进入接收状态，表示匹配成功。

当状态机处于状态 0，读取 T 第 1 个字符 f，根据图 9-3 进入状态 0，读取 T 第 2 个字符 e 进入状态 1，然后读取 T 第 3 个字符 f 进入状态 2。继续读取 T 第 4 个字符 f，于是状态机又从状态 2 进入状态 0，接下来读取字符串 "efefefe" 状态机会成功地进入接收状态 7，此时，能确定 P 在文本 T 中存在匹配。

9.3.3 代码实现有限状态机

本小节看看如何使用代码实现 9.3.2 小节描述的算法原理。这里给定一个要匹配的字符串 P，先构造出类似于图 9-3 所示的状态机。

```python
def create_state_machine(P, char_set):
    state_machine = {}
    m = len(P)  #状态机状态节点的数量等于匹配字符串字符个数
    for q in range(m):
        for char in char_set:  #构造每个节点接收字符集中的字符时要跳转的下一个状态
            '''
            从状态 q 接收字符 a 后跳转的下一个状态取决于 P 中几个字符形成的前缀能成为字符串
P[0:q]+a 的后缀
            '''
            s = P[0:q] + char
            s = s[::-1]  #将字符串倒转
            state_machine[(q, char)] = 0  #默认跳转到状态 0
            for k in range(1, m + 1):
                if k > len(s):
                    break
                prefix = P[0:k]
                prefix = prefix[::-1]
                count = 0
                for j in range(len(prefix)):  #如果字符串 s 是字符串 t 的后缀，那么翻转后的 s 是翻转后 t 的前缀
                    if prefix[j] == s[j]:
                        count += 1
                    else:
                        break
                if count == len(prefix):
                    state_machine[(q, char)] = j + 1
    return state_machine
P = "efefefe"
char_set = ['e', 'f']
machine = create_state_machine(P, char_set)
for key in machine.keys():
```

```
      print("from state {0} receive {1} and to state {2}".format(key[0], key[1],
machine[key]))
```

上面代码运行后，输出结果如下：

```
from state 0 receive e and to state 1
from state 0 receive f and to state 0
from state 1 receive e and to state 1
from state 1 receive f and to state 2
from state 2 receive e and to state 3
from state 2 receive f and to state 0
from state 3 receive e and to state 1
from state 3 receive f and to state 4
from state 4 receive e and to state 5
from state 4 receive f and to state 0
from state 5 receive e and to state 1
from state 5 receive f and to state 6
from state 6 receive e and to state 7
from state 6 receive f and to state 0
```

结合图 9-1 及输出结果来看，结果输出的状态转换信息描述与图 9-1 每个节点接收到对应字符后状态跳转的情况一致，由此认为代码实现的逻辑没有问题。接下来介绍如何通过给定状态机检验字符串 P 是否与文本 T 匹配：

```
accept_state = len(P)
T = "feffefefefefee"
def matching_by_state_machine(state_machine, accept_state, T):
    q = 0
    for i in range(len(T)):
        q = state_machine[(q, T[i])]
        if q == accept_state:
            print("string canbe matched after skip {0} characters".format(i -
accept_state + 1))
            break
matching_by_state_machine(machine, accept_state, T)
```

上面代码运行后，输出结果如下：

```
string can be matched after skip 4 characters
```

从文本 T 首字符开始，越过 4 个字符后比对接下来的 7 个字符发现，它们与我们要匹配的字符串 P 完全一致，这意味着算法找到了 P 在文本 T 中的匹配位置。

9.3.4　算法复杂度分析

状态机匹配算法最耗时的部分就是调用函数 create_state_machine() 来构建状态机对象。在该函数中有 4 层嵌套循环，第 1 层循环执行的次数对应匹配字符串 P 所包含的字符个数 m，第 2 层循环

执行的次数对应字符集中的字符数量$|\varSigma|$。

第 3 层循环对应最外层变量 q 的值，显然该值不大于 P 的长度 m，最内层循环执行的次数同样对应于最外层循环变量 q，它的执行次数也不大于 P 的长度 m，因此该函数的时间复杂度为 $O(m^3*|\varSigma|)$。

对于函数 matching_by_state_machine()，它只包含一个循环，循环的执行次数对应匹配文本 T 的字符数量 n，因此它的时间复杂度为 $O(n)$。如果字符集中的字符数很多或者匹配字符串 P 包含的字符足够多，函数 create_state_machine()运行的时间就会久。

但只要给定要匹配的字符串 P，函数 create_state_machine()只需执行一次，所得的状态机可以应用到任意给定文本 T 的匹配上，因此它具有"一劳永逸"的特性。在实际应用上，可以认为该算法的时间复杂度是 $O(n)$。

扫一扫，看视频

9.4　KMP 匹配算法

在前面介绍的几种字符串匹配算法都有相应的不足之处，罗宾-卡普匹配算法在最坏情况下算法时间复杂度为 $O((n-m+1)*m)$，而有限状态机算法需要花费很长时间来构造状态机。有没有什么好的算法能免去复杂的预处理或在最坏情况下时间复杂度依然能保持在低位呢？

本节要介绍的 KMP 匹配算法能满足我们的需求。它既不需要在匹配前进行复杂的操作，而且无论匹配字符串和文本的字符组成多怪异，它都能以线性时间复杂度 $O(n)$ 完成匹配过程。

KMP 其实是该算法 3 个作者名字的首字母。K 表示唐纳德，他是算法学的始祖，M 表示莫里斯，P 表示普拉特，后两位是唐纳德的学生，他们 3 人共同完成了这个设计思想非常巧妙的算法。

9.4.1　算法的基本原理

暴力枚举匹配法问题在于，它不考虑字符串的匹配信息。它会逐个字符比对，一旦有一个字符匹配不上，它只会机械地从文本挪动到下一个字符，然后再次重复字符的一对一比对。例如，给定文本 T＝"bacbababaabcbab"，匹配字符串 P＝"ababaca"。

当用暴力枚举匹配法将 P 在 T 中逐个字符匹配时，从 T 的第 5 个字符开始，也就是 $T[4]=P[0],\cdots,$ $T[8]=P[4]$，但 $T[9]!=P[5]$，因此匹配失败，然后暴力枚举匹配法将 P 挪到 $T[5]$ 再开始逐个比对。

观察发现 $T[5]$ 对应字符为 b，而 P 的起始字符是 a，因此这种挪动没有效果，但如果直接挪动两位，也就是从 $T[6]$ 开始比对，那么 $T[6,7,8]$3 个字符就能与 $P[0,1,2]$3 个字符相匹配。

KMP 匹配算法的思想就是通过掌握 P 中字符的出现规律，避免没有作用的移动匹配。假设 P 含有 m 个字符，如果在某次匹配过程中从 T 的第 s 个字符开始，有 k 个字符匹配上，也就是 $T[s]=P[0],\cdots,T[s+k-1]=P[k-1]$，$T[s+k]!=P[k]$。

接下来要考虑的是，需要连续移动几个字符才应该进行下一次的逐字符比对？在前面给出的例子中，从 $T[4]$ 开始，P 有 5 个字符能成功比对上，这 5 个字符合成的字符串是"ababa"。

注意看这个字符串的特点，它前 3 个字符组成的字符串"aba"恰好是该字符串的最长后缀，由于该字符串后 3 个字符 "aba" 恰好与文本 T 中对应字符相同，而开头 3 个字符又正好与末尾 3 个字符相同，因此下次挪动时，直接将 P 在当前位置之间往后挪动 5-3=2（个）字符再开始比对。

在最好的情况下，当前匹配上的 k 个字符组成的字符串，它没有任何前缀能形成它本身的后缀。假设匹配上的字符形成的字符串为 "abcde"，我们无论怎么从开头抽取字母合成的前缀都无法形成该字符串相应的后缀。

因为如果从开头取 1 个字符形成的前缀 "a"，显然不能构成 "abcde" 的后缀，同样取 2 个字符形成的前缀 "ab" 也不能构成 "abcde" 的后缀，对于这种情况，下次比对时就可以大胆地往后挪 5 个字符后再开始逐字符比对。

于是对于含有 m 个字符的 P，当 $0 \leqslant k \leqslant m$，如果能迅速得知对于字符串 $P[0,1,\cdots,k]$，从开头取几个字符所形成的字符串能成为它的最长后缀，就可以应用这个信息在比对时快速挪动。

由此定义一个前缀函数 $\text{prefix}(P, q)=\max\{k{:}k<q$ 而且 $P[0\cdots k-1]$ 所形成的字符串是 $P[0\cdots q-1]$ 的后缀。看一个具体实例，假设 $P=$ "ababaca"，显然 $\text{prefix}(P,0)=0$。对于 $\text{prefix}(P,1)$，由于 $P[0\cdots 0]=$ "a"，它只有一个字符，因此 k 只能等于 0，所以 $\text{prefix}(P,1)=0$。

对于 $\text{prefix}(P,2)$，$P[0\cdots 1]=$ "ab"，此时无法从前头取出字符形成的字符串去构成它的后缀，因此 $\text{prefix}(P,2)=0$。对于 $\text{prefix}(P,3)$，由于 $P[0\cdots 2]=$ "aba"，可以从前面取出一个字符形成的字符串 "a" 作为它的后缀，因此 $\text{prefix}(P,3)=1$。

对于 $\text{prefix}(P,4)$，由于 $P[0\cdots 3]=$ "abab"，可以从前面取出 2 个字符构成的字符串 "ab" 作为它的后缀，因此 $\text{prefix}(P,4)=2$。对于 $\text{prefix}(P,5)$，由于 $P[0\cdots 4]=$ "ababa"，可以从开头取出 3 个字符构成的字符串 "aba" 形成它的后缀，因此 $\text{prefix}(P, 5) = 3$，以此类推。

有了这些信息后，在匹配时，假设从 T 的第 s 个字符开始逐个比对字符时有 k 个字符相同，那么可以直接挪动 $\text{prefix}(P,k)$ 个字符后再开始逐字符比对，这样相比于暴力枚举匹配法，算法能省去很多没有必要的挪动。

9.4.2　KMP 匹配算法的代码实现

首先看看如何使用代码构造 9.4.1 小节描述的 prefix() 函数。

```python
def prefix(P):
    m = len(P)
    pre = np.zeros(m).astype(int)
    k = 0
    for q in range(1, m):
        while k > 0 and P[k] != P[q]:
            k = pre[k]
        if P[k] == P[q]:
            k = k + 1
        pre[q] = k
    return pre
P = "ababaca"
pre = prefix(P)
print(pre)
```

上面代码运行后，输出结果如下：

```
[0 0 1 2 3 0 1]
```

上面输出对应数组 pre 的内容，看 pre[4]=3，它表示从字符串 P 中取出前 5 个字符 $P[0,1,2,3,4]$= "ababa" 所构成的字符串，开头 3 个字符所构成的字符串 "aba" 能形成它的最长后缀，对于其他元素值同理可类推。代码很短，但它的实现逻辑不好掌握，下面慢慢来解析。

对于含有 q 个字符的字符串 $P[0,1,\cdots,q]$，如果从它的开头取出 k 个字节能构成它的最长后缀，于是就有 $P[q] = P[k-1]$, $P[q-1] = P[k-2],\cdots,P[q-k]=P[0]$。现在看字符串 $P[0,1,\cdots,q+1]$，假设从该字符串开头取出 t 个字符构成的字符串 $P[0,1,\cdots,t-1]$ 是它的最长后缀，那么有 $P[t-1]=P[q+1]$。

接下来的字符 $P[t-2],P[t-3],\cdots,P[0]$ 会分别与字符 $P[q],P[q-1],\cdots,P[q-t]$ 相匹配，也就是说，字符串 $P[0,1,\cdots,t-2]$ 是字符串 $P[0,1,\cdots,q]$ 的后缀。由此要计算 prefix$(P, q+1)$，首先找到所有 k，使得 $P[0,1,\cdots,k-1]$ 是 $P[0,1,\cdots,q]$ 的后缀。

对所有满足这样条件的 k 值，如果有 $P[k] = P[q+1]$，那么可以确定 $P[0,1,\cdots,k]$ 一定是 $P[0,1,\cdots,q+1]$ 的后缀，因此只要从所有满足条件的 k 中找到最大那个能满足条件 $P[k] = P[q+1]$ 的 k 值，那么就有 prefix$(P, q+1) = k$。

于是要获得 prefix$(P, q+1)$，先获得 k = prefix(P, q)，如果 $P[k+1] = P[q+1]$，那么就有 prefix$(P, q+1) = k + 1$，如果不满足，那么获得 k = prefix(P, k)，然后看是否能满足 $P[k+1] = P[q+1]$，如果满足就设置 prefix$(P, q + 1) = k + 1$。

如果还不能满足，那么继续执行 k = prefix(P, k)，然后继续测试条件是否能满足，这种回退一直持续到 k 等于 0 为止，当 $k = 0$ 时，prefix$(P, q+1) = 0$。

看一个具体示例。假设要计算 prefix$(P,4)$，由于 $P[0,1,2,3,4]$= "ababa"，先计算 prefix$(P,3)$。因为 $P[0,1,2,3]$= "abab"，因此 prefix$(P,3) = 2$。接下来判断 $P[2]$ 是否与 $P[4]$ 相同，由于两者相同，因此 prefix$(P,4) = 2 + 1 = 3$。

再看 prefix$(P,5)$，因为 $P[0,1,2,3,4]$ = "ababac"，由于 prefix$(P,4) = 3$，于是判断 $P[3]$ 是否等于 $P[4]$，由于两者不相同，因此看 prefix$(P,3) = 2$，然后看 $P[2]$ 是否与 $P[4]$ 相同，由于不相同，再看 prefix$(P,2) = 1$。

继续检验 $P[1]$ 是否与 $P[4]$ 相同。由于两者不相同，继续看 prefix$(P, 1) = 0$，然后检验 $P[0]$ 是否等于 $P[4]$，由于不相同，此时已经回退到了字符串的首字符，无法再继续回退，所以有 prefix$(P,5) = 0$。

有了 prefix() 函数后，看看如何使用它完成字符串匹配。代码如下：

```python
def KMP_Matching(T, P):
    n = len(T)
    m = len(P)
    pre = prefix(P)
    q = 0
    for i in range(n):
        while q > 0 and P[q] != T[i]:
            q = pre[q-1]   #因 q 记录的是字符个数，因此在数组中定位时需要减 1
```

```
        if P[q] == T[i]:  #记录当前有几个字符能匹配上
            q = q + 1
        if q == m :
            print("P occurs after skip {0} characters ".format(i - m + 1))
            q = pre[q - 1]
T = "abababcababacabcbababaca"
P = "ababaca"
KMP_Matching(T, P)
```

上面代码运行后，输出结果如下：

```
P occurs after skip 7 characters
P occurs after skip 17 characters
```

可以自己检验一下，从 T 偏移 7 个字符后，字符 $T[7,8,9,\cdots,13]$的确能与字符 $P[0\cdots6]$一一匹配，偏移 17 个字符后接下来 T 的 7 个字符也能与 P 中字符一一匹配，因此可以断定代码实现正确。

下面介绍代码的运行原理。一开始代码会将 P 的字符与 T 的第 0 个字符开始匹配。过程如下：

$$T:\ \text{a b a b a b} \cdots$$
$$P:\ \text{a b a b a c}$$

可以看到前 5 个字符能匹配上，T 的第 6 个字符 b 与 P 的第 6 个字符 c 不匹配。按照暴力枚举匹配法，应当将 P 向后挪动一个字符然后再次一一匹配。情况如下：

$$T:\ \text{a b a b a b c}$$
$$P:\ \quad\ \text{a b a b a c a}$$

显然机械地往后挪一位并不科学，因为它没有利用到原来已经有 5 个字符匹配上这一信息。原来匹配上的 5 个字符是"ababa"，由于该字符串前 3 个字符是它的后缀，也就是prefix$(P,4) = 3$，因此不用往后挪一个位置再比对，而是直接挪动 2 个位置，然后从第 4 个字符开始比对。

因为"aba"是字符串"ababa"的后缀，因此直接挪动两个字符后，完全可以确定前 3 个字符能匹配上，只要从第 4 个字符开始查看是否匹配即可，如此相比于暴力枚举匹配法，可以省去 1 次不必要的挪动和 3 次不必要的字符匹配，这部分逻辑正好反映在代码段中：

```
while q > 0 and P[q] != T[i]:
        q = pre[q]
```

KMP_Matching 代码就是依靠这样的节省使得时间效率远高于暴力枚举匹配法的。

9.4.3　KMP 匹配算法原理的数学说明

在前两小节中说明了 KMP 匹配算法原理。用文字叙述原理特点很容易接受，缺点在于语言文字比不上数学方式精确，而且文字描述过程容易产生歧义，因此本小节用数学语言更精准地描述 KMP 匹配算法原理，对数学式论证不感兴趣的同学可以直接越过这一小节。

先看函数 prefix(P,q)，原来对它的描述是：从字符串 P 中取出前面 q 个字符 $P[0,1,\cdots,q-1]$，然后查找最大的 k，使得 $P[0,1,\cdots,k-1]$是 $P[0,1,\cdots,q-1]$的后缀。用数学的方式描述为

$$\text{prefix}(P,q) = \max\{k : P_k \sqsupset P_q\}$$

可以看到，数学描述就不像文字描述那么啰嗦。根据 prefix(P,q)的定义，做如下操作，得到一组新集合：

```python
P = "ababaca"
def  longest_prefix_for_suffix(P, q):    #找出能够成为 Pq 后缀的最长前缀
    k = 1
    prefix_len = 0
    P_q_reverse = P[:q]
    P_q_reverse = P_q_reverse[::-1]
    while k < q:
        prefix_s = P[:k]
        prefix_s = prefix_s[::-1]
        match_all = True
        for i in range(k):
            if P_q_reverse[i] != prefix_s[i]:
                match_all = False
                break
        if match_all is True:
            prefix_len = k
        k = k + 1
    return prefix_len
q = 5
k = longest_ prefix_for_suffix(P , q)
print("the longest prefix that can be suffix of {0} is {1}".format(P[0:q], P[0:k]))
def prefix_P_q_star(P, q):
    pre_star = []
    k = longest_ prefix_for_suffix(P, q)
    pre_star.append(k)
    while k > 0:
        k_1 = longest_ prefix_for_suffix(P, k)
        k = k_1
        pre_star.append(k)
    return pre_star
prefix_star = prefix_P_q_star(P, q)
print(prefix_star)
Pq = P[:q]
for k in prefix_star:
    prefix_k = Pq[:k]
    if k != 0:
        print("string created by first prefix_star is {0} which is suffix of
Pq".format(Pq[:k]))
```

上面代码运行后，输出结果如下：

```
the longest prefix that can be suffix of ababa is aba
prefix_star is  [3, 1, 0]
string Pq is  ababa
```

```
string created by first prefix_star is aba which is suffix of Pq
string created by first prefix_star is a which is suffix of Pq
```

也就是说，对于 prefix_star = prefix_P_q_star(P,q)，它包含的数值满足如下描述：

$$prefix\_star = \{k : k < q, P_k \supset P_q\} \tag{9.7}$$

需要证明上面公式对 prefix_star 集合中的元素性质描述是正确的。函数 longest_prefix_for_suffix()按照 prefix(P,q)的定义来计算最大值 k，使得 $P[0,1,\cdots,k-1]$ 成为 $P[0,1,\cdots,q-1]$ 的后缀。

根据函数 prefix_P_q_star()实现代码，它其实做的是产生满足如下性质的元素集合：

$$\{prefix(P,q), prefix^1(P,q), \cdots, prefix^t(P,q)\} \tag{9.8}$$

式中， prefix$^1(P,q)$ 的意思是 prefix$^1(P,q) = $prefix$(P,$prefix$(P,q))$，其他元素的含义同理可推论。需要证明结论 1：集合（9.7）和集合（9.8）是同一回事。前面代码输出结果对应的元素正好是集合（9.8），直接观察来看，代码输出的集合 prefix_star 所包含的每个元素 k 的确能满足 $P_k \supset P_q$。

现在证明式（9.7）和式（9.8）属于相同集合。从集合（9.8）中取出一个元素 k，如果这个 k 是在 prefix_P_q_star()函数 while 循环之前加入集合，那么它由函数 longest_prefix_for_suffix(P,q)生成，根据代码逻辑，这个 k 肯定能满足 $P_k \supset P_q$。

如果 k 来自 prefix_P_q_star()函数中的 while 循环，根据语句：

```
k_1 = longest_prefix_for_suffix(P, k)
```

有 $k\_1 < k$，而且 $P_{k\_1} \supset P_k$，又因为 $P_k \supset P_q$，根据后缀性质的传递性，有 $P_{k\_1} \supset P_q$，由此可以证明式（9.8）所表示的集合属于式（9.7）所表示的集合。

接下来证明式（9.7）所表示的集合属于式（9.8）所表示的集合。由于集合（9.8）属于集合（9.7），如果两个集合不相同，那么集合（9.7）减去集合（9.8）就不是空集。用 j 表示集合（9.7）减去集合（9.8）中的最大元素，由于 prefix(P,q)是集合（9.7）中的最大元素，而且它属于集合（9.8），因此有 $j < $prefix$(P,q)$。

假设元素 j' 是集合（9.7）中大于 j 的最小元素，如果 j 是集合（9.7）中的第 2 大元素，那么可以让 $j' = $prefix$(P,q)$，由于 j 是式（9.7）减去式（9.8）中的最大元素，因此肯定有 j' 同时属于集合（9.7）和集合（9.8）。

因为 j 属于集合（9.7），所以有 $P_j \supset P_q$，同理有 $P_{j'} \supset P_q$，由于 $j < j'$，因此有 $P_j \supset P_{j'}$。因为 j' 属于集合（9.8），因此 j' 一定在函数 prefix__P_q_star()中生成。如果 $j' = q$，那么它在函数 while $k > 0$ 这个循环执行前生成，要不然它会在循环执行时生成。

因为 $j \geqslant 0$，而且 $j' > j$，于是 $j' > 0$，因此无论 j' 在循环执行前生成还是在循环执行中生成，由于它大于 0，生成 j' 之后代码还会再执行一次 longest_prefix_for_suffix()函数，而且输入参数正好是 j'。

由于 j 是小于 j' 的最大值，而且有 $P_j \supset P_{j'}$，因此执行 longest_prefix_for_suffix(P, j')后的结果就是 j，于是有 j 属于集合（9.8），这与 j 属于集合（9.7）和集合（9.8）矛盾，因此集合（9.7）和集合（9.8）一定是同一个集合。

接下来要在上面结论基础上证明函数 prefix()在给定含有 m 个字符的字符串 P 之后，对任意

$0 \leqslant q \leqslant m$，它都能计算出最大的 k，使得 $P_k \supset P_q$。首先在 prefix()函数的第 2 行将 pre 数组全部设置为 0，接下来的 while 循环让 q 从 1 开始，这相当于让 pre[0]=0，由于肯定有 $P_0 \supset P_0$，pre[0]=0 是正确的。

现在看第 2 个结论。对于含有 m 个字符的字符串 P，同时 $0 \leqslant q \leqslant m$，如果 prefix$(P, q) > 0$，那么肯定有 longest_prefix_for_suffix$(P, q-1)$ 属于集合 prefix_P_q_star$(P, q-1)$。令 $k = $ longest_prefix_for_suffix(P,q)，显然有 $k < q$，而且 $P_k \supset P_q$。

于是有 $k-1 < q-1$，而且有 $P_{k-1} \supset P_{q-1}$，这一点不难理解，因为让字符串 P_k, P_q 同时去掉最后一个字符即可。于是根据结论 1 就有 $k-1$ 属于 prefix_P_q_star$(P, q-1)$ 所生成的集合。

从前面代码实现可知，函数 prefix_P_q_star$(P, q-1)$执行后返回含有多个元素的数组，遍历数组中每个元素 k，看它是否能满足 $P[k+1]=P[q]$，专门把能满足条件的 k 抽离出来形成一个新集合 E_{q-1}。

于是对任意 $k \in E_{q-1}$，由于 k 来自函数 prefix_P_q_star$(P, q-1)$ 生成的集合，同时 $P[k+1]=P[q]$，因此有 $P_{k+1} \supset P_q$。在此基础上证明结论 3，假设函数 prefix_P_q_star(P, q) 执行后返回的值为 π_q，那么它满足

$$\pi_q = \begin{cases} 0, & E_{q-1} = \phi \\ 1 + \max\{k' \in E_{q-1}\}, & E_{q-1}! = \phi \end{cases}$$

式中，符号 ϕ 表示空集。如果 $E_{q-1} = \phi$，这意味着函数 prefix_P_q_star$(P, q-1)$ 执行后返回的元素集合中，找不到任何一个元素 k，使得 $P[0 \cdots k-1]$ 往后添加字符 $P[k]$ 后形成字符串 $P[0 \cdots k]$ 能成为 $P[0 \cdots q-1]$ 的后缀，因此根据结论 2 有 $\pi_q = 0$。

如果 E_{q-1} 不是空集，那么对 $k' \in E_{q-1}$，有 $P_{k'+1} \supset P_q$，而 π_q 对应的是最大的 k，使得 $P_k \supset P_q$，因此有 $\pi_q \geqslant k'+1$，也就有 $k \geqslant 1 + \max\{k' \in E_{q-1}\}$。由于 $P[0, 1, \cdots, \pi_q - 1]$ 是 $P[0, 1, \cdots, q-1]$ 的后缀，因此 $P[0, 1, \cdots, \pi_q - 2]$ 是 $P[0, 1, \cdots, q-2]$ 的后缀，也就是 $P_{\pi_q - 1} \supset P_{q-1}$。

也就是说，$\pi_q - 1$ 属于函数 prefix_P_q_star$(P, q-1)$ 执行后返回的集合。又显然有 $P_{\pi_q - 1 + 1} \supset P_q$，因此有 $\pi_q - 1 \in E_{q-1}$，于是 $\pi_q - 1 \leqslant \max\{k' \in E_{q-1}\}$，由此结论 3 成立。现在回头看函数 prefix(P)。

在该函数里，for 对应的循环变量 q 从 1 开始，而在循环执行前，变量 k 等于 0，由于 longest_prefix_for_suffix$(P, 0)$执行后返回 0，因此在 for 循环执行前有 $k = $ pre[0,l] = longest_prefix_for_suffix$(P, q-1)$。

由此可以认为，在 for 循环执行第 0 次时，有 $k = $ pre$[q-1]$ = longest_prefix_for_suffix$(P, q-1)$。用归纳法证明无论循环执行多少次，这个条件始终成立。

假设循环执行第 n 次时，该条件依然成立，当循环执行第 $n+1$ 次时，如果 $P[k]!=P[q]$，由于有 $k = $ pre$[q-1]$ = longest_prefix_for_suffix$(P, q-1)$，那么语句 $k = $ pre$[k]$实际上是以从大到小的方式遍历 prefix_P_q$(P, q-1)$返回的集合元素。

一旦执行跳出 while 循环，如果 $k != 0$，那么一定有 $P[k] = P[q]$，在接下来的 if 语句会被满足，然后实现 $k = k + 1$，这时根据结论 3，$k = $ longest_prefix_for_suffix(P, q)，最后赋值 pre$[q] = k$，因此

执行完第 $n+1$ 次循环后，循环遍历 q 自加 1，于是就有 $k=\text{pre}[q-1]=\text{longest\_prefix\_for\_suffix}(P, q-1)$ 依然成立。

如果 while 循环结束是因为 $k = 0$，如果接下来的 if 判断不可能成立，根据结论 3 有 longest_prefix_for_suffix(P,q) 等于 0，在 for 循环体内的最后一条语句是 pre$[q] = k$，于是执行完本次循环后，循环变量 q 自加 1，此时就有 $0 = k = \text{pre}[q-1] = \text{longest\_prefix\_for\_suffix}(P,q)$。

由此，prefix(P) 函数执行结束后返回的数组 pre 中，元素 pre$[q]$ 等于 longest_prefix_for_suffix(P,q)。

再次把目光投射到函数 KMP_Matching()，它之所以能实现正确匹配，是因为它其实等价于 9.4.2 小节实现的函数 matching_by_state_machine()，也就是说，在函数 KMP_Matching() 中，每读入字符 $T[i]$，变量 q 的数值变化与函数 matching_by_state_machine() 执行时读入字符 $T[i]$ 后变量 q 的数值变化完全一致。

函数 KMP_Matching() 与 matching_by_state_machine() 等价的证明过于烦琐，暂时忽略，但可以在两个函数的代码中分别输出 q 值看看结果是否相同。相应代码修改如下：

```python
def KMP_Matching(T, P):
    n = len(T)
    m = len(P)
    pre = prefix(P)
    q = 0
    for i in range(n):
        while q > 0 and P[q] != T[i]:
            q = pre[q-1]   #因 q 记录的是字符个数，因此在数组中定位时需要减 1
        if P[q] == T[i]:   #记录当前有几个字符能匹配上
            q = q + 1
        print("T[i] is {0} and q is {1}".format(T[i], q))   #输出当前读入字符 T[i] 后变量
q 的变化
        if q == m :
            print("P occurs after skip {0} characters ".format(i - m + 1))
            q = pre[q - 1]
T = "abababcababacabcbababaca"
P = "ababaca"
KMP_Matching(T, P)
```

上面代码相对于原来仅仅是多加了一条输出语句，它执行后结果如下：

```
T[i] is a and q is 1
T[i] is b and q is 2
T[i] is a and q is 3
T[i] is b and q is 4
T[i] is a and q is 5
T[i] is b and q is 4
T[i] is c and q is 0
T[i] is a and q is 1
T[i] is b and q is 2
```

```
T[i] is a and q is 3
T[i] is b and q is 4
T[i] is a and q is 5
T[i] is c and q is 6
T[i] is a and q is 7
P occurs after skip 7 characters
```

把 matching_by_state_machine()函数也做相应修改：

```
char_set = ['a', 'b', 'c']
P = "ababaca"
machine = create_state_machine(P, char_set)
T = "abababcababacabcbababaca"
def matching_by_state_machine(state_machine, accept_state, T):
    q = 0
    for i in range(len(T)):
        q = state_machine[(q, T[i])]
        print("T[i] is {0} and q is {1}".format(T[i], q))
        if q == accept_state:
            print("string match at position ", i - accept_state)
            break
matching_by_state_machine(machine, accept_state, T)
```

上面代码执行后，输出结果与前面完全一样，因此虽然没有在理论上证明两个函数等价，但通过代码执行可以看到两个函数输出的 q 变量一样，由此在侧面可以佐证两个函数是等价的。

因此只要 matching_by_state_machine()函数能实现正确匹配，KMP_Matching()函数就能够实现正确匹配。

第 10 章

NP 完全问题

　　随着信息技术的发展，算法几乎可以解决人民生活的绝大多数问题。现在生活的各个方面无不受到算法的影响。且不说"上九天揽月，下五洋捉鳖"这些大规模的高精尖科技工程，就连日常吃饭点外卖也必须受算法的调控。

　　随着人工智能技术的发展，算法看似将全面接管生活的各个方面，但事实上，算法只能解决世界上存在的一小撮问题，剩下的难题无论算法如何精巧，机器的运算速度如何之快，有些问题依然无法解决，或者说在人类存在的历史时长中根本无法解决。

　　从本章开始，看看这类问题的特性，同时探寻如何"解决"这类无法解决的问题。

10.1 NP 完全问题的基本性质

在设计算法时，总是千方百计地从给定条件中寻找问题的潜在规律，然后找到有效的方式解决难题。例如，前面章节查找最小生成树，如果用暴力查找法去查找最小生成树，那么对于含有 n 个节点的图而言，需要查找 n^{n-2} 种情况。

面对这类指数级的时间复杂度，一旦问题的规模稍微扩大，算法将不可能在有效时间内给出正确答案。算法设计的目的就是充分利用问题的内在规律找到效率更高的解决方案，前面讲过的各种算法无论分而治之还是贪婪算法、动态规划等都能有效地将指数级的时间复杂度改成 $O(n^k)$ 其中 k 是常数。

然后有很多问题，即使你掌握了它所有的"内在规律"，都不能找到 $O(n^k)$ 时间复杂度的算法方案。例如，在算法中有一种问题叫作 Boolean satisfiability，我们把它称为二元变量赋值问题，例如下面表达式：

$$(x|y|z)\,\&\,(x|\overline{y})\,\&\,(y|\overline{z})\,\&\,(z|\overline{x})\,\&\,(\overline{x}|\overline{y}|\overline{z}) \tag{10.1}$$

式中，x,y,z 取值 0 或 1；$\overline{x}$ 表示取反运算，如果 x 取值 0，那么 $\overline{x}$ 取值 1；如果 x 取值 1，那么 $\overline{x}$ 取值 0。当给定一个类似式（10.1）的表达式，是否能对 x,y,z 赋值使得表达式最终取值为 1？

这个问题当前最好算法的时间复杂度是 $O(2^n)$，如果表达式包含 45 个变量，以现在最快的超级计算机而言，需要 1 小时才能解决，如果变量数增加 1，那么时间变成 2 小时。由此可以把所有算法问题分成两类，一类称为 P 问题；一类称为 NP 问题。

所谓 P 问题，就是当给定问题的规模为 n，如果存在一种算法使其能在 $O(n^k)$ 时间复杂度内解决，其中 k 是一个与变量 n 无关的常数，这里问题就称为 P 问题，这个 P 其实是英语中单词多项式 polynomial 的首字母。

给定问题规模为 n，如果给定一个具体方案 S，我们能在 $O(n^k)$ 的时间内检验方案 S 的确是问题的解，那么这类问题统称为 NP 问题。很显然属于 P 问题也一定属于 NP 问题，既然能在 $O(n^k)$ 时间内给出解决方案，肯定能在这个时间内检验方案的正确性，因此有 $P\subseteq NP$。

问题在于这两类问题到底是不是一回事，也就是说，是否所有问题都能找到时间复杂度为 $O(n^k)$ 的解法，如果某些问题不存在满足这种时间复杂度的解法，例如前面提到的 Boolean satisfiability 就不存在 $O(n^k)$ 解法，但给定一个方案 S 后，能在 $O(n^k)$ 时间内检验方案是否正确。

但是，是否存在某些问题既不存在 $O(n^k)$ 解法（即使给定一个方案 S），也不能在 $O(n^k)$ 时间内检验方案的正确性？也就是 $NP>P$，这个问题到现在也无法证明。

现在再引入一类问题，称为 NP 完全问题。这类问题的特点是，到目前为止所有能解决它们的算法的时间复杂度都是 $O(n^{f(n)})$，也就是 n 右上角不是一个常数 k，而是与 n 有关的一个函数或变量。

如果这类问题中某一个能找到 $O(n^k)$ 复杂度的解法，那么所有问题都能找到 $O(n^k)$ 复杂度的解法，具有这种性质的问题集合就称为 NP 完全问题。

本章讨论的问题相比于前面章节，显得更加抽象，因此理解起来也更加困难，这类问题属于"可计算"类型，对这类问题的理解与分析也与前面章节的问题有所不同，它更加费神，当然也非常有趣。

10.2　NP 完全问题的等价性

给定看似不同的问题 A 和 B，只要稍微做一些变换就能把 A 转换为 B，或者将 B 转换为 A。假设问题 A：给定一幅图，并选中图中两点，是否存在一条路径，它从两点中的某一点出发，能遍历图中所有节点后在另一点终止。

问题 B：给定一幅图，并给定一个节点，是否存在一条从该节点出发并回到该节点的环，这条环遍历了图中每个节点。把问题 A 用图 10-1 来表示。

假设给定图 10-1，能否找到一条以 S 开始终结在 T 的路径，使得这条路径经过图中所有节点。问题 B 可能与问题 A 等价，因为只要将图 10-1 变换成图 10-2。

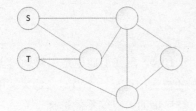
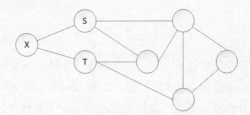

图 10-1　问题 A 示例图　　　　　　　　图 10-2　问题 B 示例图

如果给定图 10-2 对应于问题 B，X 作为环的起点和终点，那么解决了问题 A 就等同于解决了问题 B，同理，解决了问题 B 就等同于解决了问题 A，因此 A 和 B 两个问题本质上是同一个问题。

当要证明两个问题属于同一类 NP 完全问题时，需要类似图 10-1 转换成图 10-2 的方法将一个问题经过若干步骤的变化后让它成为另外一个问题，这些转换步骤统称为转换算法。特别需要注意的是，转换算法的时间复杂度必须为 $O(n^k)$，要不然可能无法在有限的时间内完成问题转换。

回过头来看 10.1 节提到的二元变量赋值问题，该问题其实与特定图的节点遍历问题等价，再次看式（10.1），有

$$(x\,|\,y\,|\,z)\,\&\,(x\,|\,\overline{y})\,\&\,(y\,|\,\overline{z})\,\&\,(z\,|\,\overline{x})\,\&\,(\overline{x}\,|\,\overline{y}\,|\,\overline{z})$$

由于需要给括号中的变量赋值，使得整个表达式计算结果为 1。选择变量值时有隐性约束，例如当设置变量 x 为 1，那么就必须接受 $\overline{x}$ 为 0，由于括号之间用"&"操作符连接，因此变量赋值的目的其实是让括号内表达式的运算结果为 1。

上面表达式的一个特点在于，括号内变量个数不超过 3，括号内变量个数决定了问题解决的难易程度，一旦括号内变量个数超过 3，它会成为 NP 完全问题。将括号内变量以三角形的形式进行连接，如果括号里只有两个变量，那么就使用直线连接，如图 10-3 所示。

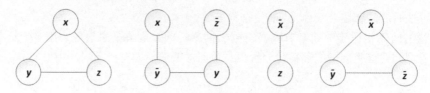

图 10-3 表达式（10.1）的图形转换

接下来考虑对每个变量赋值，此时要防止同时将两个相反变量，如 x 和 $\bar{x}$ 设置为 1，于是将图中任何两个相反变量都用线连接，如图 10-4 所示。

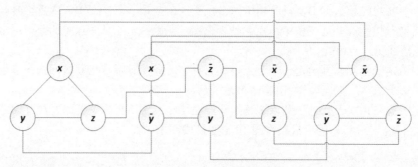

图 10-4 连接相反变量

可以从表达式（10.1）在 $O(n^k)$ 时间复杂度内将它转换为图 10-4，现在的问题是如何从图 10-4 反推出表达式（10.1）的解。从图 10-3 所示的每个节点有连接的模块中选择一个节点，如果选中节点与其他模块节点有连接，那么在另一个模块中选择节点时，被连接的节点就不能选择。

接下来从每个模块中选择一个节点。在某个模块中选择节点时，该节点不能与其他模块选中的节点有连线，如果从每个模块中都可以选出满足条件的节点，那么把这些节点变量设置为 1，表达式最终结果就能为 1。

显然从图 10-4 中找不到这样的节点，因为第 1 个模块与第 2 个模块每个节点都有连线，所以无论从第 1 个模块选中任何节点，都无法从第 5 个模块选中合适的节点，因此表达式（10.1）没有能让它为最终结果是 1 的变量赋值。

再看另一个二元变量赋值表达式：

$$(\bar{x}\,|\,y\,|\,\bar{z})\,\&\,(x\,|\,\bar{y}\,|\,z)\,\&\,(\bar{x}\,|\,y\,|\,\bar{z})\,\&\,(\bar{x}\,|\,\bar{y}) \qquad (10.2)$$

它对应的图形如图 10-5 所示。

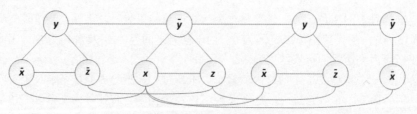

图 10-5 表达式（10.2）转换图

从图 10-5 中可以看到，可以从第 1 个模块选中 $\overline{x}$，从第 2 个模块选中 z，从第 3 个模块选中 $\overline{x}$，从第 4 个模块选中 $\overline{y}$，然后把这些变量值设置为 1，由于每个模块中的变量使用"或"运算，只要有一个变量取值 1，整个模块就取值 1，因此，当能从对应的图中选中变量并将其设置为 1 时，表达式的最终取值就是 1。

从图 10-5 中选中的点所构成的集合叫作独立点集，集合中点的特点是任意两点之间都没有连线，由此二元变量赋值表达式问题与从它对应图形中获取独立点集的问题相互等价，这两种问题表面上看似毫无瓜葛，但只要解决其中之一就能同时解决另外一个问题。

表达式（10.1）和式（10.2）也称为"三次二元变量赋值"问题。这是因为每个括号里的变量个数不超过 3。如果变量个数超过 3，那么问题将会变"难"。所谓"难"，是指目前找不到任何解决它的算法，使得时间复杂度能用 $O(n^k)$ 来描述，其中 k 是常量。

对于括号中变量个数大于 3 的情况，可以进行转换将它变为多个含有最多不超过 3 个变量的模块组合，例如给定表达式模块 $(a_1 | a_2 | \cdots | a_n)$，可以将它转变为 $(a_1 | a_2 | x_1) \& (x_1 | a_3 | x_2) \& (\overline{x_2} | a_4 | x_3) \& \cdots \& (\overline{x_{n-3}} | a_{n-1} | a_n)$。

其中，x_i 是新引入的二元变量。为何这种转变是合理的？看转变后的情形。由于相邻的两个括号模块之间存在相反的二元变量 $x_i, \overline{x_i}$，因此后者要能取值为 1 就必须使得至少有一个 a_i 能取值为 1。

要不然假设所有 a_i 都取值为 0，那么转换后的表示式要取值为 1，则 x_1 必须取值为 1，这迫使在第 2 个括号模块中的 x_2 也得取值为 1，于是通过链式反应使得所有 x_i 都得取值为 1，但注意最后一个模块中新增变量为 $\overline{x_{n-3}}$，如果 x_{n-3} 取值为 1 会使得 $\overline{x_{n-3}}$ 取值为 0，于是最后一个模块取值为 0，这使得整个表达式取值为 0，因此至少要有一个 a_i 取值为 1，这就使得变换前的表达式模块取值为 1。

这个例子表明，不仅很多看似完全不同的问题，其内核属于同一个问题，就是同一个问题内部对应的不同情况，其实可能仅仅是一种情况，问题之间可以相互转换，问题内部也可以相互转换。

了解问题间的等价性非常重要，因为有些看似"简单"的问题，可能等价于一个已知的"困难"问题，也就是那些不存在 $O(n^k)$ 时间复杂度解法的问题，这样就不用被外表的"简单性"迷惑，然后花费大量的时间去寻找"好"算法，因为那样的算法根本不存在。

10.3　如何处理 NP 完全问题

扫一扫，看视频

假设你是 BAT 的首席算法设计师，接到任务要求设计算法，为系统或业务解决特定问题。此时，你会想到是否需要动态规划、贪婪算法、分而治之的设计模式。当你想到这些算法设计思维时，默认有一个前提，你当前要处理的问题足够"简单"，它存在时间复杂度为 $O(n^k)$ 的解法。

在现实中极有可能要处理很多"难"题。这里的"难"并不是指问题复杂，而是问题根本不存在好的解法，很多问题其实是 NP 完全问题，这意味着无论算法设计得多精巧，无论用多快的计算机运行你的算法，问题都无法解决。

当遇到这种两难局面：问题就在那儿，不解决不行，但又不存在可行解法，此时唯一能做的就是适当妥协。可以不用找到问题的精确解，但可以找到近似解，只要确定它离精确解足够接近。

不强求追求精确解，但寻求近似解，同时确定近似解足够接近精确解的算法叫作近似算法，这种"退而求其次"的算法设计思维特别适宜用于处理 NP 完全问题。本节就来研究几种近似算法设计思想。

10.3.1 逐步探索法

10.2 节讨论的二元变量赋值表达式，变量如何赋值能使表达式最终取值为1，这是一个NP完全问题，因为我们知道表达式可以转换为对应的图，然后在图中获取独立点集，理论证明后者不存在时间复杂度为 $O(n^k)$ 的解法，因此二元变量赋值问题也不存在 $O(n^k)$ 解法。

由此，当面对一个二元变量赋值表达式时就无须花费任何精力去设计"好"算法，而是要具体问题具体分析，根据表达式的特点"琢磨"出解决方案，其中一种"琢磨"方法叫作逐步探索法。

假设给定一个二元变量赋值表达式如下：

$$(w\,|\,x\,|\,\overline{y}\,|\,z)\,\&\,(w\,|\,x)\,\&\,(\overline{x}\,|\,y)\,\&\,(y\,|\,\overline{z})\,\&\,(z\,|\,\overline{w})\,\&\,(\overline{w}\,|\,\overline{z}) \tag{10.3}$$

如何给变量赋值让整个表达式最终取值为 1 呢？由于每个变量最多有两种取值情况，因此可以针对每个变量的不同取值情况进行尝试。首先针对变量 w，它可以取值为 0 和 1，此时无论选择哪个值都不会让表达式得到最终结果。

由此先假设 w 取值为 0，然后在此基础上考虑其他变量的取值。假设现在考虑变量 x，它也对应 0 和 1 两种选择。在 w 取 0 的情况下，看到第 2 个表达式 $(w|x)$ 要求 x 只能取 1，要不然表达式最终取值就是 0，由此确定 w 取值为 0 时 x 必须取值为 1。

一旦把 x 的值确定下来，实际上排除了一大半不需要考虑的情况。例如，这时不用考虑那些包含 $\overline{w}$ 或 x 的模块，因为包含这些变量的模块肯定取值为 1，于是在后续思考中只要尝试对不含这两个变量里的模块中的变量进行赋值即可。

逐步探索法的特点是，一次尝试能帮我们有效缩小问题规模，由此逐步探索法应用在二元变量赋值问题上时，它会形成一种"二叉探索树"，如图 10-6 所示。

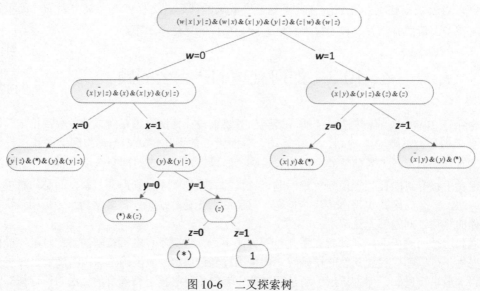

图 10-6　二叉探索树

从图10-6中可以看到，每当确定一个变量的值时，只需考虑对应那边的情况，另一边完全不用考虑，这相当于将问题规模缩小一半。同时看图 10-6 中左边第 2 层叶子节点，当 w 取 0 时，对于模块 $(w|x|\bar{y}|z)$ 只需考虑剩下 3 个变量的取值。

对于模块 $(z|\bar{w}),(\bar{w}|\bar{z})$，它们的取值确定为 1，因此无须再加以考虑。由于模块 $(\bar{x}|y),(y|\bar{z})$ 不涉及变量 w，因此它们内部变量的取值还需要继续考虑，这就是左边第 2 层叶子节点内容的由来。

在上面二叉探索树中有些叶子节点含有(*)，这意味着某些模块取值为 0，因此我们无须继续往下展开，在左边最底层含有叶子节点取值为 1，这意味着我们找到了变量赋值方式使得表达式取值为 1，而变量取值则沿着根节点到该节点上路径对应变量的取值。

10.3.2　代码实现二元变量赋值逐步探索法

本小节根据前面算法描述，使用代码将其实现出来。首先要做的是应用相应数据结构描述二元变量、由它们组成的括号模块和由模块合成的表达式。

```
class variable:
    def __init__(self, name, isNegative):
        self.name = name
        self.isNegative =isNegative
    def value(self, name_map):
        if self.name not in name_map.keys():
            return "undefined"
        if self.isNegative is False:
            return name_map[self.name]
        if self.isNegative:
            if name_map[self.name] == 1:
                return 0
            else:
                return 1
    def name(self):  #返回变量名称
        return self.name
    def __str__(self):
        if self.isNegative:
            return self.name + "^"
        return self.name
class clause:  #带括号的模块
    def __init__(self, variables):
        self.variables = variables  #一个模块是包含多个变量的集合
    def reduce(self, name_map):  #在设定给定变量的值后调整模块当前变量
        variables_left = []
        for variable in self.variables:
            if variable.value(name_map) == 1:  #如果变量值设置为1，当前模块则无须考虑
                return None
```

```
            if variable.value(name_map) == "undefined":
                variables_left.append(variable)
        return clause(variables_left)
    def value(self , name_map):  #获取模块的值
        zero_var_count = 0
        for variable in self.variables:
            if variable.value(name_map) == 1:
                return 1
            if variable.value(name_map) == 0:
                zero_var_count += 1
        if zero_var_count == len(self.variables):
            return 0
        return "undefined"
    def __str__(self):
        if len(self.variables) == 0:
            return "(*)"
        clause_s = "("
        for i in range(len(self.variables)):
            clause_s += str(self.variables[i])
            if i != len(self.variables) - 1:
                clause_s += "|"
        clause_s += ")"
        return clause_s
class expression:  #对应表达式
    def __init__(self, clauses, name_map):
        self.clauses = clauses
        self.name_map = name_map
    def value(self):
        if len(self.clauses) == 0:  #当一个模块的值为1时它对应的表达式就是None，因此当表
达式中clauses的个数为0时意味着每个clauses都取值1
            return 1
        for clause in self.clauses:
            if clause.value(self.name_map) == 0:  #只要有一个模块的值为0，整个表达式的值
就为0
                return 0
            if clause.value(self.name_map) == "undefined":
                return "undefined"
            if clause.value(self.name_map) == 1:
                return 1
        return 0
    def reduce_by_name(self, var_name):
        expressions = []
        split_count = 0
        while split_count < 2:  #根据变量两种取值，从当前节点分出两个子节点
```

```
        name_map_copy = self.name_map.copy()
        name_map_copy[var_name] = split_count
        new_clauses = []
        split_count += 1
        for clause in self.clauses:
            reduce_clause = clause.reduce(name_map_copy)
            if reduce_clause != None:
                new_clauses.append(reduce_clause)
        expressions.append(expression(new_clauses, name_map_copy))
    return expressions
def __str__(self):
    express_s = ""
    for i in range(len(self.clauses)):
        if str(self.clauses[i]) == "":
            continue
        express_s += str(self.clauses[i])
        if i != len(self.clauses) - 1:
            express_s += "&"
    if express_s == "":
        express_s = "(1)"
    return express_s
def get_name_map(self):
    return  self.name_map
```

variable 类对应二元变量，由于需要逐步设置变量的值以便找到能让表达式结果为 1 的赋值，因此变量在获得自己对应数值时需要从一个 map 对象中查询，如果该对象中不包含变量名称对应的关键字，则表明当前变量还没有被赋值，因此它会返回 undefined。

clause 类对应表达式中由括号中多个变量组成的部分。函数 reduce() 模拟图 10-6 中某个变量赋值后所产生的变化。如果模块中一个变量赋值为 0，那么它将返回其他变量，如果有一个变量赋值为 1，那么整个模块的值都为 1，它就不会再返回任何变量。

对应的 value() 函数计算模块的结果。如果有一个变量赋值为 1，那么整个模块取值就是 1；如果所有变量都被赋值 0，那么模块取值的结果就是 0；如果没有任何变量赋值为 1，而且有一些变量还未赋值，那么它取值为 undefined。

最后 expression 类对应整个表达式。它由多个 clause 对象组成，计算表达式的值需要判断每个 clause 的值。函数 reduce_by_name() 要求输入某个变量的名字，然后将该变量分别赋值 0 和 1，由此产生两个子表达式，就如同图 10-6 中对应变量赋值后产生两个子节点一样。

接下来将构造式（10.3）所对应的二元变量赋值表达式，然后根据 10.3.1 小节所述的逐个变量赋值方法，不断地将当前表达式转换为两个形式更简单的表达式，并判断表达式的值能否为 1，如果能为 1，那么意味着当前变量的赋值可以让表达式（10.3）最终结果为 1。相应代码实现如下：

```
variable_names = ["w", "x", "y", "z"]  #构造式(10.3)对应的表达式
clause_1 = clause([variable("w", False), variable("x", False), variable("y", True),
variable("z", False)])
```

```
clause_2 = clause([variable("w", False), variable("x", False)])
clause_3 = clause([variable("x", True), variable("y", False)])
clause_4 = clause([variable("y", False), variable("z", True)])
clause_5 = clause([variable("z", False), variable("w", True)])
clause_6 = clause([variable("w", True), variable("z", True)])
S = []
variable_name_pointer = 0
S.append((expression([clause_1,clause_2,clause_3,clause_4,clause_5, clause_6],
{}), variable_name_pointer))
while len(S) > 0:
    e, variable_name_pointer = S.pop()  #从集合中取出表达式实现进一步探索
    print("current expression is: ", e)
    if e.value() == 1:  #如果表达式取值1，就打印出当前变量的取值情况
        print("find variable assignment:")
        e_map = e.get_name_map()
        for v in e_map.keys():
            print("{0} : {1}".format(v, e_map[v]))
        break
    elif e.value() == "undefined" and variable_name_pointer < len(variable_names):
        variable_name = variable_names[variable_name_pointer]  #获取要赋值的变量名
        variable_name_pointer += 1
        print("split current expression by variable: ", variable_name)
        es = e.reduce_by_name(variable_name)  #将变量分别赋值为0和1，然后将当前表达式分
解成形式更简单的表达式
        print("splited expression are: ")
        for ee in es:
            map = ee.get_name_map()
            print("{0} with variable {1} set to {2} and expression value is {3}:"
.format(ee, variable_name, map[variable_name], ee.value()))
            if ee.value() != 0:  #如果当前表达式取值为0，就不用加入集合
                S.append((ee, variable_name_pointer))
```

上面代码模拟图 10-6 中节点的分解方式。依次选定一个变量，选定的变量由指针
variable_name_pointer 决定，然后将该变量分别赋值 0 和 1，这样就能像图 10-6 那样将当前表达式分
解成两个形式更简单的表达式。

最后检验分解出的表达式是否可以进一步分解，如果表达式中含有某个 clause 取值 0，那么表
达式就被抛弃；如果表达式取值为 1 或 undefined，它就可以加入集合中等待下一步分解。

S 变量对应当前所有可分解的表达式集合，最开始它包含的是对应式（10.3）的表达式，随着探
索的深入，某个变量赋值后会将表达式分解成两个形式更简单的表达式，这些表达式会重新加入集
合 S，等待循环下一次执行时被抽取出来，然后根据下一个探索变量进行分解。

每次从集合 S 中取出一个表达式时，都要检测当前表达式是否取值为 1，如果是，那么表达式
当前对应的变量赋值就可以使得式（10.3）取值为 1，此时代码将变量赋值的信息打印出来并结束循
环。上面代码运行后，输出结果如下：

```
current expression is:  (w|x|y^|z)&(w|x)&(x^|y)&(y|z^)&(z|w^)&(w^|z^)
split current expression by variable:  w
splited expression are:
(x|y^|z)&(x)&(x^|y)&(y|z^) with variable w set to 0 and expression value is undefined:
(x^|y)&(y|z^)&(z)&(z^) with variable w set to 1 and expression value is undefined:
current expression is:  (x^|y)&(y|z^)&(z)&(z^)
split current expression by variable:  x
splited expression are:
(y|z^)&(z)&(z^) with variable x set to 0 and expression value is undefined:
(y)&(y|z^)&(z)&(z^) with variable x set to 1 and expression value is undefined:
current expression is:  (y)&(y|z^)&(z)&(z^)
split current expression by variable:  y
splited expression are:
(*)&(z^)&(z)&(z^) with variable y set to 0 and expression value is 0:
(z)&(z^) with variable y set to 1 and expression value is undefined:
current expression is:  (z)&(z^)
split current expression by variable:  z
splited expression are:
(*) with variable z set to 0 and expression value is 0:
(*) with variable z set to 1 and expression value is 0:
current expression is:  (y|z^)&(z)&(z^)
split current expression by variable:  y
splited expression are:
(z^)&(z)&(z^) with variable y set to 0 and expression value is undefined:
(z)&(z^) with variable y set to 1 and expression value is undefined:
current expression is:  (z)&(z^)
split current expression by variable:  z
splited expression are:
(*) with variable z set to 0 and expression value is 0:
(*) with variable z set to 1 and expression value is 0:
current expression is:  (z^)&(z)&(z^)
split current expression by variable:  z
splited expression are:
(*) with variable z set to 0 and expression value is 0:
(*)&(*) with variable z set to 1 and expression value is 0:
current expression is:  (x|y^|z)&(x)&(x^|y)&(y|z^)
split current expression by variable:  x
splited expression are:
(y^|z)&(*)&(y|z^) with variable x set to 0 and expression value is undefined:
(y)&(y|z^) with variable x set to 1 and expression value is undefined:
current expression is:  (y)&(y|z^)
split current expression by variable:  y
splited expression are:
(*)&(z^) with variable y set to 0 and expression value is 0:
```

```
(1) with variable y set to 1 and expression value is 1:
current expression is:  (1)
find variable assignment:
w : 0
x : 1
y : 1
```

看上面输出信息的第 1 行，首先它将最开始的表达式形式打印出来，可以看出打印结果与式（10.3）完全一致，然后程序选中一个变量 w，分别设置它的值为 0 和 1，由此分解出两个表达式。从输出结果来看，分解出的表达式与图 10-6 中第 2 层两个节点包含的表达式一模一样。

最后代码找到了可以让式（10.3）取值为 1 的变量赋值方式，将 $w=0$，$x=1$，$y=1$ 代入式（10.3），不难发现这种赋值方式是正确的。从代码实现中可以看到，算法实际上是在搜索变量不同赋值组合以便检验是否能让表达式结果为 1。

如果表达式含有 n 个变量，每个变量对应两种赋值方式，那么总共有 $O(2^n)$ 种赋值方式。由于算法实际上是对所有组合方式的尝试，因此算法的时间复杂度为 $O(2^n)$。

10.3.3　增强约束条件法

如果稍微将很多 NP 完全问题的约束条件进行提升，让问题得到更多的限制，就有可能找到"好"的算法，也就是将 NP 完全问题附加一定的约束条件后，就能找到时间复杂度为 $O(n^k)$ 的算法。

例如，将前两小节描述的二元变量赋值表达式的括号模块做一些约束，让模块内的变量组合只能以两种方式出现，第 1 种方式叫作推导模块。其类型如下：

$$(w \& y \& z) \Rightarrow x \tag{10.4}$$

该模块的特性是，左边括号内的变量都不能取反，而且变量之间做"与"运算，它表示如果左边取值为 1，那么箭头右边变量取值也必须为 1，但是如果左边取值不为 1，那么无论右边取任何值，模块都能成立，因此不管左边如何取值，只要让右边变量取值为 1，那么推导模块就一定成立。

推导模块有一种"退化方式"，如下：

$$\Rightarrow x \tag{10.5}$$

这种模块也叫作单子模块，此时箭头右边的变量可以随意取值而不受影响。第 2 种方式叫作取反模块，它的形式如下：

$$(\overline{x} \mid \overline{y} \mid \overline{z}) \tag{10.6}$$

这种模块的特点是括号里的变量都必须取反，同时它们只能做"或"运算。现在给定一系列这些模块的组合。例如：

$$(w \& y \& z) \Rightarrow x, (x \& z) \Rightarrow w, x \Rightarrow y, \Rightarrow x, (x \& y) \Rightarrow w, (\overline{w} \mid \overline{x} \mid \overline{y}) \tag{10.7}$$

试问如何给式（10.7）中所有变量赋值，使得每个模块都成立，类似于式（10.7）这样的多个模块组合的集合叫作霍尔公式。表达式（10.7）与表达式（10.3）很像，重要区别在于对括号内变量的运算和出现形式给出了严格的规定，有了这样的规定后，就能找到"好"算法对变量进行赋值。

事实上，推导模块对应二元变量赋值表达式中的一种特殊模块。将推导表达式箭头左边的变量取反与右边变量做"或"操作就得到二元变量赋值表达式对应模块，因此推导表达式 $(w\,\&\,y\,\&\,z)\Rightarrow x$ 其实对应 $(\bar{w}\,|\,\bar{y}\,|\,\bar{z}\,|\,x)$，而单子模块 $\Rightarrow x$ 对应 (x)，于是式（10.7）其实对应如下二元变量赋值表达式：

$$(\bar{w}\,|\,\bar{y}\,|\,\bar{z}\,|\,x)\,\&\,(\bar{x}\,|\,\bar{z}\,|\,w)\,\&\,(x)\,\&\,(\bar{x}\,|\,y)\,\&\,(\bar{x}\,|\,\bar{y}\,|\,w)\,\&\,(\bar{w}\,|\,\bar{x}\,|\,\bar{y}) \tag{10.8}$$

霍尔公式其实就是一种添加了约束条件的二元变量赋值表达式，当要求二元变量赋值表达式每个模块中不取反变量的个数最多不能超过 1 时，就得到了霍尔公式，满足霍尔公式的变量赋值其实就是查找能满足表达式（10.8）取值为 1 的变量赋值。

可以使用贪婪算法来解决霍尔公式变量赋值问题，相应算法流程如图 10-7 所示。

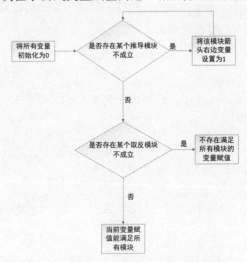

图 10-7　霍尔公式变量赋值算法流程图

算法会尽可能地减少对变量的改动，因为改动一个变量很可能会牵扯到另外模块。首先算法将所有变量赋值为 0，这样推导模块和取反模块会同时成立，唯一不能成立的就是单子模块，然后算法将单子模块箭头右边的变量设置为 1，这样单子模块得以满足。

将图 10-7 所示的算法流程作用到式（10.7）看看。由于所有变量都初始化为 0，因此表达式 $\Rightarrow x$ 不能满足，因此将 x 的值设置为 1，然后表达式 $x\Rightarrow y$ 无法满足，因为箭头左边变量为 1 右边变量为 0，因此将 y 设置为 1。

当 y 设置为 1 后导致表达式 $(x\,\&\,y)\Rightarrow w$ 无法满足，因此将变量 w 设置为 1。此时，所有推导模块都成立。接下来看取反模块是否成立。由于此时 $(\bar{w}\,|\,\bar{x}\,|\,\bar{y})$ 不能取值为 1，因此整个霍尔公式没有能满足的变量赋值，这意味着二元变量赋值表达式（10.8）不存在能让它取值为 1 的变量赋值。

10.3.4　代码实现增强约束条件法

本小节使用代码实现图 10-7 所描述的算法流程。首先给定一组霍尔公式如下：

$$s \Rightarrow B, j \Rightarrow J, (s \& J) \Rightarrow p, (b \& j) \Rightarrow S, (B \& J) \Rightarrow S, \Rightarrow s, \Rightarrow j, (\overline{b} \mid \overline{H}) \qquad (10.9)$$

接下来将使用代码实现 10.3.3 小节算法流程以便给霍尔公式（10.9）找到正确赋值。先使用数据结构来描述霍尔公式各个部分：

```
variables = ['s', 'j', 'b', 'p', 'S', 'J', 'B', 'H']  #公式中所有变量
clauses = [(['s'], 'B'),    #对应推导模块
           (['j'], 'J'),
           (['s', 'J'], 'p'),
           (['b', 'j'], 'S'),
           (['B', 'J'], 'S'),
           ([], 's'),
           ([], 'j')]
negatives = [['b', 'H']]
```

接下来实现图 10-7 所描述的算法流程。

```
def greedy_hornsat(variables, clauses, negates):
    assignment = dict((v, False) for v in variables)   #将所有变量初始化为 0
    working = set(t[1] for t in clauses if not len(t[0]))  #获得所有推导模块箭头右边变量
    while working:   #依次将赋值不满足的推导模块右边变量设置为 1
        v = working.pop()
        assignment[v] = True
        vclauses = [ c for c in clauses if v in c[0]]
        for vclause in vclauses:
            '''
            如果推导模块箭头左边变量取值 1，那么该变量可以删除掉
            如果左边所有变量都被删除，则意味着推导模块左边所有变量都取值为 1，因此需要右边变量也
取值 1
            '''
            vclause[0].remove(v)
            if not vclause[0]:   #推导模块左边变量都取值 1，将右边变量加入集合以便下次循环将它
设置为 1
                working.add(vclause[1])
    for negate in negates:   #检验取反模块是否都能满足
        has_one_false = False
        for v in negate:   #取反模块要满足要求，至少一个变量取 0
            if assignment[v] == False:
                has_one_false = True
                break
        if has_one_false != True:
            print('No valid assignment exist!')
            return None
    return assignment
```

最后将上面实现算法作用到给定霍尔公式上：

```
assignment = greedy_hornsat(variables, clauses,negatives)
print(assignment)
```

上面代码运行后，输出结果如下：

```
{'s': True, 'j': True, 'b': False, 'p': True, 'S': True, 'J': True, 'B': True, 'H': False}
```

把霍尔公式转换成相应的二元变量赋值表达式如下：

$$(\overline{s}\,|\,B)\,\&\,(\overline{j}\,|\,J)\,\&\,(\overline{s}\,|\,\overline{J}\,|\,p)\,\&\,(\overline{b}\,|\,\overline{j}\,|\,S)\,\&\,(\overline{B}\,|\,\overline{J}\,|\,S)\,\&\,(s)\,\&\,(j)\,\&\,(\overline{b}\,|\,\dot{H}) \tag{10.10}$$

把代码返回的结果代入上面的二元变量赋值表达式可以发现，变量赋值能让式（10.10）取值为 1，因此可以确认代码实现正确。由于在实现中 while 循环依次将推导表达式右边变量设置为 1，因此循环次数最多不超过变量个数，如果表达式含有 n 个变量，那么算法时间复杂度就是 $O(n)$。

10.3.5　近似取代法

有很多 NP 完全问题，要想取得它的精确解，就找不到时间复杂度为 $O(n^k)$ 的算法，但如果对结果放宽要求，不求问题的精确解，而是在一定范围内查找问题的近似解，这样就有可能找到 $O(n^k)$ 的解法。看一个例子。

如图 10-8 所示，每一个点表示一个城镇，市政府计划在城镇中建立学校。学校必须建立在某个城镇中，有个要求是，学校的选择必须满足对任何城镇而言，30km 内必须能找到一个学校，问题是你如何选址，使得学校的数量最少？

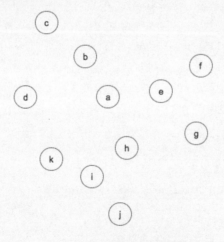

图 10-8　城镇分布示意图

这个问题也叫作离散点集覆盖问题。举个形象例子，所有元素的集合为 $U=\{1,2,3,4,5\}$，有如下几个能够覆盖 U 的子集 $S_1=\{1,2,3\}$，$S_2=\{2,4\}$，$S_3=\{1,3,5\}$，$S_4=\{4,5\}$，从 4 个子集中选出最少的几个，使得它们能够覆盖 U，显然选 S_1 和 S_4 就可以满足。

离散点集覆盖问题属于 NP 完全问题，也就是说，现存没有好的方法能快速选取出最少子集去覆盖整个集合，但是可以选出一定数量子集，并使得选出的子集数量与最优子集数相差在给定范围之内。

一种想法是利用贪婪算法，每次选取当前赋值范围最大的子集，直到整个集合被选中的子集覆盖为止。这种选取方法在某些情况下能得到最优解，例如在前面举的例子中，通过贪婪算法，首先选择覆盖范围最大子集 S_3，然后再选择 S_2，这样得到的子集数量为 2，与例子中选定的子集数量一样。

先看相应的代码实现，然后再论证这种算法获得结果与最优结果有何差异，相关代码实现如下。先定义元素和集合相关的数据结构。

```python
import sys
class ElementSet:
    def __init__(self, i):
        self.setIndex = i
        self.elementCount= 0
        self.elementDict = {}
    def addElement(self, e):
        if self.elementDict.get(e, None) is None:
            self.elementCount += 1
            self.elementDict[e] = 1
            e.addSet(self)
    def delElement(self, e):
      element = self.elementDict.get(e, None)
      if element is not None and element == 1:
          self.elementCount -= 1
          self.elementDict[e] = 0

    def getElementCount(self):
        return self.elementCount
    def printElementSet(self):
        print("[ ", end="")
        for e in self.elementDict.keys():
            if self.elementDict[e] == 1:
                print("{0} ".format(e.val), end="")
        print(" ]")
    def setCovered(self):
        #当集合被选中后，要把所包含元素覆盖掉
        for e in self.elementDict.keys():
            if self.elementDict[e] == 1:
                e.covered()
class Element:
    def __init__(self, val):
        self.val = val
        self.sets = []
    def addSet(self, set):
```

```
        #把元素加入集合中
        self.sets.append(set)
    def covered(self):
        #当元素被覆盖后,包含它的集合的元素个数要减1
        for set in self.sets:
            set.delElement(self)
```

接下来构造一定数量的元素和集合,把元素分配到不同的集合中。

```
eCount = 30
sCount = 6
eSet = []
sSet = []
elementNum = eCount

import random
#把 eCount 个元素随机分配到 sCount 个集合中
for i in range(sCount):
    s = ElementSet(i)
    sSet.append(s)
for i in range(1, eCount+1):
    e = Element(i)
    eSet.append(e)
    #随机地把元素分配到几个集合中
    setGot = random.randint(1, sCount)
    while setGot > 0:
        setSelected = {}
        sel = random.randint(0, sCount-1)
        if setSelected.get(sel, None) is None:
            #记录下已经被选中的集合号
            setSelected[sel] = 1
            sSet[sel].addElement(e)
            setGot -= 1
```

上面代码构造了 30 个元素,并将它们随机地分配到不同的集合中,接下来将实现贪婪算法,找出能够覆盖全部元素的最优集合。

```
def printAllSets():
    for s in sSet:
        s.printElementSet()
printAllSets()
while elementNum > 0:
    sel = 0;
    eCount = 0
    for i in range(len(sSet)):
        #选取当前含有未覆盖元素最大的集合
```

```
    if sSet[i].getElementCount() > eCount:
        eCount = sSet[i].getElementCount()
        sel = i
print("select set {0}, with element count {1}".format(sel,
sSet[sel].getElementCount()))
    elementNum -= sSet[sel].getElementCount()
    sSet[sel].setCovered()
```

在上面代码中，每次都选取含有最多未被覆盖的集合，直到所有的元素全部被覆盖位置。上面代码运行后，输出结果如下：

```
[ 3 4 5 6 9 11 13 14 15 25 27 28 29 30 ]
[ 1 6 7 9 10 11 18 22 27 28 29 30 ]
[ 4 5 8 9 11 19 21 22 23 26 27 29 ]
[ 2 3 5 7 8 9 10 18 19 30 ]
[ 1 4 10 11 12 16 17 18 19 22 26 27 28 29 ]
[ 4 10 19 20 22 23 24 26 27 29 30 ]
select set 0, with element count 14
select set 4, with element count 9
select set 2, with element count 3
select set 3, with element count 2
select set 5, with element count 2
```

通过检测发现代码给出的子集能够覆盖整个集合。由于代码每次从子集中选取覆盖范围最大的一个，如果有 n 个子集，那么算法时间复杂度就是 $O(n)$。接下来需要证明这种贪婪算法给出的解答与最优解之间有何差距。

假设总共有 n 个城镇，如果算法选中的集合数是 m，而最优方案对应的集合数是 k，那么 m 与 k 相差最多不超过 $k*\lg(n)$。

证明一下上面的结论。假设算法进行了 t 轮后，还剩 $n(t)$ 个城市没有被覆盖。假定城镇总共分成了 m 个子集，其中能实现最少覆盖的是 k 个，如果前面 t 轮选取中都没有选中 k 个集合中的任何一个，那么 t 轮后 k 个最优覆盖集合还在剩下的 $m-t$ 个集合中。

由于 k 个集合能覆盖所有元素，因此这 k 个集合一定能覆盖剩余的 $n(t)$ 个元素。于是这 k 个集合中一定有某个覆盖元素的个数大于 $n(t)/k$，要不然 k 个集合中的每一个覆盖的元素都少于 $n(t)/k$，那么 k 个集合覆盖元素的总和就少于 $n(t)$，这与 k 个集合能覆盖所有元素的假设相矛盾。

如果前 t 轮中选定了 k 个集合中的 h 个，那么剩下的 $k-h$ 个集合一定能覆盖当前的 $n(t)$ 个元素，要不然全部 k 个集合就不能覆盖全部元素了。于是剩下的 $k-h$ 个集合中一定有覆盖元素大于 $n(t)/(k-h)$ 的集合，道理同上。显然有

$$\frac{n_t}{k-h} > \frac{n_t}{k} \tag{10.11}$$

前 t 轮不可能把 k 个集合全都选取了，要不然元素已经被全部覆盖，就没有继续进行下去的必要。综上所述，在第 t 轮选取集合时，总能选到一个覆盖元素大于 $n(t)/k$ 的集合。于是就有

$$n_{t+1} < n_t - \frac{n_t}{k} = n_t\left(1 - \frac{1}{k}\right) \tag{10.12}$$

如果把式（10.12）中的 t 往回溯，一直到 $t=0$，那就有

$$n_t < n_{t-1}\left(1 - \frac{1}{k}\right) < \cdots < n\left(1 - \frac{1}{k}\right)^t \tag{10.13}$$

利用一个不等式来简化式（10.13），这个公式就是

$$1 - x \leqslant e^{-x} \tag{10.14}$$

式（10.14）中等号只有 $x=0$ 时成立，将式（10.14）代入式（10.13）就得到

$$n_t < n_0(1-k)^t < \cdots < n_0(e^{-t/k}) \tag{10.15}$$

在 $t = k * \ln(n)$ 时，式（10.15）的右边变成

$$n_0(e^{-k\ln(n)k}) = n_0 e^{-\ln(n)} = 1 \tag{10.16}$$

也就是说，当 $t = k * \ln(n)$ 轮后，还没被覆盖的元素不足 1 个，这意味着元素全被覆盖了。这就证明了，用贪婪算法得到的集合数与最优集合数相差了一个因数 $\ln(n)$，也就是说，贪婪算法所得结果最坏情况下是最优解的 $\ln(n)$ 倍。

10.3.6　子集求和问题

给定一个集合 S，它含有 n 个正整数，然后给定一个整数 t，试问能否从集合 S 中找出若干个元素，使得这些元素之和为 t。这个问题其实是 NP 完全问题，没有任何有效算法能在 $O(n^k)$ 时间复杂度内给出答案。下面借助 10.3.5 小节求近似的方法看看如何在"八九不离十"的基础上解决这个问题。

要找到这个问题的精确解，需要查找集合 S 的所有子集，如果 S 包含 n 个元素，那么 S 包含子集的个数为 2^n，当然可以采用一些方法大大增加效率。试想有两个集合分别为 $\{x_1, x_2, \cdots, x_{i+1}\}, \{x_1, x_2, \cdots, x_i\}$，前者比后者多了一个元素 x_{i+1}。

不难理解，前者的所有子集元素之和所对应的集合一定包含后者的所有子集元素之和所对应的集合。如果得到了后者的所有子集，就可以在此基础上快速计算出前者的所有子集，如此避免在计算前者子集时需要重新计算的无用功。

看一个具体例子，用 L_i 表示集合 $\{x_1, x_2, \cdots, x_i\}$ 所有子集元素之和所产生的集合。假设现在有一个集合包含元素为 $\{1,2,3\}$，由于可以把元素 0 添加到集合中而不对集合子集元素之和产生任何影响，因此让 L_0 对应集合 $\{0\}$ 所有子集元素之和对应的集合。

显然 $L_0 = 0$，L_i 对应集合 $\{0,1\}$ 所有子集元素之和，于是 $L_1 = \{0,1\}$，L_2 对应集合 $\{0,1,2\}$ 所有子集元素之和，因此有 $L_2 = \{0,1,2,3\}$，同理，可以计算出 $L_3 = \{0,1,2,3,4,5,6\}$，注意到 L_3 包含 L_2 的所有元素，同时 L_3 中的新元素分别由 L_2 中的元素依次加上 3 得来。

于是定义一种加法运算 $L_{i-1} + x_i$，其中 L_{i-1} 是一个集合，x_i 是一个常数，加法运算的结果是把集合 L_{i-1} 中每个元素分别加上 x_i 后得到的新集合，于是有如下关系式成立：

$$L_i = L_{i-1} \bigcup (L_{i-1} + x_i) \tag{10.17}$$

假设集合 $\{x_1, x_2, \cdots, x_i\}$ 某个子集之和等于 t，于是 t 一定存在于集合 L_i，如果 t 不存在于集合 L_{i-1}，那么 t 一定等于 L_{i-1} 中某个元素加上 x_i 后所得结果。由于所有元素都是正数，因此来自集合 L_{i-1} 中的那个元素一定小于 t，由此得到算法流程如图 10-9 所示。

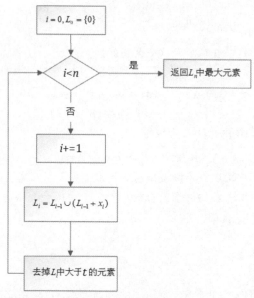

图 10-9　算法流程图

用代码实现图 10-9 所示算法步骤。

```python
import random
N = 30   #集合 S 的元素个数
S = []
for i in range(N):
    S.append(random.randint(1, 100))
T = 3   #随机从 S 中选择给定个数的元素加总得 t
indexs = random.sample(range(0, N), T)
print("selected element index: ", indexs)
t = 0
for i in indexs:
    t += S[i]
print("t: ", t)
def find_subset_sum(S, t):
    L_prev = [0]   #相当于 L(i-1)
    for i in range(1,len(S)):
        L = []
        for l in L_prev:  #L(i-1)+x(i)
            L.append(l + S[i])
        L_cur = []   #相当于 L(i)
        p = 0
```

```
        q = 0
        while p < len(L_prev) or q < len(L):  #将 L(i-1) 与 L(i-1) + x(i) 两个数组的元
素合并，同时保证合并后元素不重复且排好序
            if p < len(L_prev) and q < len(L):
                k = min(L_prev[p], L[q])
                if k <= t and k not in L_cur:
                    L_cur.append(k)
                if k == L_prev[p]:
                    p += 1
                else:
                    q += 1
            else:   #将剩余数组中的元素加入 L_cur
                LL = []
                if p >= len(L_prev):
                    LL = L
                else:
                    LL = L_prev
                for l in LL:
                    if l not in L_cur and l <= t:
                        L_cur.append(l)
                break
        L_prev = L_cur
    return L_prev[len(L_prev) - 1] == t  #L_prev 是一个已经排好序的数组，所有元素都不大于
t，因此如果有元素等于 t，只能是最后一个
exist = find_subset_sum(S, t)
if exist:
    print("there is subset in S sum up to t")
else:
    print("there is no subset in S sump up to t")
```

上面代码先随机生成含有 30 个元素的数组，然后任意选定其中 3 个加总作为 t 的值，最后使用前面描述的算法检验数组是否含有子集，其元素之和等于给定的 t。这里需要注意的是，代码实现中 while 循环对应式（10.17）所示操作。上面代码运行后，输出结果如下：

```
selected element index: [28, 14, 19]
t: 142
there is subset in S sum up to t
```

算法只能确认是否存在满足条件的子集，无法给出子集中的元素。算法的时间复杂度为 $O(2^n)$，因为在最坏情况下数组 L_prev 可能包含 2^n 个元素。接下来介绍效率更好的近似算法，算法将从 S 中找到一个子集 s'，子集元素之和小于 t，但却尽可能地接近 t。

引入一个处于[0,1]间的常量 δ，它称为裁剪因子。这个数值将控制算法如何对 L_prev 中的元素进行裁剪。如果算法从 L_prev 中删除了一个元素 y，那么它一定会保证不会删除元素 z，如果 z 满足

$$\frac{y}{1+\delta} \leq z \leq y \tag{10.18}$$

显然，选择 δ 越小，那么最后选取出来的集合 s'，其元素之和就越接近 t。数组裁剪算法逻辑如图 10-10 所示。

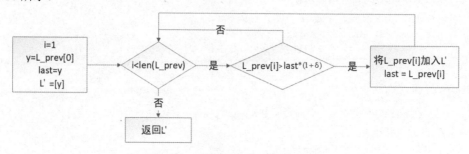

图 10-10　数组裁剪算法逻辑流程图

下面介绍裁剪算法的实现。

```python
def trim(L_prev, factor):
    y = L_prev[0]
    last = y
    L = [y]
    for i in range(1, len(L_prev)):
        if L_prev[i] > last * (1 + factor):
            L.append(L_prev[i])
            last = L_prev[i]
    return L
L_prev = [10, 11, 12, 15, 20, 21, 22, 23, 24, 29]
L = trim(L_prev, 0.1)
print(L)
```

上面代码运行后，输出结果如下：

```
[10, 12, 15, 20, 23, 29]
```

算法依次从数组中获取元素，该元素相当于式（10.18）中的 z，后续元素则相当于式（10.18）中的 y，如果将它按照式（10.18）左边部分进行运算，并且结果能满足式（10.18），那么算法就将其从数组中删除。

在上面代码中，对比输入数组和输出数组发现，输入数组中的元素 11 被删除，可以认为 11 被元素 10 所"代表"。同理，21,22 也被删除，它们被元素 20 所"代表"。由于上面代码只对输入数组遍历一次，如果输入数组含有 n 个元素，那么它的运行时间为 $O(n)$。

有了上面数组裁剪算法后，可以修正前面的 find_subset_sum() 函数。修改后代码如下：

```python
def find_subset_sum_trim(S, t, factor):
    L_prev = [0]  #相当于L(i-1)
    for i in range(1,len(S)):
        L = []
```

```
        for l in L_prev:  #L(i-1)+x(i)
            L.append(l + S[i])
        L_cur = []  #相当于L(i)
        p = 0
        q = 0
        while p < len(L_prev) or q < len(L):  #将L(i-1) 与 L(i-1) + x(i)两个数组的元
素合并，同时保证合并后元素不重复且排好序
            if p < len(L_prev) and q < len(L):
                k = min(L_prev[p], L[q])
                if k not in L_cur:  #由于会有裁剪，因此不考虑元素大于t的情况
                    L_cur.append(k)
                if k == L_prev[p]:
                    p += 1
                else:
                    q += 1
            else:  #将剩余数组中的元素加入L_cur
                LL = []
                if p >= len(L_prev):
                    LL = L
                else:
                    LL = L_prev
                for l in LL:
                    if l not in L_cur :  #由于会有裁剪，因此不考虑元素大于t的情况
                        L_cur.append(l)
                break
        L_prev = L_cur
        L_prev = trim(L_prev, factor / 2*len(L_prev))
        L_cur = [l for l in L_prev if l <= t]  #去除大于t的元素
        L_prev = L_cur
        print(L_prev)
    return L_prev[len(L_prev) - 1]
S = [104, 102, 201, 101]
t = 308
close_to_t = find_subset_sum_trim(S, t, 0.4)
print("subset sum with trim is ", close_to_t)
```

上面代码运行后，输出结果如下：

```
[0, 102]
[0, 102, 201]
[0, 101, 302]
subset sum with trim is  302
```

给定输入数组及要查找的 t 值 308，算法运行后得到的近似值为 302，近似的程度由裁剪因子的大小所限定。现在需要确定上面的算法时间复杂度可以用 $O(n^k)$ 来表示。

首先确定上面代码在调用 trim() 函数对输入数组进行裁剪时，数组 L_prev 中元素对应集合 S 某个子集的元素之和，执行 trim() 裁剪后，剩下的元素依然对应 S 中子集元素之和。

用 y 表示上面代码执行后返回值，需要确定它满足 $y/t \leqslant 1+\delta$，同时算法的时间复杂度满足 $O(n^k)$。首先回看式（10.17），经过式（10.17）运算后所得的数组 L_i，对于其中每个不大于 t 的元素 y，存在一个属于 L_i 的元素 z，使得下面公式满足

$$\frac{y}{\left(1+\dfrac{\delta}{2n}\right)^i} \leqslant z \leqslant y \tag{10.19}$$

通过对变量 i 使用数学归纳法来证明式（10.19）。首先当 i 为 0 时，数组 L_i 只包含元素 0，因此让 $y=0, z=0$ 显然能满足式（10.19），假设当 $i=k$ 时式（10.19）依然成立，那么当 $i=k+1$ 时由于 $L_{k+1}=L_k \bigcup (L_k+x_{k+1})$，因此数组 L_{k+1} 一部分元素来自数组 L_k。

如果从数组 L_{k+1} 选择的元素 y 也属于 L_k，根据假设存在属于数组 L_k 的一个元素 z 满足式（10.19），并且 z 也属于数组 L_{k+1}。需要考虑 y 来自操作 L_k+x_i 所产生的元素。

假设来自 L_k 的元素 y 经过操作 $y+x_i$ 形成一个新元素 y'，同理满足式（10.19）的元素 z，也经过操作 $z+x_i$ 形成新元素 z'，显然有 $z' \leqslant y'$。由于 y,z 满足 $\dfrac{y}{\left(1+\dfrac{\delta}{2n}\right)^i} \leqslant z$，因此有

$$y \leqslant z*\left(1+\frac{\delta}{2n}\right)^k \to y+x_{k+1}=y' \leqslant z*\left(1+\frac{\delta}{2n}\right)^k + x_{k+1} \leqslant z*\left(1+\frac{\delta}{2n}\right)^{k+1} + x_{k+1}*\left(1+\frac{\delta}{2n}\right)^{k+1}$$

$$\leqslant (z+x_{k+1})*\left(1+\frac{\delta}{2n}\right)^{k+1} = z'*\left(1+\frac{\delta}{2n}\right)^{k+1} \to \frac{y'}{\left(1+\dfrac{\delta}{2n}\right)^{k+1}} \leqslant z'$$

由此，当 $i=k+1$ 时式（10.19）依然满足，根据数学归纳法，式（10.19）将始终满足。如果存在某个子集，其元素之和等于 t，那么 t 等于函数 find_subset_sum() 所产生数组 L_prev 的最后一个元素。那么根据前面论证，此时数组 L_prev 存在一个元素 z 使得有

$$\frac{t}{\left(1+\dfrac{\delta}{2n}\right)^n} \leqslant z \leqslant t \tag{10.20}$$

把式（10.20）中 3 部分同时除以 z，就有

$$\frac{\dfrac{t}{z}}{\left(1+\dfrac{\delta}{2n}\right)^n} \leqslant 1 \leqslant \frac{t}{z} \to \frac{t}{z} \leqslant \left(1+\frac{\delta}{2n}\right)^n \tag{10.21}$$

由于函数 find_subset_sum_trim() 返回了数组 L_prev 的最后一个元素，用 z^* 表示，由于代码实现中的 while 循环保证 L_prev 以升序排列，因此一定有 $z^* \geqslant z$，因此有

$$\frac{t}{z^*} \leqslant \left(1+\frac{\delta}{2n}\right)^n \tag{10.22}$$

学过高等数学的同学应该知道如下公式：

$$\lim_{n \to \infty} \left(1 + \frac{x}{n}\right)^n = \mathrm{e} \tag{10.23}$$

因此式（10.22）右边部分在 n 趋向于无穷大时有

$$\lim_{n \to \infty} \left(1 + \frac{\delta}{2n}\right)^n = \lim_{n \to \infty} \left[\left(1 + \frac{\delta}{2n}\right)^{2n}\right]^{\frac{1}{2}} = \mathrm{e}^{\frac{\delta}{2}} \tag{10.24}$$

分析函数 $f(n) = \left(1 + \frac{\delta}{2n}\right)^n$ 性质。先对它取对数有

$$g(n) = \lg(f(n)) = \lg(n) + \lg\left[\left(1 + \frac{\delta}{2n}\right)\right] \tag{10.25}$$

然后对式（10.25）关于 n 求导有

$$\frac{\mathrm{d}(g(n))}{\mathrm{d}(n)} = \frac{1}{n} + \frac{1}{1 + \frac{\delta}{2n}} * \left(-\frac{1}{2n^2}\right) > \frac{1}{n} - \frac{1}{2n^2} > 0 \tag{10.26}$$

这意味着函数 $g(n)$ 是关于 n 的增函数，因此 $f(n)$ 也是关于 n 的增函数。于是在 n 增大过程中 $\left(1 + \frac{\delta}{2n}\right)^n$ 在以不断增加的方式来趋近 $\mathrm{e}^{\frac{\delta}{2}}$，于是无论 n 如何取值，都有

$$\left(1 + \frac{\delta}{2n}\right)^n \leqslant \mathrm{e}^{\frac{\delta}{2}} \tag{10.27}$$

学过高等数学的同学一定也知道 $\mathrm{e}^x = 1 + x + \frac{x^2}{2!} + \frac{x^3}{3!} + \cdots$，因此有

$$\mathrm{e}^x = 1 + x + \frac{x^2}{2!} + \frac{x^3}{3!} + \cdots = 1 + x + x * \left(\frac{x}{2!} + \frac{x^2}{3!} + \cdots\right) \leqslant 1 + x + x * \left(\frac{x}{2} + \frac{x^2}{2^2} + \frac{x^3}{2^3} + \cdots\right)$$

$$= 1 + x + x * \left(\frac{\frac{x}{2}}{1 - \frac{x}{2}}\right) = 1 + x + x * \left(\frac{x}{2 - x}\right) \leqslant 1 + x + x^2 \tag{10.28}$$

于是有

$$\left(1 + \frac{\delta}{2n}\right)^n \leqslant \mathrm{e}^{\frac{\delta}{2}} \leqslant 1 + \frac{\delta}{2} + \left(\frac{\delta}{2}\right)^2 = 1 + \frac{\delta}{2}\left(1 + \frac{\delta}{2}\right) \leqslant 1 + \frac{\delta}{2} * 2 = 1 + \delta \tag{10.29}$$

结合式（10.29）和式（10.22）得到，函数 find_subset_sum_trim() 返回的值 z^* 就满足：

$$\frac{t}{1 + \delta} \leqslant z^* \leqslant t \tag{10.30}$$

由于函数 find_subset_sum_trim() 的运行取决于数组 L_prev 的长度，因此我们知道该数组长度的上界就能知道函数时间复杂度的上界。对于 L_prev 数组中两个相邻元素 L_prev[i],L_prev[i+1]，两

种比值一定大于 $1 + \delta / 2n$，要不然后者会被前者给裁剪掉。

假设函数返回时数组 L_prev 可能包含元素 0,1，从第 3 个元素开始以比率至少为 $1 + \delta / 2n$ 的方式递增，一直到最后一个元素 $z^* \leqslant t$，因此数组 L_prev 中的元素最多不超过：

$$\log_{\left(1 + \frac{\delta^t}{2n}\right)} + 2 = \frac{\ln(t)}{\ln\left(1 + \dfrac{\delta}{2n}\right)} + 2 \tag{10.31}$$

先看一个函数 $f(x) = \ln(1+x) - \dfrac{x}{1+x}$，显然有 $f(0) = 0$，然后对函数求导有

$$\frac{\mathrm{d}(f(x))}{\mathrm{d}(x)} = \frac{1}{1+x} - \left(\frac{1}{1+x} - \frac{x}{(1+x)^2}\right) \geqslant 0 \tag{10.32}$$

也就是 $f(x)$ 是一个增函数，于是对于任意 $x > 0$，都有

$$\ln(1+x) \geqslant \frac{x}{1+x} \tag{10.33}$$

将式（10.33）代入式（10.32）有

$$\log_{\left(1 + \frac{\delta^t}{2n}\right)} + 2 = \frac{\ln(t)}{\ln\left(1 + \dfrac{\delta}{2n}\right)} + 2 \leqslant \frac{\ln(t)}{\dfrac{\dfrac{\delta}{2n}}{1 + \dfrac{\delta}{2n}}} + 2 \tag{10.34}$$

$$= \frac{\ln(t) * (2n) * \left(1 + \dfrac{\delta}{2n}\right)}{\delta} + 2 < \frac{\ln(t) * (3n)}{\delta} + 2$$

由此可以看到，find_subset_sum_trim()函数运行时，它所产生的数组 L_prev 长度受输入参数 S 所包含元素的个数及数值 t 所限制，一旦数值 t 和裁剪因子 δ 确定后，算法的时间复杂度就是 $O(n)$。

10.3.7　确界分支法

在很多求极值的问题中，有不少属于 NP 完全问题。例如，前面章节提到的中国邮差最短路径问题，它需要我们从图中找到路径最短的环，使得邮差从起始节点出发遍历每个节点一次后返回起始节点。

在 5.3 节中使用了动态规划法解决该问题，同时看到算法时间复杂度为 $O(2^n * n)$，该问题是一个 NP 完全问题，目前找不到时间复杂度为 $O(n^k)$ 的解决算法。本小节介绍如何设计一种在实际应用中比较高效的算法。

使用逐步探索法，通过不断选择可能节点的方式慢慢摸索出一条最短路径。假设给定图 $G = (E, V)$，同时给定一个起点 a，想找从 a 出发然后经过所有节点一次后回到 a 的环，而且要确保这条环是遍历所有节点一次的环中长度最短的那条。

先设立一个点的集合 S，将把最短环对应的节点遍历一次，把对应节点加入集合 S。一开始这个集合只包含点 a，接下来考虑与 a 相邻的节点，假设节点 b 与 a 相邻，那么将节点 b 加入 S。

接下来计算从 b 遍历 $V-S$ 中所有节点一次后返回 a 的路径长度，这条路径用 $b \Rightarrow a$ 来表示。显然，由于不知道路径 $b \Rightarrow a$ 由哪些边组成，因此不能计算它的长度，但可以估算这条路径长度的下限。

路径 $b \Rightarrow a$ 的长度一定大于如下 3 种路径的和，第 1 种是连接 b 与 $V-S$ 中节点的最短边；第 2 种是 $V-S$ 对应图形的最短生成树长度；第 3 种是连接 a 与 $V-S$ 中节点的最短路径。

为何要考虑 $V-S$ 对应图形最小生成树的长度呢？如果最短环对应 a 到 b，然后经过路径 $b \Rightarrow a$，那么把连接 b 到 $V-S$ 和连接 a 到 $V-S$ 的边去掉，剩下的边形成路径一定连接了 $V-S$ 中的所有点，把这条路径记作 T，而 $V-S$ 的最小生成树是连接 $V-S$ 中所有点的路径的最短路径，因此 T 的长度肯定小于等于 $V-S$ 最小生成树的长度。

用 min_E$(b, V-S)$ 表示连接 b 和 $V-S$ 节点的最短边，用 min_E$(a, V-S)$ 表示连接 a 和 $V-S$ 中节点的最短边，用 mini_spanning_tree$(V-S)$ 表示集合 $V-S$ 对应图形最小生成树的长度，用 $P(a,b)$ 表示从 a 到 b 的路径长度，如果路径 a 到 b 属于最短环的一部分，那么环的长度一定不小于下面公式计算的结果：

$$\text{min\_E}(b, V-S) + \text{min\_E}(a, V-S) + \text{mini\_spanning\_tree}(V-S) \qquad (10.35)$$

用变量 best_so_far 记录式（10.35）大于等于右边部分计算的结果。接下来考虑与 b 相邻的节点 c，把 c 加入集合 S，然后计算 min_E$(c, V-S)$ + min_E$(a, V-S)$ + mini_spanning_tree$(V-S)$ + $P(a,c)$，这个值表示如果最短环包含从 a 到 c 的路径，那么环的长度一定不小于该值，如果这个值大于 best_so_far，则意味着 c 不可能跟在 b 后面成为最短环的一部分。

由于包含路径 $a \rightarrow b \rightarrow c$ 的环是包含路径 $a \rightarrow b$ 的环的子集，加入 c 后使得环的长度下限增加，这意味最短环如果包含路径 $a \rightarrow b$，那么跟在 b 后面的节点不能是 c，因为加入 c 会让环的长度下限增加，这意味着环的长度也会增加，这与寻找最短环的目的相违背，因此如果最短环包含路径 $a \rightarrow b$，那么 b 后面应该跟着 b 的除 c 外的其他相邻点。

如果 min_E$(c, V-S)$ + min_E$(a, V-S)$ + mini_spanning_tree$(V-S)$+$P(a,c)$的值小于等于 best_so_far，那么 a->b->c 就有可能成为最短环的一部分，因此把 c 保留在集合 S 中，同时把 best_so_far 的值更改为 min_E$(c, V-S)$ + min_E$(a, V-S)$ + mini_spanning_tree$(V-S)$ + $P(a,c)$，然后考虑是否把与 c 相邻的点加入 S。

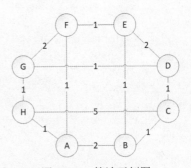

图 10-11　算法示例图

一旦 S 中包含所有节点，如果最后加入 S 的节点与 a 有连接，那么就找到了一条环，我们记录下这条环的长度，然后继续探索看还有没有其他长度更短的环。看一个具体示例，以便加深理解，假设给定图 G 情况，如图 10-11 所示。

假设设置起始节点为 A，那么根据算法描述，如何获得从 A 出发经过所有节点一次后回到 A 的最短环呢？有 3 个节点与 A 相邻，分别是 F、H、B，于是最短环路径从 A 出发，下一个节点只能是三者之一。

先考虑 A 到 F，把 F 加入集合 S，然后考虑 $V-S$ 的最小生成树。在图 10-11 中去掉 A、F 后剩下节点的最小生成树对应的边为(H,G),(G,D),(D,C),(D,E),(C,B)，总长度为 5，A 到集合 $V-S$ 中点的最短路径为(A,H)，长度为 1，F 到 $V-S$ 中点的最短路径对应(F,E)，长度为 1，A 到 F 的距离为 1，于是最短环如果包含 A 到 F 的路径，那么长度下限为 8。

此时 F 连接点为 E、G，我们猜想最短环的下一条边可能是 F→E，就将 E 加入 S，然后依照同样步骤计算，一直这么添加进去，直到 S 包含所有节点，此时能得到一条环 A→F→E→B→C→D→G→H→A，这条环的长度为 8，先把这条环的边及长度记录下来。

当计算到路径 A→F→E→B→C 时，接下来需要考虑与 C 相邻的两个节点 D、H，前面找到的环是考虑此时从 C 进入 D 的情况。如果此时考虑进入 H 会发现，起点 A 与集合{G,D}没有边连接，因此就可以确定最短环一定不会包含路径 A→F→E→B→C→H，因此不考虑 C 后面跟 H 会形成最短环的可能性。

再次回过头来看点 F 刚刚被加入 S 时的情形，由于 F 的连接点为 E、G，从 F 连接 E 的情况前面已经计算过，现在考虑 F 连接 G 的情况。把 G 纳入集合 S，于是集合 $V-S$ 包含的点为{E,D,C,B,H}，它们对应的最小生成树的边为(H,C),(C,B),(B,E),(C,D)，总长度为 8。

A 到 $V-S$ 的最短路径是边(A,H)，长度为 1，G 到 $V-S$ 最短路径对应(G,D)，长度为 1。于是如果最短环包含边 A→F→G，那么这条环的长度必须大于等于 8+1+1+3=13，其中 3 对应路径 A→G 的长度，于是从 G 遍历其他节点一次后返回 A 的环长度下限为 13。

由于前面已经计算过一条环的长度为 8，因此最短环不可能包含边 A→F→G，因为要包含它的话，长度就必须超过 8，于是计算到这里时停止，不再往下计算。根据这种算法，得到 S 所有可能情况如图 10-12 所示。

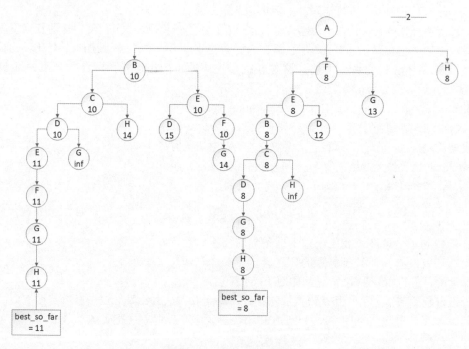

图 10-12　集合 S 可能情况

图 10-12 中，每个子节点都是其父节点的相邻节点，节点内的数值表示如果环包含从 A 到当前节点路径的话，环的长度不小于节点内的数值。例如，从根节点到最左边的节点 D，它包含数值 10，这意味着从 D 遍历除 A、B、C 结果节点之外，其他节点一次再回到 A 的路径长度不小于 10。

有些节点对应的值为 inf，因为它不可能存在包含从根节点到该节点路径的环。例如，没有一个环能包含路径 A→B→C→D→G，因为剩下 3 个点 F、E、H 相互间不连通。随着 S 的不断展开，它第 1 次包含所有节点时对应从根节点到最左边底层节点情况，由此得到的环为 A→B→C→D→E→F→G→H→A，这条环的长度为 11。

看图 10-12 左边的 A→B→C→H，此时节点 H 对应的值是 14。也就是说，从 H 遍历除 A、B、C、H 外其他节点一次再回到 A 的路径长度不小于 14，由于经过路径 A→B→C，然后遍历其他节点一遍后回到 A 的路径长度不超过 10，这意味着 A→B→C→H 不可能成为最短环的一部分，因此计算到这里时，就可以停止继续进行。

看图 10-12 最右边节点 H 对应值为 8，也就是经过 A→H，然后遍历除了 A、H 外的节点一次后回到 A 的路径长度不超过 8，由于已经找到了一条环的长度为 8，因此不必要继续计算下去，因为包含边 A→H 的环其长度一定不小于 8。

从图 10-12 中可以看出，为何算法叫作确界分支法？因为每计算到某个节点时，它会引发出若干个分支，每个分支对应路径的长度下界，可以根据下界大小和当前找到的环长度来决定继续往哪个分支展开。

10.3.8　确界分支法的代码实现

本小节使用代码实现 10.3.7 小节描述的算法。首先使用数据结构描述特定的图，由于需要使用最小生成树算法，因此将按照 4.1.2 小节中的代码来设定图的数据结构。先构造图 10-8。

```
class Vertex:
    def __init__(self, name):
        self.parent = self  #parent 对应节点指针，默认指向它自己
        self.rank = 0  #rank 表示子节点的个数
        self.name = name  #节点名字
    def point_to(self, v):  #将指针指向另一个节点
        if v is not None:
            self.parent = v
    def get_parent(self):  #获取节点指针指向的节点
        return self.parent
    def find(self):  #获取集合中的根节点
        x = self
        while x.get_parent() != x:
            x = x.get_parent()
        return x
    def set_rank(self, r):
        self.rank = r
    def get_rank(self):
        return self.rank
```

```
        def get_name(self):
            return self.name
    def union(x, y):    #x, y是两个连接点集合中的点，该函数将它们所在的集合合并成一个集合
        root_x = x.find()
        root_y = y.find()
        if root_x == root_y:
            return
        if root_x.get_rank() > root_y.get_rank():    #把高度低的根节点指向高度高的根节点
            root_y.point_to(root_x)
        else:
            root_x.point_to(root_y)
        if root_x.get_rank() == root_y.get_rank():
            rank = root_y.get_rank()
            root_y.set_rank(rank + 1)
    class Edge:
        def __init__(self, v1, v2, val):    #v1，v2 对应边的连接点，val 对应边的数值
            self.v1 = v1
            self.v2 = v2
            self.edge_value = val
        def get_points(self):
            return self.v1, self.v2
        def get_edge_value(self):
            return self.edge_value
        def print_edge(self):    #打印边的信息
            print("{0}---{1} with value {2}".format(self.v1.get_name(),
    self.v2.get_name(), self.edge_value))
        def __str__(self):
            return"{0}---{1}".format(self.v1.get_name(),self.v2.get_name())
    vertexes = []    #所有点的集合
    for i in range(0, 8):    #依据图 4-7 构建节点
        name = chr(ord("A") + i)
        vertexes.append(Vertex(name))
    def get_vertex_by_name(name):    #根据给定名字从点集合中返回节点
        for v in vertexes:
            if v.get_name() == name:
                return v
        return None
    def reset_vertexs(vertexes):
        for v in vertexes:
            v.parent = v
    def mini_spanning_tree(E):
        X = []
        cost = 0
        for edge in E:    #每次选出一条数值最小又能连接切割的边
```

```
        u,v = edge.get_points()
        if u.find() != v.find():    #如果边的两个点不在同一个连接点集合内，那么就选择该边
            print("Add new edge: ", end = '')
            edge.print_edge()
            X.append(edge)
            union(u, v)    #将该线段的两点对应的点集合合并
            cost += edge.get_edge_value()
    return cost
```

上面代码在 4.1.2 小节的实现基础上稍微做了修改以便满足当前算法需要。接下来构造图 10-11。

```
E = []
adjacent_map = {}   #记录给定节点的相邻节点
adjacent_map["A"] = ["A","F", "B", "H"]
adjacent_map["B"] = ["A", "C", "E"]
adjacent_map["C"] = ["B", "D", "H"]
adjacent_map["D"] = ["C", "E", "G"]
adjacent_map["E"] = ["D", "B", "F"]
adjacent_map["F"] = ["E", "A", "G"]
adjacent_map["G"] = ["F", "D", "H"]
adjacent_map["H"] = ["G", "C", "A"]
vertex_edge_map = {}   #给定两个节点返回它们对应的边
E_AB = Edge(get_vertex_by_name("A"), get_vertex_by_name("B"), 2)
E.append(E_AB)
vertex_edge_map[("A", "B")] = E_AB
vertex_edge_map[("B", "A")] = E_AB
E_AH = Edge(get_vertex_by_name("A"), get_vertex_by_name("H"), 1)
E.append(E_AH)
vertex_edge_map[("A", "H")] = E_AH
vertex_edge_map[("H", "A")] = E_AH
E_AF = Edge(get_vertex_by_name("A"), get_vertex_by_name("F"), 1)
E.append(E_AF)
vertex_edge_map[("A", "F")] = E_AF
vertex_edge_map[("F", "A")] = E_AF
E_BE = Edge(get_vertex_by_name("B"), get_vertex_by_name("E"), 1)
E.append(E_BE)
vertex_edge_map[("B", "E")] = E_BE
vertex_edge_map[("E", "B")] = E_BE
E_BC = Edge(get_vertex_by_name("B"), get_vertex_by_name("C"), 1)
E.append(E_BC)
vertex_edge_map[("B", "C")] = E_BC
vertex_edge_map[("C", "B")] = E_BC
E_CD = Edge(get_vertex_by_name("C"), get_vertex_by_name("D"), 1)
E.append(E_CD)
vertex_edge_map[("C", "D")] = E_CD
```

```
vertex_edge_map[("D", "C")] = E_CD
E_CH = Edge(get_vertex_by_name("C"), get_vertex_by_name("H"), 5)
E.append(E_CH)
vertex_edge_map[("C", "H")] = E_CH
vertex_edge_map[("H", "C")] = E_CH
E_DE = Edge(get_vertex_by_name("D"), get_vertex_by_name("E"), 2)
E.append(E_DE)
vertex_edge_map[("D", "E")] = E_DE
vertex_edge_map[("E", "D")] = E_DE
E_DG = Edge(get_vertex_by_name("D"), get_vertex_by_name("G"), 1)
E.append(E_DG)
vertex_edge_map[("D", "G")] = E_DG
vertex_edge_map[("G", "D")] = E_DG
E_EF = Edge(get_vertex_by_name("E"), get_vertex_by_name("F"), 1)
E.append(E_EF)
vertex_edge_map[("E", "F")] = E_EF
vertex_edge_map[("F", "E")] = E_EF
E_FG = Edge(get_vertex_by_name("F"), get_vertex_by_name("G"), 1)
E.append(E_FG)
vertex_edge_map[("F", "G")] = E_FG
vertex_edge_map[("G", "F")] = E_FG
E_GH = Edge(get_vertex_by_name("G"), get_vertex_by_name("H"), 1)
E.append(E_GH)
vertex_edge_map[("G", "H")] = E_GH
vertex_edge_map[("H", "G")] = E_GH
E.sort(key = lambda x : x.get_edge_value())   #对边按照数值大小进行排序
```

接下来编码实现确界分支法。相关实现如下：

```
import sys
def print_path(paths):
    paths_s = ""
    for p in paths:
        paths_s += str(p) + ","
    print(paths_s)
def path_str(paths):
    paths_s = ""
    for p in paths:
        paths_s += str(p) + ","
    return paths_s
def find_shortest_circle(E, start, vertex_edge_map, adjacent_map, vertexes):
    start_path = vertex_edge_map[(start, start)]
    S = [([start_path], 0)]   #([组成当前路径节点的所有边], 路径长度)
    best_so_far = sys.maxsize
    shortest_circle_length = sys.maxsize
    shortest_circle = None
```

```
while  len(S) > 0:
    paths, paths_len = S.pop()
    print("current path is :")
    print_path(paths)
    last_edge = paths[-1]
    v_prev, v_last = last_edge.get_points()  #获取最后一条边的两个节点
    if len(paths) > 1:  #由于边没有方向，因此需要确定 v_prev 和 v_last 哪个节点是边的最后
节点
        prev_edge = paths[-2]  #倒数第 2 条边
        if v_last in prev_edge.get_points():
            temp = v_last
            v_last = v_prev
            v_prev = temp
    vertexs_with_v = adjacent_map[v_last.get_name()]   #获得与最后节点相邻的节点
    vertexes_in_current_path = []
    for e in paths:  #记录当前路径包含的节点
        v1, v2 = e.get_points()
        if v1.get_name() not in  vertexes_in_current_path:
            vertexes_in_current_path.append(v1.get_name())
        if v2.get_name() not in vertexes_in_current_path:
            vertexes_in_current_path.append(v2.get_name())
    for vertex in vertexs_with_v:
        if vertex in vertexes_in_current_path:  #下一个节点必须是新节点，不能使用已经
遍历过的节点
            continue
        print("vertex to be checked:", vertex)
        last_vertex_name = v_last.get_name()
        new_edge = vertex_edge_map[(last_vertex_name, vertex)]
        paths_cp = paths.copy()
        paths_cp.append(new_edge)   #将与最后一个节点相连的边加入
        paths_len_cp = paths_len + new_edge.get_edge_value()
        edges_from_last_to_V_S = []
        vertex_with_last = adjacent_map[vertex]
        for v in vertex_with_last:  #记录最后一个节点与集合 V-S 连接的所有边
            e = vertex_edge_map[(vertex, v)]
            if e not in paths_cp:
                edges_from_last_to_V_S.append(e)
        edges_from_start_to_V_S = []
        vertex_with_first = adjacent_map[start]
        for v in vertex_with_first:  #记录起始节点到集合 V-S 的所有边
            e = vertex_edge_map[(start, v)]
            if e not in paths_cp:
                edges_from_start_to_V_S.append(e)
        edges_no_in_V_S = []
        for edge in paths_cp:  #所有在集合 S 中的节点发出的边都不属于集合 V-S 中节点构成的
图形
```

```
        v1, v2 = edge.get_points()
        points_with_v1 = adjacent_map[v1.get_name()]
        for point_name in points_with_v1:
            e = vertex_edge_map[(v1.get_name(), point_name)]
            if e not in edges_no_in_V_S:
                edges_no_in_V_S.append(e)
        points_with_v2 = adjacent_map[v2.get_name()]
        for point_name in points_with_v2:
            e = vertex_edge_map[(v2.get_name(), point_name)]
            if e not in edges_no_in_V_S:
                edges_no_in_V_S.append(e)
    V_S = [p for p in E if p not in edges_no_in_V_S]    #获得由节点集合 V-S 形成图
形的边
    print("paths not in set V-S:")
    print_path(edges_no_in_V_S)
    print("paths in set V-S: ")
    print_path(V_S)
    print("edges in mini spanning tree of set V-S are:")
    v_s_spanning_tree = mini_spanning_tree(V_S)    #计算 V-S 节点所形成图的最小生成
树长度
    print("mini spanning tree length in V-S is ", v_s_spanning_tree)
    reset_vertexs(vertexes)    #重置节点对象以便下一次计算生成树长度
    shortest_from_start_to_V_S = sys.maxsize
    edge_start_to_V_S = None
    for e in edges_from_start_to_V_S:    #获得起始节点到集合 V-S 最短路径
        if e.get_edge_value() < shortest_from_start_to_V_S:
            shortest_from_start_to_V_S = e.get_edge_value()
            edge_start_to_V_S = e
    shortest_from_last_to_V_S = sys.maxsize
    edge_last_to_V_S = None
    for e in edges_from_last_to_V_S:    #计算末尾节点到集合 V-S 的最短路径
        if e.get_edge_value() < shortest_from_last_to_V_S:
            shortest_from_last_to_V_S = e.get_edge_value()
            edge_last_to_V_S = e
    #计算剩余长度的下限
    circle_lower_bound = shortest_from_last_to_V_S +
shortest_from_start_to_V_S + v_s_spanning_tree + paths_len_cp
    print("current path is {0} , circle contains this path has lower bound of
{1}".format(path_str(paths_cp), circle_lower_bound))
    if circle_lower_bound <= best_so_far:    #如果增该节点后回路长度下限不变大，那
么将它加入 S
        best_so_far = circle_lower_bound
        if best_so_far < shortest_circle_length and (paths_cp, paths_len_cp)
not in S:
            S.append((paths_cp, paths_len_cp))
```

```
            if len(V_S) == 0:  #所有节点都在 S 中，找到一个环
                if (vertex, start) in vertex_edge_map.keys():
                    if paths_len_cp + edge_start_to_V_S.get_edge_value() +
edge_last_to_V_S.get_edge_value() <= best_so_far:
                        shortest_circle_length = paths_len_cp +
edge_start_to_V_S.get_edge_value() + edge_last_to_V_S.get_edge_value()  #找到长度
更小的环
                        shortest_circle = paths_cp
                        shortest_circle.append(edge_start_to_V_S)
                        shortest_circle.append(edge_last_to_V_S)
                        print("find a circle with edges: ")
                        print_path(shortest_circle)
                        print("circle length is : ", shortest_circle_length)
    if shortest_circle is not None:
        print("find shortest circle:")
        print_path(shortest_circle)
        print("its length is ", shortest_circle_length)
find_shortest_circle(E, "A", vertex_edge_map, adjacent_map, vertexes)
```

上面代码比较长，先看其运行结果，结合代码输出来理解代码的实现逻辑。上面代码运行后，
输出结果如下：

```
current path is :
A---A,
vertex to be checked: F
paths not in set V-S:
A---A,A---F,A---B,A---H,E---F,F---G,
paths in set V-S:
B---E,B---C,C---D,D---G,G---H,D---E,C---H,
edges in mini spanning tree of set V-S are:
B---E with value 1
B---C with value 1
C---D with value 1
D---G with value 1
G---H with value 1
mini spanning tree length in V-S is  5
current path is A---A,A---F,  , circle contains this path has lower bound of 8
vertex to be checked: B
paths not in set V-S:
A---A,A---F,A---B,A---H,B---C,B---E,
paths in set V-S:
C---D,D---G,E---F,F---G,G---H,D---E,C---H,
edges in mini spanning tree of set V-S are:
C---D with value 1
D---G with value 1
E---F with value 1
```

```
F---G with value 1
G---H with value 1
mini spanning tree length in V-S is  5
current path is A---A,A---B, , circle contains this path has lower bound of 9
vertex to be checked: H
paths not in set V-S:
A---A,A---F,A---B,A---H,G---H,C---H,
paths in set V-S:
B---E,B---C,C---D,D---G,E---F,F---G,D---E,
edges in mini spanning tree of set V-S are:
B---E with value 1
B---C with value 1
C---D with value 1
D---G with value 1
E---F with value 1
mini spanning tree length in V-S is  5
current path is A---A,A---H, , circle contains this path has lower bound of 8
current path is :
A---A,A---H,
vertex to be checked: G
paths not in set V-S:
A---A,A---F,A---B,A---H,G---H,C---H,F---G,D---G,
paths in set V-S:
B---E,B---C,C---D,E---F,D---E,
edges in mini spanning tree of set V-S are:
B---E with value 1
B---C with value 1
C---D with value 1
E---F with value 1
mini spanning tree length in V-S is  4
current path is A---A,A---H,G---H, , circle contains this path has lower bound of 8
vertex to be checked: C
paths not in set V-S:
A---A,A---F,A---B,A---H,G---H,C---H,B---C,C---D,
paths in set V-S:
B---E,D---G,E---F,F---G,D---E,
edges in mini spanning tree of set V-S are:
B---E with value 1
D---G with value 1
E---F with value 1
F---G with value 1
mini spanning tree length in V-S is  4
current path is A---A,A---H,C---H, , circle contains this path has lower bound of 12
current path is :
A---A,A---H,G---H,
```

```
vertex to be checked: F
paths not in set V-S:
A---A,A---F,A---B,A---H,G---H,C---H,F---G,D---G,E---F,
paths in set V-S:
B---E,B---C,C---D,D---E,
edges in mini spanning tree of set V-S are:
B---E with value 1
B---C with value 1
C---D with value 1
mini spanning tree length in V-S is  3
current path is A---A,A---H,G---H,F---G, , circle contains this path has lower bound
of 8
vertex to be checked: D
paths not in set V-S:
A---A,A---F,A---B,A---H,G---H,C---H,F---G,D---G,C---D,D---E,
paths in set V-S:
B---E,B---C,E---F,
edges in mini spanning tree of set V-S are:
B---E with value 1
B---C with value 1
E---F with value 1
mini spanning tree length in V-S is  3
current path is A---A,A---H,G---H,D---G, , circle contains this path has lower bound
of 8
current path is :
A---A,A---H,G---H,D---G,
vertex to be checked: C
paths not in set V-S:
A---A,A---F,A---B,A---H,G---H,C---H,F---G,D---G,C---D,D---E,B---C,
paths in set V-S:
B---E,E---F,
edges in mini spanning tree of set V-S are:
B---E with value 1
E---F with value 1
mini spanning tree length in V-S is  2
current path is A---A,A---H,G---H,D---G,C---D, , circle contains this path has lower
bound of 8
vertex to be checked: E
paths not in set V-S:
A---A,A---F,A---B,A---H,G---H,C---H,F---G,D---G,C---D,D---E,B---E,E---F,
paths in set V-S:
B---C,
edges in mini spanning tree of set V-S are:
B---C with value 1
mini spanning tree length in V-S is  1
```

```
current path is A---A,A---H,G---H,D---G,D---E, , circle contains this path has lower
bound of 8
current path is :
A---A,A---H,G---H,D---G,D---E,
vertex to be checked: B
paths not in set V-S:
A---A,A---F,A---B,A---H,G---H,C---H,F---G,D---G,C---D,D---E,B---E,E---F,B---C,
paths in set V-S:

edges in mini spanning tree of set V-S are:
mini spanning tree length in V-S is  0
current path is A---A,A---H,G---H,D---G,D---E,B---E, , circle contains this path has
lower bound of 8
find a circle with edges:
A---A,A---H,G---H,D---G,D---E,B---E,A---F,B---C,
circle length is :  8
vertex to be checked: F
paths not in set V-S:
A---A,A---F,A---B,A---H,G---H,C---H,F---G,D---G,C---D,D---E,B---E,E---F,
paths in set V-S:
B---C,
edges in mini spanning tree of set V-S are:
B---C with value 1
mini spanning tree length in V-S is  1
current path is A---A,A---H,G---H,D---G,D---E,E---F, , circle contains this path has
lower bound of 9
current path is :
A---A,A---H,G---H,D---G,D---E,B---E,A---F,B---C,
current path is :
A---A,A---H,G---H,D---G,C---D,
vertex to be checked: B
paths not in set V-S:
A---A,A---F,A---B,A---H,G---H,C---H,F---G,D---G,C---D,D---E,B---C,B---E,
paths in set V-S:
E---F,
edges in mini spanning tree of set V-S are:
E---F with value 1
mini spanning tree length in V-S is  1
current path is A---A,A---H,G---H,D---G,C---D,B---C, , circle contains this path has
lower bound of 8
current path is :
A---A,A---H,G---H,F---G,
vertex to be checked: E
paths not in set V-S:
A---A,A---F,A---B,A---H,G---H,C---H,F---G,D---G,E---F,D---E,B---E,
```

```
paths in set V-S:
B---C,C---D,
edges in mini spanning tree of set V-S are:
B---C with value 1
C---D with value 1
mini spanning tree length in V-S is  2
current path is A---A,A---H,G---H,F---G,E---F, , circle contains this path has lower
bound of 8
current path is :
A---A,A---F,
vertex to be checked: E
paths not in set V-S:
A---A,A---F,A---B,A---H,E---F,F---G,D---E,B---E,
paths in set V-S:
B---C,C---D,D---G,G---H,C---H,
edges in mini spanning tree of set V-S are:
B---C with value 1
C---D with value 1
D---G with value 1
G---H with value 1
mini spanning tree length in V-S is  4
current path is A---A,A---F,E---F, , circle contains this path has lower bound of 8
vertex to be checked: G
paths not in set V-S:
A---A,A---F,A---B,A---H,E---F,F---G,D---G,G---H,
paths in set V-S:
B---E,B---C,C---D,D---E,C---H,
edges in mini spanning tree of set V-S are:
B---E with value 1
B---C with value 1
C---D with value 1
C---H with value 5
mini spanning tree length in V-S is  8
current path is A---A,A---F,F---G, , circle contains this path has lower bound of 12
find shortest circle:
A---A,A---H,G---H,D---G,D---E,B---E,A---F,B---C,
its length is  8
```

上面输出信息很多，主要原因在于希望通过程序运行过程中输出中间信息以便让读者前面使用代码构造图 10-11。把握代码运行原理。先从输出入手来看代码的运行流程。

代码希望从节点 A 开始找到一条遍历所有节点然后回到自己的环。在设置图的数据结构时，添加了一条虚拟边 A---A，然后从这条边的末尾节点也就是 A 出发，找到它的相邻节点，分别是 F、B、H。

然后算法考虑边 A→F 是否会是最短环的一部分。接着代码将节点 A、F 加入集合 S，然后计

算 $V-S$ 对应点所构成图形的最小生成树，最后再计算节点 A 和 F 连接集合 $V-S$ 中点的最短路径，从而得到如果边 A→F 属于最短环，那么环的长度不小于 8，这个结论与图 10-11 相符。

从输出结果看，代码计算了如果环包含边 A---B,A---H 时环长度的下界，计算的结果与图 10-11 所显示的一样，但输出结果与图 10-11 不同在于，代码沿着边 A→H 深入展开，最后找到了包含边 A→H 的最短环，并将这条环的边及长度显示出来。

从输出信息末尾看到，包含边 A---H 的环与图 10-11 中间最长分支所显示的环一样。不同在于图 10-11 是指算法沿着边 A→F 持续展开最后得到最短环时的过程。接下来看代码实现中一些需要注意的部分。

由于在数据结构中表示的边没有方向，虽然表示边的 Edge 类其函数 get_points()能返回边的两个端点，但需要确定哪个端点是边的起点哪个是边的终点，如边 A---H，调用 get_points()可能返回端点次序为 H、A，此时如何确定 H 对应边的终点呢？

做法是把前一条边也取出来，因为第 1 条边是 A---A，因此调用函数 get_points()返回端点时会得到两个"A"，由此可以将前面返回的 H、A 分别判断这两个字符哪个出现在上一条边返回的端点里，出现的那个字符就不会是边的终点，这就是如下代码段的作用。

```
last_edge = paths[-1]
    v_prev, v_last = last_edge.get_points()  #获取最后一条边的两个节点
    if len(paths) > 1:  #由于边没有方向，因此需要确定 v_prev 和 v_last 哪个节点是边的最后
节点
        prev_edge = paths[-2]  #倒数第 2 条边
        if v_last in prev_edge.get_points():
            temp = v_last
            v_last = v_prev
            v_prev = temp
```

假设与 A 邻近的点 H 被纳入集合 S 之后，接下来需要计算如果环包含边 A---H 时环的长度下界。根据算法描述，此时 S 包含的点是{A,H}，接下来要从与 H 连接的点中查找可以纳入集合 S 的点，这时需要确保新查找的点不能是 S 中已经存在的点，因此获得 H 的邻接点时需要验证它不属于集合 S，以下代码段的作用就是获得集合 S 中所有点。

```
for e in paths:  #记录当前路径包含的节点
    v1, v2 = e.get_points()
    if v1.get_name() not in vertexes_in_current_path:
        vertexes_in_current_path.append(v1.get_name())
    if v2.get_name() not in vertexes_in_current_path:
        vertexes_in_current_path.append(v2.get_name())
```

代码从节点连接关系表 adjacent_map 获得与当前点相邻的所有节点，然后依次检验这些节点中有哪些已经存在于集合 S 中，这个判断就是看当前拿到的节点对象是否存在于集合 vertexes_in_current_path 中。

当找到一个新节点加入集合 S 时，需要计算节点 $V-S$ 所构成图形的最小生成树，问题在于如何获得 $V-S$ 集合中节点形成的图形。代码做法是将当前存在集合 S 中的所有节点发出的边从边的集合 E 中删除。这个动作由下面代码段完成：

```
for edge in paths_cp:  #所有在集合 S 中的节点发出的边都不属于集合 V-S 中节点构成的图形
        v1, v2 = edge.get_points()
        points_with_v1 = adjacent_map[v1.get_name()]
        for point_name in points_with_v1:
            e = vertex_edge_map[(v1.get_name(), point_name)]
            if e not in edges_no_in_V_S:
                edges_no_in_V_S.append(e)
        points_with_v2 = adjacent_map[v2.get_name()]
        for point_name in points_with_v2:
            e = vertex_edge_map[(v2.get_name(), point_name)]
            if e not in edges_no_in_V_S:
                edges_no_in_V_S.append(e)
    V_S = [p for p in E if p not in edges_no_in_V_S]  #获得由节点集合 V-S 形成图
形的边
```

代码中的变量 V_S 对应点集合 $V-S$ 所形成的图形，如此就可以调用 4.1.2 小节完成的算法获得 $V-S$ 集合对应图形最小生成树。笔者在代码中输出了每个阶段对应最小生成树的计算结果，这样读者在运行上面代码时能根据输出理解代码运行状态。

根据算法描述，还需要计算集合 S 中起始节点和最后加入节点与集合 $V-S$ 中节点连接的最短路径。下面代码片段先获得起始节点和最后加入节点与集合 $V-S$ 中节点相连的边。

```
vertex_with_last = adjacent_map[vertex]
    for v in vertex_with_last:  #记录最后一个节点与集合 V-S 连接的所有边
        e = vertex_edge_map[(vertex, v)]
        if e not in paths_cp:
            edges_from_last_to_V_S.append(e)
    edges_from_start_to_V_S = []
    vertex_with_first = adjacent_map[start]
    for v in vertex_with_first:  #记录起始节点到集合 V-S 的所有边
        e = vertex_edge_map[(start, v)]
        if e not in paths_cp:
            edges_from_start_to_V_S.append(e)
```

下面代码片段记录起始节点和最后加入节点与集合 $V-S$ 中节点相连边中距离最短的边。

```
        edge_start_to_V_S = None
        for e in edges_from_start_to_V_S:  #获得起始节点到集合 V-S 的最短路径
            if e.get_edge_value() < shortest_from_start_to_V_S:
                shortest_from_start_to_V_S = e.get_edge_value()
                edge_start_to_V_S = e
        shortest_from_last_to_V_S = sys.maxsize
        edge_last_to_V_S = None
        for e in edges_from_last_to_V_S:  #计算末尾节点到集合 V-S 的最短路径
            if e.get_edge_value() < shortest_from_last_to_V_S:
                shortest_from_last_to_V_S = e.get_edge_value()
                edge_last_to_V_S = e
```

同时代码用变量 paths_len 记录集合 S 中边所形成路径的总长度，于是将所有部分加总就可以得到环的长度下限，这个计算结果存储在变量 circle_lower_bound 中。如果集合 $V - S$ 为空，则表明所有节点都进入了集合 S，因此可能有环生成。

这时需要检查最后加入的节点与起始节点 A 是否存在相连边，如果存在，则意味着当前 S 中节点形成了一个环，代码把这个环的长度和组成的边打印出来，然后再继续查找有没有长度比当前环更小的环。

只要掌握 10.3.7 小节讲解的算法原理，理解代码实现逻辑就不难。代码量比较大，主要原因在于算法实现中某些步骤比较烦琐。

很多 NP 完全问题虽然不存在效率高的算法，但应用这几节展示的逐步探索法求解往往能收到良好效果，原因在于 NP 完全问题在实际应用中以最复杂的形态出现的概率很小，因此通过工程技术上的优化，也能比较高效地解决 NP 完全问题。

第 11 章

计算几何

　　算法设计能力是互联网公司面试员工的重要考查点，在算法面试中往往会涉及一些与点、线、面相关的算法题，这类算法统称为计算几何问题。本章对这个话题做一些研究，或许它能在读者面试 BAT 时助一臂之力。

11.1 相交线段检测

假设在二维平面上横七竖八地摆放着一系列线段，如何在众多线段中快速地查找有哪些相交线段？例如，可以用如下代码绘制一系列随机摆放的线段。

```python
import numpy as np
import pylab as pl
from matplotlib import collections  as mc
import random
N = 10
lines = []
for i in range(N):
    left_top = (random.randint(0, 10), random.randint(5, 15))
    right_bottom = (random.randint(5,20), random.randint(10, 30))
    lines.append([(left_top), (right_bottom)])
c = np.array([(1, 0, 0, 1), (0, 1, 0, 1), (0, 0, 1, 1)])
lc = mc.LineCollection(lines, colors=c, linewidths=2)
fig, ax = pl.subplots()
ax.add_collection(lc)
ax.autoscale()
ax.margins(0.1)
```

上面代码运行后，结果如图 11-1 所示。

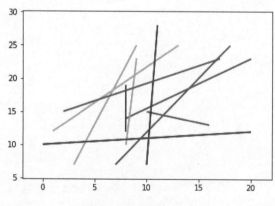

图 11-1 代码运行结果

如何快速检测这一堆线段中有哪两条是相交的呢？假设没有竖直线段，然后研究出可行算法，最后再对算法进行增强，看看如何解决没有竖直线段这一约束条件。现在可以想象一条竖直的扫描线从左向右移动。

一旦扫描线越过两条线的交点，就会发出警报，这样就可以及时知道有哪两条线段相交。假设这条扫描线移动时，在某一时刻它同时与两条线段相交，就认为这两条线段可以相互比较。

假设与扫描线相交的两条线段为 l_1 和 l_2，如果扫描线与 l_1 交点 y 坐标比与 l_2 交点 y 坐标高，则认为 $l_1 > l_2$；如果扫描线与 l_1 交点 y 坐标比与 l_2 交点 y 坐标低，则认为 $l_1 < l_2$；当扫描线与两条线段交点 y 坐标相同时，有 $l_1 = l_2$，注意到这表明 l_1 与 l_2 相交。

将使用二叉树 T 来维持算法所需要的信息，同时实现一系列基于二叉树的操作。例如，insert(T,l) 将一条线段 l 加入 T，操作 delete(T,l) 表示将线段 l 从二叉树 T 中删除，above(T,l) 返回大于 l 的最小线段，below(T,l) 返回小于 l 的最大线段。

如果以线段与当前扫描线交点的 y 坐标在 T 中排序，无论 above(T,l) 还是 below(T,l)，本质上都是在排序二叉树中搜索，因此时间复杂度是 $O(\lg(n))$。

11.1.1　使用向量叉乘确定线段大小

现在需要解决一个问题是，如果扫描线与两条线段相交，如何快速决定这两条线段的大小？先了解向量叉乘的概念。在二维平面上，取一个点，其坐标为 (x, y)，将它与原点 $(0,0)$ 相连而形成的线段就是二维平面上的向量。

给定两个向量 $\boldsymbol{p}_1, \boldsymbol{p}_2$，它们的坐标对应为 $(x_1, y_1), (x_2, y_2)$，两个向量叉乘定义如下：

$$\boldsymbol{p}_1 \times \boldsymbol{p}_2 = \begin{vmatrix} x_1 & x_2 \\ y_1 & y_2 \end{vmatrix} = x_1 y_2 - x_2 y_1 \tag{11.1}$$

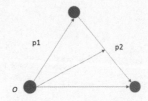

给定平面上 3 个点分别为 p_0, p_1, p_2，由此构造两个向量 $\overrightarrow{p_0 p_1}, \overrightarrow{p_0 p_2}$，然后计算这两个向量的叉乘 $\overrightarrow{p_0 p_1} \times \overrightarrow{p_0 p_2}$，如果结果小于 0，则意味着向量 $\overrightarrow{p_0 p_1}$ 沿着顺时针方向转动一定角度就能与 $\overrightarrow{p_0 p_2}$ 重合，如图 11-2 所示。

反之，如果结果大于 0，则意味着向量 $\overrightarrow{p_0 p_1}$ 需要逆时针转到

图 11-2　向量叉乘示意图

一定角度才能与 $\overrightarrow{p_0 p_2}$ 重合。根据这个性质，可以在扫描线与两条线段 l_1, l_2 相交时快速决定两条线段大小。将扫描线与 l_1 的交点设置为 p_0，将 l_1 右边端点设置为 p_1，将扫描线与 l_2 的交点设置为 p_2。

然后计算 $\overrightarrow{p_0 p_1} \times \overrightarrow{p_0 p_2}$，如果结果小于 0，则说明线段 l_1 大于线段 l_2；如果结果大于 0，则说明线段 l_1 小于线段 l_2。下面看一个具体示例。先用代码绘制两条线段。

```python
import matplotlib.pyplot as plt
plt.quiver([10], [10], [20], [20], angles='xy', scale_units='xy', scale=1)
plt.quiver([10], [30], [36], [40], angles='xy', scale_units='xy', scale=1)
plt.quiver([10], [30], [0], [-20], angles='xy', scale_units='xy', scale=1)
s='p0'
plt.text(10, 30, s, fontsize=15)
s = 'p1'
plt.text(46, 70, s, fontsize=15)
s = 'p2'
plt.text(10, 5, s, fontsize=15)
plt.xlim(0, 100)
```

```
plt.ylim(0, 100)
plt.show()
```

上面代码绘制了两条线段，第 1 条线段 l_1 对应的向量坐标为((10,30), (46,70))，第 2 条线段 l_2 对应的向量坐标为((10,30), (10,10))。假设扫描线在 $x=10$ 处与两条线段相交，它与第 1 条线段 l_1 相交于 p_0 (10,30)，与第 2 条线段 l_2 相交于 p_2 (10,10)，线段 l_1 右边端点对应 p_1，同时代码绘制一条从 p_0 到 p_2 的向量。

上面代码运行后，结果如图 11-3 所示。

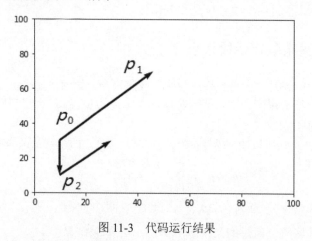

图 11-3　代码运行结果

从图 11-3 可知，线段 l_1 在点 $x=10$ 处显然大于线段 l_2，不难看出，向量 $\overrightarrow{p_0p_1}$ 要沿着顺时针方向转动一定角度才能与 $\overrightarrow{p_0p_2}$ 重合，所以叉乘运算 $\overrightarrow{p_0p_1} \times \overrightarrow{p_0p_2}$ 结果一定小于 0。用代码实现如下：

```
def cross_product(l1, l2):
    p1 = l1[0]
    p2 = l1[1]
    x1 = p2[0] - p1[0]
    y1 = p2[1] - p1[1]
    p3 = l2[0]
    p4 = l2[1]
    x2 = p4[0] - p3[0]
    y2 = p4[1] - p3[1]
    return x1*y2 - x2*y1  #式(11.1)
#p0p1向量为[(10,30), (46,70)], p0p2为[(10,30), (10,10)]
r = cross_product([(10,30), (46,70)], [(10,30), (10,10)])
print("cross product is ", r)
```

上面代码运行后，输出结果如下：

```
cross product is  -720
```

由此，当扫描线与两条线段相交时，取出 l_1 线段获得它对应的向量 $\overrightarrow{p_0p_1}$，然后获得扫描线与

线段 l_1 的交点 p_0，与线段 l_2 的交点 p_2，再获取向量 $\overrightarrow{p_0p_2}$，接着做叉乘 $\overrightarrow{p_0p_1} \times \overrightarrow{p_0p_2}$。如果结果小于 0，那么线段 $l_1 > l_2$，也就是线段 l_1 与扫描线的交点要高于线段 l_2 与扫描线的交点。

现在还有一个问题在于，如何获得图 11-3 中点 p_0 和 p_2 的坐标。通过这两点的 x 坐标可以确定当前扫描线所在的 x 坐标，但 y 坐标如何确定？一种办法是将线段转化成直线方程，在解析几何上一旦确定两点就可以确定两点对应的直线方程。其公式为

$$y - y_1 = m*(x - x_1) \tag{11.2}$$

式中，m 对应直线的斜率，它可以由线段的两个端点来计算。方式如下：

$$m = \frac{y_2 - y_1}{x_2 - x_1} \tag{11.3}$$

因此，只要通过线段对应两点构造出线段对应的直线方程，然后把扫描线当前 x 坐标输入方程就可以得到 y 坐标，于是就可以得到扫描线与线段交点的坐标。

11.1.2　端点和直线的数据结构

本小节介绍如何使用代码来表示端点和线段，为后续实现线段相交检测算法做准备。如下代码用于表示线段的端点和线段本身：

```python
class point:
    def __init__(self, point, is_left):
        self.x = point[0]
        self.y = point[1]
        self.is_left = is_left    #是否是线段的左端点
    def get_x(self):
        return self.x
    def get_y(self):
        return self.y
    def is_left_point(self):
        return self.is_left
    def set_segment(self, segment):
        self.segment = segment
    def get_segment(self):
        return self.segment    #返回该点对应的线段
    def __str__(self):
        return "x: {0}, y: {1}".format(self.x, self.y)
class segment:
    def __init__(self, points):
        self.left_point = point(points[0], True)
        self.right_point = point(points[1], False)
        self.left_point.set_segment(self)
        self.right_point.set_segment(self)
    def get_left_point(self):
        return self.left_point
```

```
    def  get_right_point(self):
        return  self.right_point
    def  get_interset_point(self, x):    #给定扫描线 x 坐标返回它与扫描线交点
        m = (self.right_point.get_y() - self.left_point.get_y()) /
(self.right_point.get_x() - self.left_point.get_x())  #计算斜率
        y = m * (x - self.left_point.get_x()) + self.left_point.get_y()
        return  point((x, y), False)
    def  get_tree_node(self):
        return  self.tree_node
    def  set_tree_node(self, tree_node):
        self.tree_node = tree_node
    def  __str__(self):
        return "left node is: {0}, right node is: {1}".format(str(self.get_left_
point()), str(self.get_right_point()))
```

接下来初始化 11.1.1 小节描述的两条线段，然后获得线段在扫描线 x 坐标为 10 处相交而成的点 p_0、p_2。

```
s1 = segment([(10, 30), (46, 70)])
s2 = segment([(10, 10), (10, 30)])
scan_line_x = 10
p0 = s1.get_interset_point(scan_line_x)
p2 = s2.get_interset_point(scan_line_x)
print("p0: ", p0)
print("p2: ", p2)
```

上面代码运行后，输出结果如下：

```
p0:  x: 10, y: 30.0
p2:  x: 10, y: 10.0
```

从输出结果来看，代码的设计基本正确。最后结合前面叉乘判断线段大小原理，实现比较两条线段大小的代码：

```
def  compare_segments_by_scanline(s1, s2, x):
    if s1.get_left_point().get_x() > x or s1.get_right_point().get_x() < x:
        raise Exception("scan line not interset s1")
    if s2.get_left_point().get_x() > x or s2.get_right_point().get_x() < x:
        raise Exception("scan line not interset s2")
    l1 = [(s1.get_left_point().get_x(), s1.get_left_point().get_y()),
(s1.get_right_point().get_x(), s1.get_right_point().get_y())]
    p0 = s1.get_interset_point(x)
    p2 = s2.get_interset_point(x)
    l2 = [(p0.get_x(), p0.get_y()), (p2.get_x(), p2.get_y())]
    cp = cross_product(l1, l2)
    if cp < 0:
        return 1
```

```
    if cp > 0:
        return -1
    return 0
c = compare_segments_by_scanline(s1, s2, 10)    #在扫描线位于 x=10 时比较两条线段大小
if c == 1:
    print("s1 bigger than s2")
if c == -1:
print("s1 smaller than s2")
```

上面代码运行后，输出结果如下：

```
s1 bigger than s2
```

根据输出结果可以看到，在给定扫描线坐标情况下，代码能正确比对两条线段大小。

11.1.3　如何判断两条线段相交

前面小节判断两条线段在给定扫描线位置时的大小，但尚未考虑到一种情况，那就是两条线段在扫描线经过的 x 坐标位置相交，此时 11.1.1 小节中描述的向量 $\overrightarrow{p_0 p_2}$ 不存在，所以无法再使用叉乘来判断两条线段大小。

本小节介绍给定两条线段时，如何判断它们是否相交。当两条线段相交时，一条线段会"横跨"另一条线段，也就是线段的两端点分别位于另一条线段的两侧；反之亦然。当然也存在特别情况，就是一条线段的端点恰好落在另一条线段上。

首先执行如下代码生成相应线段相交情形：

```
import matplotlib.pyplot as plt
plt.quiver([10], [10], [30], [30], angles='xy', scale_units='xy', scale=1)
plt.quiver([20], [40], [10], [-30], angles='xy', scale_units='xy', scale=1)
plt.quiver([20], [40], [-10], [-30], angles = 'xy', scale_units = 'xy', scale = 1)
plt.quiver([20], [40], [20], [0], angles = 'xy', scale_units = 'xy', scale = 1)
plt.quiver([10], [10], [20], [0], angles = 'xy', scale_units = 'xy', scale = 1)
plt.quiver([10], [10], [10], [30], angles = 'xy', scale_units = 'xy', scale = 1)
s='p0'
plt.text(20, 43, s, fontsize=15)
s = 'p1'
plt.text(30, 10, s, fontsize=15)
s='p2'
plt.text(6, 13, s, fontsize=15)
s = 'p3'
plt.text(40, 43, s, fontsize=15)
plt.xlim(0, 100)
plt.ylim(0, 100)
plt.show()
```

上面代码运行后结果如图 11-4 所示。

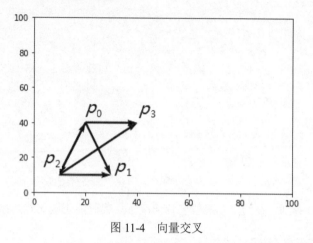

图 11-4　向量交叉

向量 $\overrightarrow{p_0p_1}$, $\overrightarrow{p_2p_3}$ 是两个相交向量，而且相互"横跨"对方，当 $\overrightarrow{p_0p_1}$ 横跨 $\overrightarrow{p_2p_3}$ 时，向量 $\overrightarrow{p_2p_0}$ 和 $\overrightarrow{p_2p_1}$ 会以相反方向挪动才能与 $\overrightarrow{p_2p_3}$ 重合，于是 $\overrightarrow{p_2p_0} \times \overrightarrow{p_2p_3}$ 与 $\overrightarrow{p_2p_1} \times \overrightarrow{p_2p_3}$ 就会有不同符号。

同理可得 $\overrightarrow{p_0p_2} \times \overrightarrow{p_0p_1}$ 与 $\overrightarrow{p_0p_3} \times \overrightarrow{p_0p_1}$ 所得结果的符号就会相反，接下来要处理某条线段的端点落在另一条线段上的情形。在这种情况时，前面做的 4 种叉乘中，肯定会有某一个叉乘结果为 0。

例如，假设点 p_2 落在向量 $\overrightarrow{p_0p_1}$ 上，那么 $\overrightarrow{p_0p_2} \times \overrightarrow{p_0p_1}$ 所得结果就会是 0，因此，当计算前面 4 种叉乘，如果有某个结果返回 0，此时要考虑端点落在另一条线段上的情况。这种情况下，该端点的 x 坐标一定在另一条线段两个端点的 x 坐标之间，同时该端点的 y 坐标也一定在另一条线段两个端点的 y 坐标之间。

由此实现判断两条线段是否相交的代码如下：

```python
def  on_segment(line, point):
    left = line[0]
    right = line[1]
    if min(left[0], right[0]) <= point.get_x() and point.get_x() <= max(left[1],
right[1]):
        if min(left[1] , right[1]) <= point.get_y() and point.get_y() <= max(left[1],
right[1]):
            return  True
    return False
def  segment_interset(l1, l2):
    p0 = l1.get_left_point()
    p1 = l1.get_right_point()
    p2 = l2.get_left_point()
    p3 = l2.get_right_point()
    l_p0_p2 = [(p0.get_x(), p0.get_y()), (p2.get_x(), p2.get_y())]
    l_p0_p3 = [(p0.get_x(), p0.get_y()), (p3.get_x(), p3.get_y())]
    l_p0_p1 = [(p0.get_x(), p0.get_y()), (p1.get_x(), p1.get_y())]
    d1 = cross_product(l_p0_p2, l_p0_p1)
```

```
    d2 = cross_product(l_p0_p3, l_p0_p1)
    l_p2_p0 = [(p2.get_x(), p2.get_y()), (p0.get_x(), p0.get_y())]
    l_p2_p3 = [(p2.get_x(), p2.get_y()), (p3.get_x(), p3.get_y())]
    l_p2_p1 = [(p2.get_x(), p2.get_y()), (p1.get_x(), p1.get_y())]
    d3 = cross_product(l_p2_p0, l_p2_p3)
    d4 = cross_product(l_p2_p1, l_p2_p3)
    if d1 * d2 < 0 and d3 * d4 < 0:
        return True
    if d1 == 0 and on_segment(l_p0_p1, p2):  #p2 在 p0p1 上
        return True
    if d2 == 0 and on_segment(l_p0_p1, p3):  #p3 在 p0p1 上
        return True
    if d3 == 0 and on_segment(l_p2_p3, p0):  #p0 在 p2p3 上
        return True
    if d4 == 0 and on_segment(l_p2_p3, p1):  #p1 在 p2p3 上
        return True
    return False
l1 = segment([(10, 10), (40, 40)])    #两条线段相交
l2 = segment([(20, 40), (30, 10)])
interset = segment_interset(l1, l2)
print("l1 , l2 interset and segment_interset returns: ", interset)
l1 = segment([(10, 10), (40, 40)])    #p3 在 l1 上
l2 = segment([(25, 30), (40, 40)])
interset = segment_interset(l1, l2)
print("p3 on line l1 and segment_interset returns: ", interset)
l1 = segment([(10, 10), (40, 40)])    #两条线段不相交
l2 = segment([(50, 50), (80, 80)])
interset = segment_interset(l1, l2)
print("l1 and l2 not interset  and segment_interset returns: ", interset)
```

上面代码实现了线段相交判断算法，同时构造了 3 种情况，第 1 种是两条线段相交；第 2 种是一条线段的端点在另一条线段上；第 3 种是两条线段不相交。上面代码运行后，输出结果如下：

```
l1 , l2 interset and segment_interset returns:  True
p3 on line l1 and segment_interset returns:  True
l1 and l2 not interset  and segment_interset returns:
False
```

从输出结果来看，代码的实现逻辑是正确的。

11.1.4　above(T,s)和 below(T,s)的二叉树实现

在 11.1.3 小节完成了两条线段相交的检验算法，已经有了问题的解决方案，如果有 n 条线段，可以两两进行比较，看它们是否相交，这么做的时间复杂度为 $O(n^2)$。显然这种做法不足之处在于它会对很多不可能相交的线段进行比较，这是它效率低下的原因。

为了尽可能减少不必要的线段比较，用扫描线对线段进行扫描，只有在同一时刻被扫描线接触到的线段才有可能相交，如此就省去了很多不必要的线段比较，但同时被扫描到的线段也不需要两两进行比较，要从中选出最有可能相交的线段进行检验。

基本做法是，将线段所有端点按照其 x 坐标进行排序，当两个端点 x 坐标相同时，左端点具有优先级，也就是如果一条线段的左端点和另一条线段的右端点有相同 x 坐标，那么左端点排在前面。

如果两个端点都是左端点，那么端点 y 坐标更小的排在前面。然后为此排序一棵二叉树，当扫描线从左往右扫描，遇到一个左端点时就将其对应的线段加入二叉树，将按照前面描述的线段大小放置加入的线段。

当扫描线接触到一个右端点时，将该端点对应的线段从二叉树中删除。插入和删除都对应标准二叉树节点操作，唯一需要说明的是，above(T,s)和 below(T,s)这两个操作。前者需要找到大于 s 的最小值，后者需要找到小于 s 的最大值，这两个操作需要花费心思。

先看一棵二叉树示例，如图 11-5 所示。

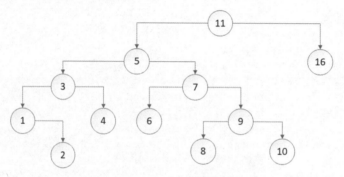

图 11-5　二叉树示例

当要获得above(T,s)时，需要根据s对应节点的具体情况来处理。如果节点有右子节点，那就进入右子节点，然后沿着右子节点的左孩子一直走到底，如 above(T,5)，要进入右孩子 7，然后沿着它的左孩子一直走到底得到元素 6。

如果右孩子没有左孩子，那么右孩子就是满足条件的节点。如果它没有右孩子，那么就得沿着它的父节点回溯，在回溯过程中需要判断当前回溯到的节点是否是其父节点的左孩子，如果是，那么这个父节点就是所要找的节点。

例如 above(T,10)，节点 10 没有右节点，因此要回溯它的父节点，因此要遍历节点 9、7、5，此时节点 5 是其父节点的左孩子，因此节点 5 的父节点也就是 11，就是满足条件的节点。如果在回溯过程中没有一个节点是其父节点的左孩子，那么 above(T,s)返回空，例如 above(T,16)就会返回空。

再看 below(T,s)操作。如果 s 对应点节点有左孩子，那么进入左孩子后必须判断它是否有右孩子，如果有，那么需要一直沿着右孩子走到底。例如 below(T,11)，进入它的左孩子 5，发现它有右孩子，于是沿着右孩子一直走到底得到元素 10。

如果左孩子没有右孩子，那么该左孩子就是所要找的元素，例如 below(T,7)就可以直接返回元素 6。如果节点没有左孩子，那么它需要沿着父节点回溯，在回溯路径上发现某个节点是其父节点的右孩子时，该父节点就是需要的元素。

例如 below(T,6)，节点 6 没有左孩子，因此从它自己开始，看自己是否是其父节点的右孩子，如果是，那么其父节点就是需要的元素，由于 6 不是其父节点 7 的右孩子，因此回溯进入节点 7，此时发现节点 7 是其父节点的右孩子，因此 7 的父节点 5 就是要找的元素。

如果节点没有左孩子，回溯时又找不到某个节点是其父节点的右孩子，那么 below(T,s) 返回空，例如 below(T,1) 就会返回空。

最后看 delete(T,s)。在删除节点 s 时，如果它有左孩子，就先进入左孩子，如果左孩子没有右节点，那么用左孩子替代被删除节点，同时将被删除节点的右孩子作为当前替代节点的右孩子。

例如删除节点 7 时，将左孩子节点 6 替换它，然后将节点 7 的右子树作为节点 6 的右子树，同时节点 6 的父指针指向节点 5，节点 5 的右孩子节点指向节点 6。如果被删除节点的左孩子有右子树，那么进入左孩子后，遍历到它最后一个右孩子，然后用其替代被删除节点。

例如删除节点 3 时，进入它的左孩子节点 1，此时它有右孩子，于是遍历到最后一个右孩子也就是节点 2，如果它有左孩子，则用左孩子替代它，然后用它替代被删除节点，被删除节点的右孩子作为当前替代节点的右孩子，于是用节点 2 替代节点 3，由于节点 2 没有左孩子，因此节点 1 的右孩子设置为空。

沿着左孩子的右孩子一直走到底，如果底部节点有左孩子，那么用它的左孩子替代它自己，然后用它替代被删除节点，同时将被删除节点的左右孩子设置为它的左右孩子。

有了这些理论知识后，看看如何构建二叉树及实现 above() 和 below() 操作。相关代码如下：

```python
class tree_node:
    def __init__(self, segment):
        self.segment = segment
        segment.set_tree_node(self)   #将线段与节点联系起来
        self.parent = None
        self.left = None
        self.right = None
    def get_segment(self):
        return self.segment
    def get_parent(self):
        return self.parent
    def get_left(self):
        return self.left
    def get_right(self):
        return self.right
class segment_tree:
    def __init__(self):
        self.root = None
    def insert(self, point):
        if self.root == None:
            self.root = tree_node(point.get_segment())
        else:
            insert_segment = point.get_segment()
            node_segment = self.root.get_segment()
```

```
        x = point.get_x()  #插入点对应 x 坐标就是扫描点
        current_node = self.root
        prev_node = current_node
        while current_node != None:
            node_segment = current_node.get_segment()
            compare = compare_segments_by_scanline(node_segment, insert_segment, x)
            prev_node = current_node
            if compare > 0:  #如果插入点对应的线段小于当前节点对应线段，则进入左孩子
                current_node = current_node.get_left()
            else:   #如果插入点对应的线段大于当前节点对应线段，则进入右孩子
                current_node = current_node.get_right()
        node_segment = prev_node.get_segment()
        compare = compare_segments_by_scanline(insert_segment, node_segment, x)
        node = tree_node(insert_segment)
        if compare <= 0:
            prev_node.left = node
            insert_segment.set_tree_node(node)
        else:
            prev_node.right = node
            insert_segment.set_tree_node(node)
        node.parent = prev_node
    def  delete(self, point):  #删除指定端点对应的线段
        node = point.get_segment().get_tree_node()
        if node is None:
            return
        if node.left is None:  #如果它没有左孩子节点，那么直接用它的右孩子替代
            self.replace_node(node, node.right)
        else:
            next_node = node.left
            while next_node.right != None:
                next_node = next_node.right
            self.replace_node(node, next_node)
    def  replace_node(self, node_deleted, node_replace):
        parent = node_deleted.parent
        is_left = True
        if parent and parent.right == node_deleted:
            is_left = False
        if  parent is None:
            self.root = node_replace
        else:
            if  is_left:
                parent.left = node_replace
            else:
                parent.right = node_replace
            if  node_replace.get_left() != None:
                node_replace.get_parent().right = node_replace.get_left()
```

```
                node_replace.left = node_deleted.get_left()
                node_replace.right = node_deleted.get_right()
                node_replace.parent = parent
    def above(self, point):
        node = point.get_segment().get_tree_node()
        if node is None:
            return
        if node.get_right() != None:
            node = node.get_right()
            while node.get_left() != None:
                node = node.get_left()
            return node.get_segment()
        else:  #如果没有右孩子，那么必须沿着父节点回溯，直到某个节点是其父节点的左孩子，那么父节
点就是所要找的节点
            parent = node.parent
            if parent is None:
                return None
            while parent and parent.get_left() != node:
                node = node.parent
                parent = node.parent
            if parent is None:
                return None
            return parent.get_segment()
    def below(self, point):
        node = point.get_segment().get_tree_node()
        if  node is None:
            return
        if  node.left is not None:
            node = node.left
            while node.right != None:
                node = node.right
            return node.get_segment()
        else:  #没有左孩子就得沿着父节点回溯
            parent = node.parent
            while parent  and parent.right != node:
                node = node.parent
                parent = node.parent
            if  parent is None:
                return  None
            return  parent.get_segment()
```

接下来构造如图 11-5 所示的二叉树，然后调用一系列相关操作并检验结果是否正确。

```
S = []
T = segment_tree()
s = segment([(5, 11), (15, 11)])
S.append(s)
```

```python
node11 = s
point11 = s.get_left_point()
T.insert(s.get_left_point())
s = segment([(5, 5), (15, 5)])
S.append(s)
T.insert(s.get_left_point())
s = segment([(5, 16), (15, 16)])
S.append(s)
T.insert(s.get_left_point())
s = segment([(5, 3), (15, 3)])
S.append(s)
T.insert(s.get_left_point())
point3 = s.get_left_point()
s = segment([(5, 7), (15, 7)])
S.append(s)
T.insert(s.get_left_point())
point7 = s.get_left_point()
s = segment([(5, 1), (15, 1)])
S.append(s)
T.insert(s.get_left_point())
s = segment([(5, 4), (15, 4)])
S.append(s)
T.insert(s.get_left_point())
s = segment([(5, 6), (15, 6)])
S.append(s)
T.insert(s.get_left_point())
point6 = s.get_left_point()
s = segment([(5, 9), (15, 9)])
S.append(s)
T.insert(s.get_left_point())
s = segment([(5, 2), (15, 2)])
S.append(s)
T.insert(s.get_left_point())
point2 = s.get_left_point()
s = segment([(5, 8), (15, 8)])
S.append(s)
T.insert(s.get_left_point())
s = segment([(5, 10), (15, 10)])
S.append(s)
T.insert(s.get_left_point())
point10 = s.get_left_point()
node = node11.get_tree_node()
if node.parent is None:
    left = node.get_left()
    right = node.get_right()
    if left.get_segment().get_left_point().get_y() == 5 and right.get_segment()
```

```
        .get_right_point().get_y() == 16:
            print("tree build up is right")
s = T.above(point10)   #节点没有右孩子，因此要沿着父节点回溯
if s.get_left_point().get_y() == 11:
    print("above point10 is correct")
s = T.above(point7)    #节点有右孩子，因此要沿着右孩子找到底部的左孩子
if s.get_left_point().get_y() == 8:
    print("above point7 is correct")
s = T.below(point11)   #它有左孩子，沿着左孩子找到底部的右孩子
if s.get_left_point().get_y() == 10:
    print("below point11 is correct")
s = T.below(point7)    #左孩子没有右孩子，返回左孩子
if s.get_left_point().get_y() == 6:
    print("below point7 is correct")
s = T.below(point6)    #节点没有左孩子，沿着父节点回溯，直到某个节点是其父节点的左孩子
if  s.get_left_point().get_y() == 5:
    print("below point6 is correct")
T.delete(point3)    #删除节点 3，它有左孩子，从左孩子找到底部的右孩子 2 来替代它
node = point2.get_segment().get_tree_node()
s_left = node.get_left().get_segment().get_left_point()
s_right = node.get_right().get_segment().get_left_point()
s_p = node.get_parent().get_segment().get_left_point()
if  s_left.get_y() == 1 and s_right.get_y() == 4 and s_p.get_y() == 5:
    print("delete point3 correct")
```

上面代码构建好二叉树后，对特定节点采取 insert()、above()、below()、delete()等操作，然后检验操作后结果是否与预期相符合。上面代码运行后，输出结果如下：

```
tree build up is right
above point10 is correct
above point7 is correct
below point11 is correct
below point7 is correct
below point6 is correct
delete point3 correct
```

从显示结果看，代码实现的逻辑是正确的。二叉树 insert()、above()、below()、delete()的时间复杂度与二叉树中节点数有关，如果二叉树中有 n 个节点，那么这些操作的时间复杂度为 $O(\lg(n))$，由于在开始时需要将 n 个节点加入二叉树，因此二叉树构建的时间复杂度为 $O(n*\lg(n))$。

11.1.5　检验线段相交的算法及其实现

有了上面的一系列准备后，现在可以研究给定 n 条线段。如何快速查找是否有线段相交？算法流程步骤如下。

（1）构造一棵不含有任何节点的二叉树。

（2）将所有线段的端点按照 *x* 坐标进行排序，如果两个端点的 *x* 坐标相同，那么以它是否为左端点为优先，如果两个端点都是左端点，那么以 *y* 坐标更小的优先。

（3）依次从排好序的节点数组中取出节点，如果该节点是线段的左端点，调用 insert()将该节点加入二叉树，然后调用 above()找到对应节点，接着调用 segment_interset()判断对应节点关联的线段与当前加入二叉树节点的线段是否相交，如果是，则返回 True。

如果 above()返回节点对应线段与当前节点对应线段不相交，那么使用 below()找到对应节点，然后得到对应节点的关联线段，接着调用 segment_interset()判断该线段与当前节点对应线段是否相交，如果相交，则返回 True。

（4）如果取得端点是线段的右端点，同样依照步骤（3），调用 above()或 below()获取相应节点对应线段，然后调用 segment_interset()判断线段是否与当前节点线段相交，如果相交，则返回 True，否则调用 delete()将当前端点对应的线段从二叉树中删除。

（5）如果步骤（3）或步骤（4）没有返回 True，则说明没有线段相交，于是返回 False。

看看代码实现。根据步骤（2），这里先实现用于比较两个端点的函数。

```python
def compare(p1, p2):
    if isinstance(p1, point) == False or isinstance(p2, point) == False:
        raise Exception("not the sampe kind")
    if p1.get_x() < p2.get_x():
        return -1
    if p1.get_x() > p2.get_x():
        return 1
    if p1.get_x() == p2.get_x():
        if p1.is_left_point() == True and p2.is_left_point() == False:
            return -1
        elif p1.is_left_point() == False and p2.is_left_point() == True:
            return 1
        else:
            if p1.get_y() <= p2.get_y():
                return -1
            else:
                return 1
    return 0
```

接着根据前面描述的 5 个算法步骤用代码加以实现。

```python
def has_segment_interset(S):
    if len(S) <= 1:
        return False
    segment_points = []
    for s in S:
        segment_points.append(s.get_left_point())
        segment_points.append(s.get_right_point())
    segment_points.sort(key=functools.cmp_to_key(compare))
```

```
T = segment_tree()
for p in segment_points:
    if p.is_left_point() == True:  #如果是左节点，就加入二叉树
        T.insert(p)
    above_segment = T.above(p)
    p_segment = p.get_segment()
    if above_segment != None:
        if segment_interset(p_segment, above_segment) == True:
            return (True, above_segment, p_segment)
    below_segment = T.below(p)
    if below_segment != None:
        if segment_interset(p_segment, below_segment) == True:
            return (True, below_segment, p_segment)
      if above_segment != None and below_segment != None:
          if segment_interset(abvoe_segment, below_segment):
              return (True , above_segment, below_segment)
    if p.is_left_point() == False:  #如果是右端点，则将它对应的线段从二叉树中删除
        T.delete(p.get_segment().get_left_point())
return False
```

由于前面设置的线段都是平行线，因此它们不相交。为了检验算法的正确性，加入一条与某条线段相交的新线段，然后运行上面的算法看看它是否能检测出来。

```
import functools
#S 中线段都是平行线不相交，加入一条线段[(6,8)，(14,12)]，它与线段[(5,9)，(15,9)]相交
S.append(segment([(6,8), (14,12)]))
(interset, s1, s2) = has_segment_interset(S)
if interset == True:
    print("segment: ({0}) and segment: ({1})  interset.".format(str(s1), str(s2)))
```

上面代码运行后，输出结果如下：

```
segment: (left node is: x: 5, y: 9, right node is: x: 15, y: 9) and segment: (left
node is: x: 6, y: 8, right node is: x: 14, y: 12)  interset.
```

根据输出结果可以看到，新加入的线段与特定线段有相交，代码运行后能将它们相交的情况反映出来，由此代码的实现是正确的。在 has_segment_interset()实现中，它首先对线段端点进行排序，如果有 n 条线段，那么就有 $2n$ 个端点，因此排序需要时间为 $O(n*\lg(n))$。

接下来的 for 循环主要是将端点加入二叉树，然后执行 above()、below()、delete()等操作。这些操作的时间复杂度为 $O(\lg(n))$，因此算法的总时间复杂度为 $O(n*\lg(n))$。

11.1.6　算法的正确性

当函数 has_segment_interset()执行返回 True 时，那时因为输入函数 segment_interset()的两条线段相交，因此它返回 True 时一定是有两条线段相交。现在得考虑如果有线段相交时，该函数必须返回 True。

如果给定 n 条线段有多个交点，那么就用 p 记录 x 坐标在最左边的交点，如果有多个交点，那么 p 就记录 y 坐标最小的那个交点。同时假设 a,b 对应相交于 p 点的两条线段。不失一般性，假设线段 a 的左端点坐标小于等于 b 的左端点坐标。

由于先对端点根据其 x 坐标进行排序，因此线段 a 的左端点一定预先出现在 b 的左端点的前面，因此函数 segment_interset() 中的 for 循环会先将 a 加入二叉树。由于两条线段有交点，因此在 b 加入二叉树前 for 循环不会遇到 a 的右端点。

如果 b 的左端点与 a 的右端点重合，根据端点排序原则，会将 b 的左端点放在前面，因此 b 加入二叉树时，a 还在二叉树中。由于两条线段端点有重合，因此加入 b 时调用 above() 或 below() 返回的一定是 a，又由于它们相交，因此 segment_interset() 一定会返回 True，因此函数能正确判断两条线段相交。

如果 a、b 线段端点不重合，假设当 b 加入二叉树时，如果没有线段处于两者之间，那么 above() 或 below() 函数会返回线段 a，于是函数能判断两者相交。如果 b 加入时有线段挡在 a、b 之间，那么此时函数无法判断两者相交。

此时分两种情况分析。如果 b 的左端点 y 坐标比 a 的左端点 y 坐标小，那么 b 的右端点要么在线段 a 上，要么其 y 坐标一定比 a 的右端点 y 坐标大，这是两条线段相互"横跨"时的性质。

如果 b 的右端点在 a 上，那么 for 循环会先获得 b 的右端点，此时在调用 above() 或 below() 时肯定会返回 a，于是函数就能正确判断两条线段相交。如果 b 的右端点不在 a 上，那么在交点 p 的左边，线段 a 的一部分和线段 b 的一部分会形成一个夹角。

如果在这个夹角间含有其他线段，而且在 b 加入时有其他线段夹在 a、b 之间，那么 b 加入时调用 above() 或 below() 都不会返回 a，但由于预先假设没有 3 条线段相交于同一点，因此在扫描线经过 p 点前，它一定先经过夹角内所有线段的右端点。

当经过夹角内线段 x 坐标最大的右端点时，如果此时有多条线段，这些线段会根据右端点的 y 坐标排序，于是在 for 循环中会把这些线段一一删除出二叉树，当删除到最后一条时，它的 above() 和 below() 一定返回线段 a 和 b。于是下面代码片段就会检测到两条线段相交：

```
if above_segment != None and if below_segment != None:
        if segment_interset(above_segment, below_segment):
            return (True , above_segment, below_segment)
```

由此，在预先假设也就是没有 3 条线段相交于同一点时，只要有线段相交，算法就一定能检测出来。

其实即使有 3 条以上的线段同时交于一点，算法依然成立。对于这一点的证明，读者朋友可以自己尝试一下。

扫一扫，看视频

11.2　查找点集的最小突壳

所谓点集的最小突壳，是指给定一组在二维平面上的若干个点，找到一个面积最小的多边形将所有点包围起来，这些点要不在多边形的边上，要不在多边形的内部，Python 有相应的程序库能完成这个任务。为了能更形象地理解该问题，可以执行如下代码：

```
from scipy.spatial import ConvexHull, convex_hull_plot_2d
points = np.random.rand(30, 2)   #随机生成 30 个二维点
hull = ConvexHull(points)   #计算其最小突壳
plt.plot(points[:,0], points[:,1], 'o')   #将点绘制出来
for simplex in hull.simplices:
    plt.plot(points[simplex, 0], points[simplex, 1], 'k-')
plt.plot(points[hull.vertices,0], points[hull.vertices,1], 'r--', lw=2)   #将突壳绘
制出来
plt.plot(points[hull.vertices[0],0], points[hull.vertices[0],1], 'ro')
plt.show()
```

上面代码运行后，结果如图 11-6 所示。

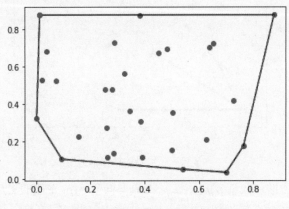

图 11-6　点集的突壳示例

本节关心的是，给定一组点集后，如何将图 11-6 中的多边形绘制出来。注意到多边形的顶点其实就是点集中的点，因此算法本质是从一堆点中找出若干个点，将这些点用直线连接后，能把所有点围在内部，接下来假设点集中至少有 3 个点而且不在一条直线上。

11.2.1　极坐标角

在二维平面上，给定两个点 p_1, p_2，假设前者在后者的左边，连接两点形成一条线段 $\overrightarrow{p_1 p_2}$，然后从点 p_1 向右绘制一条水平直线，线段 $\overrightarrow{p_1 p_2}$ 与水平线的夹角就叫作极坐标角。

通过运行下面代码绘制出相应向量以便直观地了解极坐标角。

```
import matplotlib.pyplot as plt
plt.quiver([10], [10], [30], [30], angles='xy', scale_units='xy', scale=1)
plt.quiver([10], [10], [50], [0], angles = 'xy', scale_units = 'xy', scale = 1)
plt.quiver([10], [10], [10], [30], angles = 'xy', scale_units = 'xy', scale = 1)
s='p2'
plt.text(20, 43, s, fontsize=15)
s = 'p1'
plt.text(60, 10, s, fontsize=15)
```

```
s='p0'
plt.text(6, 13, s, fontsize=15)
s = 'p3'
plt.text(40, 43, s, fontsize=15)
plt.xlim(0, 100)
plt.ylim(0, 100)
plt.show()
```

上面代码执行后，结果如图 11-7 所示。

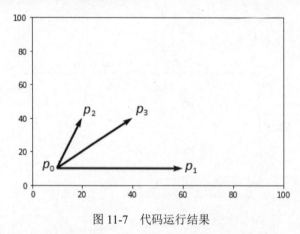

图 11-7　代码运行结果

向量 $\overrightarrow{p_0p_1}$ 指向水平方向，向量 $\overrightarrow{p_0p_2}$、$\overrightarrow{p_0p_3}$ 分别与向量 $\overrightarrow{p_0p_1}$ 形成的夹角就是点 p_0 与 p_2、p_3 形成的夹角，显然 p_0、p_2 形成的极坐标角比 p_0、p_3 所形成的极坐标角要大。问题在于如何计算两个极坐标角？哪个更大呢？

这里可以利用到前面提到的向量叉乘。前面说过，当一个向量以顺时针旋转才能与另一个向量重合时，前一个向量叉乘第 2 个向量所得结果小于 0。不难发现，向量 $\overrightarrow{p_0p_2}$ 要顺时针旋转一个角度才能与 $\overrightarrow{p_0p_3}$ 重合，因此 $\overrightarrow{p_0p_2} \times \overrightarrow{p_0p_3}$ 结果小于 0。

于是要判断 p_0 与 p_2、p_3 分别形成的极坐标角大小，只要计算 $\overrightarrow{p_0p_2} \times \overrightarrow{p_0p_3}$，如果结果小于 0，那么 p_0 与 p_2 形成的极坐标角更大；反之亦然。

11.2.2　葛莱汉姆扫描法

先看看突壳上的边界点和内部点之间有什么关系，如图 11-8 所示。

从图 11-8 中可以看到，p_1、p_2、p_3、p_5 是突壳的边界点，看两个边界点 p_3、p_5 和内部点 p_4 形成的关系，如果沿着 p_3 走到 p_4，然后经过一个"右拐弯"才能到达 p_5，这个右拐弯是判断内部点的一个重要原则。

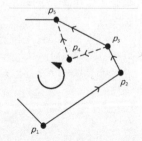

图 11-8　边界点和内部点示例

如果沿着边界点前进，例如从 p_1 到 p_2，再到 p_3 到 p_5，你会发现整条路径只有"左拐弯"，绝对没有"右拐弯"，同时注意到 p_2、p_3、p_4、p_5 相对于 p_0 所形成的极坐标角越来越大。有了这点感性认知后看看葛莱汉姆扫描法的算法步骤。

（1）从点集中选出一个 y 坐标最小的点，如果有多个点 y 坐标同属于最小值，那么从这些点中选出 x 坐标最小的点，把这个点记作 p_0。

（2）将剩下的点 $p_1,p_2,\cdots,p_n$ 依照它们相对于 p_0 而形成的极坐标角进行升序排列。

（3）初始化一个空堆栈 S，将 p_0 及排列后的前两点 p_1、p_2 压入堆栈。

（4）依次从剩下的点中取出每个点，假设当前取出的点为 p_i，假设此时堆栈顶部的点为 p_j，顶部下面的点为 p_k，如果路径 $p_k \to p_j \to p_i$ 出现"右拐弯"，那么将栈顶元素弹出，把 p_i 压入堆栈，重复该步骤直到所有点遍历完毕。

（5）此时堆栈 S 中包含的点是以逆时针方向放置的突壳边界点。

这里需要知道如何判断路径 $p_k \to p_j \to p_i$ 有"右转弯"。如果出现"右转弯"，可以看到向量 $\overrightarrow{p_k p_j}$ 必须沿着顺时针方向旋转一定角度才能与向量 $\overrightarrow{p_k p_i}$ 重合，因此，只要做叉乘 $\overrightarrow{p_k p_j} \times \overrightarrow{p_k p_i}$，如果所得结果小于 0，那么路径就一定出现了"右转弯"。

11.2.3　葛莱汉姆扫描法的代码实现

本小节介绍如何使用代码实现 11.2.2 小节描述的算法。先随机构造一系列二维平面点。

```
import matplotlib.pyplot as plt
import sys
import random
N = 50  #平面点的个数
points = []
for i in range(N):
    x = random.randint(0, 100)
    y = random.randint(0, 100)
    points.append([x,y])
x = sys.maxsize
y = sys.maxsize
index = 0
for i in range(len(points)):
    if points[i][1] < y:
        y = points[i][1]
        index = i
    if points[i] == y and points[i][0] < x:
        x = points[i][0]
        index = i
p_0 = points[index]
plt.xlim(0, 100)
plt.ylim(0, 100)
```

```
plt.plot(p_0[0], p_0[1], 'r+')
for p in points:
    if p[0] != p_0[0] and p[1] != p_0[1]:
        plt.plot(p[0], p[1], 'o')  #将点绘制出来
```

上面代码运行后，结果如图 11-9 所示。

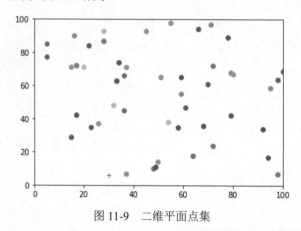

图 11-9　二维平面点集

注意到图 11-9 中的 "+"，它对应算法描述中点 p_0 所在位置。下面先实现如何将点根据它们与 p_0 形成的极坐标角进行排序。

```
def  compare_polar_angle(p1, p2):  #根据点 p0 比较不同点的极坐标角
    cp = cross_product([p_0, p1], [p_0, p2])
    if cp < 0:  #如果 p0p1 形成的角度大，那么 p0p1×p0p2 一定是负数
        return 1
    if cp > 0:
        return -1
    if cp == 0:  #如果角度一样,离 p_0 越远值就越大
        return  abs(p1.x - p_0.x) >= abs(p2.x - p_0.x)
```

接下来实现葛莱汉姆扫描法算法步骤。

```
def  graham_scan(points):
    points.sort(key=functools.cmp_to_key(compare_polar_angle))
    S = []  #空堆栈
    S.append(p_0)
    S.append(points[0])
    S.append(points[1])
    for i in range(2, len(points)):  #需要判断第 3 点与堆栈顶部两点形成线段是否有"右拐弯"
        p_1 = S[-1]
        p_2 = S[-2]
        cp = cross_product([p_2, p_1], [p_2, points[i]])  #"右拐弯"的特征是 p2p1 顺时
针转向 p2
        while cp < 0:  #只要有"右拐弯"就一直弹出堆栈顶部的点
            S.pop()
```

```
            p_1 = S[-1]
            p_2 = S[-2]
            cp = cross_product([p_2, p_1], [p_2, points[i]])
        S.append(points[i])
    return  S   #突壳端点以逆时针方式存储在 S 中
```

在以上代码的 while 循环中，从堆栈上获取顶部两点 p_1 和 p_2，然后看线段 p_2 → p_1，与线段 p_2 → points[i]是否形成右拐弯，可以回忆一下图 11-8。这里的 p_2 相当于图 11-8 中的 p_3，代码中的 p_1 相当于 p_4，读入的 points[i]相当于 p_5。

一旦发现右拐弯，我们就知道 p_1 肯定不属于突壳的端点，因此要将它从堆栈顶部弹出，这个过程一直持续到不再发生右拐弯为止，此时压入堆栈 S 的点都属于突壳端点。

注意，由于我们事先将所有点依照 p_0 进行极坐标角的排序，因此在 for 循环中读取每个点时，它们实际上遵循逆时针的方式读入，故 S 中存储的点也是以逆时针排列的，当 for 循环结束后，S 中存储了以逆时针排列的突壳端点。

下面将前面生成的点集合输入 graham_scan()函数，获得整个点集的突壳端点，然后用直线绘制出来。

```
points.remove(p_0)
convex_hull = graham_scan(points)
convex_hull.append(p_0)
points.append(p_0)
for p in points:
    plt.plot(p[0], p[1], 'o')
p = convex_hull[0]   #绘制边界线
for i in range(1, len(convex_hull)):
    plt.plot([p[0], convex_hull[i][0]], [p[1], convex_hull[i][1]], 'r-')
    p = convex_hull[i]
plt.plot([convex_hull[0][0], p_0[0]], [convex_hull[0][1], p_0[1]], 'r-')
plt.show()
```

上面代码运行后，结果如图 11-10 所示。

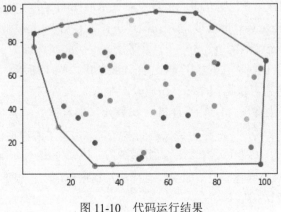

图 11-10　代码运行结果

从图 11-10 中可以看出，点集中所有点都被围在直线形成的多边形内，而这个多边形就是整个点集对应的突壳。

在函数 graham_scan()实现中有两部分。一部分是对点集按照与点 p_0 所形成的极坐标角进行排序。由于极坐标角的比较所需时间为 $O(1)$，因此如果集合中有 n 个点，排序时间就是 $O(n*\lg(n))$。另一部分是 for 循环，它遍历集合中的每个端点。当端点被取出后，它首先与堆栈上的头两个端点运算，然后把堆栈中形成右拐弯的端点弹出，最后它被压入堆栈。端点被弹出的次数最多等于端点被压入的次数。

如果点集总共有 n 个点，前 3 个点已经被预先压入堆栈，因此 for 循环最多执行 $n-3$ 次，于是最多有 $n-3$ 个点被压入堆栈，于是 S.append(points[i])最多被执行 $n-3$ 次，同理 pop 最多被执行 $n-3$ 次。

同时，while cp < 0 这个循环的触发最多不超过 $n-3$ 次，也就是每次从外层 for 循环读入新节点时才有可能触发，而 while 循环执行的总次数正好对应 pop 可以执行的次数。前面已经说过，pop 执行次数不可能超过节点数量，即使 for 循环内部嵌套了 while 循环，它总的循环次数也就是 $O(n-3)$。

由此得到葛莱汉姆扫描法的时间复杂度为 $O(n*\lg(n))$。

11.2.4 葛莱汉姆扫描法正确性说明

本小节简单说明一下算法的正确性。假设点集包含 n 个点，按照极坐标角排序后对应的点为 $Q=\{p_0,p_1,\cdots,p_n\}$，用 convex_hull(Q)表示集合 Q 对应的突壳端点集合，用 convex_hull(Q_i)表示点集 $\{p_0,p_1,\cdots,p_i\}$ 对应的突壳端点集合，由此有 convex_hull(Q)=convex_hull(Q_n)。

用数学归纳法证明算法的正确性，也就是要证明在 for 循环结束后集合 S 中的点对应 convex_hull(Q_n)。首先在 for 循环开始前，把前 3 个点压入堆栈 S，如果集合只有 3 个点，且 3 点不在同一条直线上，那么 3 点相互连线形成三角形；如果 3 点在同一条直线上，那么突壳就是两条处于同一水平的线段相互连接而成，无论哪种情况，都可以认为它们形成突壳端点。

于是 S 集合在循环进行第 0 次时包含的节点对应 convex_hull(Q_2)。现在假设循环进行到第 $i-1$ 次时集合 S 包含点集对应 convex_hull(Q_{i-1})，在循环进行第 i 次时，for 循环读取点 p_i。

假设当前堆栈顶部两个端点为 p_t、p_r，如果路径 $p_r \to p_t \to p_i$ 形成了右拐弯，则意味着点 p_t 位于 p_r、p_i 连线的下方，也就是它变成了一个内部点，如图 11-11 所示。

于是点 p_r 从堆栈上弹出。根据数学归纳法假设，在点 p_r 读入前，已经读入的点被当前 S 内点所形成的多边形所包含，当像图 11-11 那样将点 p_r 弹出，加入点 p_r，此时堆栈上点连接形成的多边形在原有基础上面积变大了，因此原来被包含的点在新多边形下照样被包含。

同时原来的突壳端点 p_r 也被包含在新多边形范围内，因此弹出 p_r，加入 p_r 后所形成的多边形依旧包含当前 for 循环读入的所有端点。如果没有弹出堆栈顶部端点，根据数学归纳法假设，此时 S 中端点形成多边形包含点 $\{p_0,p_1,\cdots,p_{i-1}\}$。

将点 p_r 加入 S 后，S 中点连接所形成的多边形相当于在原有覆盖面积不变的基础上增加了新的一块面积，如图 11-12 所示。

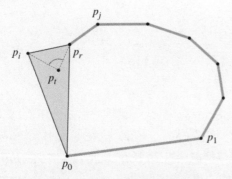

图 11-11 堆栈 S 中点集变化说明

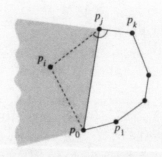

图 11-12 覆盖面积增加

于是 S 中点所形成的多边形依然能覆盖此时 for 循环读入的所有节点，因此当循环在第 i 次后，S 包含点的集合对应 convex_hull(Q_i)，由此在 for 循环结束后堆栈 S 中的点对应 convex_hull(Q_n)，也就是整个点集突壳对应的端点。

11.2.5 分而治之获取点集突壳

扫一扫，看视频

本小节介绍如何使用分而治之法获得点集突壳。在介绍它之前，先看看暴力检测法。完全可以以最坏的方法来解决点集突壳问题。

对于还有 n 个点的集合，如果任意两个点合成一条线段，那么总共可以合成 $O(n^2)$ 条线段，由此可以对这么多条线段一一进行检测，看它是否属于点集的突壳。从 n 个点中任意选出两点形成线段不难，麻烦的是如何检测它是否属于突壳的边。

这里需要用到一些高中解析几何的知识。两点能确定一条直线，这条直线能将二维平面分割成两部分，如图 11-13 所示。

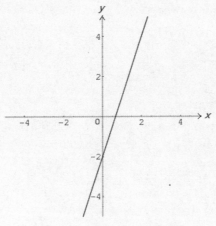

图 11-13 直线平分二维平面

如图 11-13 所示，一条直线将平面分成左右两部分，平面上的点要么在直线的左边或直线上，要么在直线的右边。根据解析几何知识，给定两点 $(x_1, y_1), (x_2, y_2)$，它能够确定二维平面上的一条直线对应的方程为

$$ax + by - c = 0 \qquad (11.4)$$

其中，系数 a、b、c 可以由两点坐标计算如下：

$$a = y_2 - y_1$$
$$b = x_1 - x_2 \qquad (11.5)$$
$$c = x_1 y_2 - x_2 y_1$$

所有位于直线左边的点(x,y)代入方程（11.4）后会有 $ax + by - c \leqslant 0$，所有位于直线右边的点代入式（11.4）后会有 $ax + by - c > 0$，根据这个原则可以检测两点形成的线段是否是突壳的边。

先将两点坐标代入式（11.4）计算，如果它是突壳的边，那么其他所有点代入两点对应的方程后计算结果要么全部小于等于 0，要么大于 0，如果有某些点计算结果小于等于 0，另一些点计算结果大于 0，那么这条边就不是突壳边。

由此得到暴力检测法的实现代码如下：

```python
def brute_force_hull(points):
    S = []
    for i in range(0, len(points)):  #随便抽取两个节点看它们的连线是否形成突壳的一条边
        for j in range(i+1, len(points)):
            negative_count = 0
            positive_count = 0
            zero_count = 0
            a = (points[j][1] - points[i][1])
            b = (points[i][0] - points[j][0])
            c = (points[i][0]* points[j][1]) - (points[i][1] * points[j][0])
            for k in range(0, len(points)):  #把 k 点 x 坐标代入 i、j 两点形成的方程计算出 y
值，如果 k 点 y 坐标小于计算的 y 值，那么边 ij 就包围点 k
                y = a * points[k][0] + b * points[k][1] - c
                if y < 0:
                    negative_count += 1
                elif y > 0:
                    positive_count += 1
                else:
                    zero_count += 1
            if zero_count + positive_count >= len(points)  or zero_count +
negative_count >= len(points) :
                if [points[i], points[j]] not in S:
                    S.append([points[i], points[j]])
                if [points[j], points[i]] not in S:
                    S.append([points[j], points[i]])
    return S
```

为了检测上面代码实现的正确性，随机生成一系列点后，调用上面代码计算点集的突壳，并将突壳的边绘制出来。

```
points = []
for i in range(N):
    x = random.randint(0, 100)
    y = random.randint(0, 100)
    points.append([x,y])
convex_hull = brute_force_hull(points)
for p in points:
    plt.plot(p[0], p[1], 'o')
for i in range(0, len(convex_hull)):
    p1 = convex_hull[i][0]
    p2 = convex_hull[i][1]
    plt.plot([p1[0], p2[0]], [p1[1], p2[1]], 'r-')
    p = convex_hull[i]
plt.show()
```

上面代码运行后，结果如图 11-14 所示。

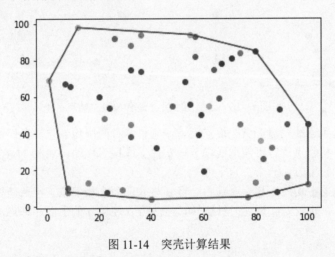

图 11-14　突壳计算结果

从图 11-14 中可以看出，代码的确能准确计算点集的突壳。当然，暴力检测法效率不高，它需要检测 $O(n^2)$ 条边，检测时需要将其他 $n-2$ 个点代入方程计算，因此时间复杂度为 $O(n^3)$。

11.2.6　获取两个突壳的切线

在计算 n 个点的突壳时，可以将点分成两部分，每部分点的数量各占一半，然后分别计算两个子集点对应的突壳，最后再把两个突壳合并起来，如图 11-15 所示。

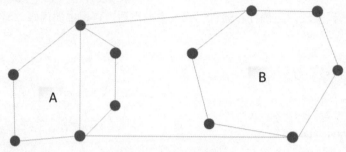

图 11-15　两个突壳合并

从图 11-15 中可以看到，A 和 B 对应两个子集的突壳，需要找到两个突壳顶部和底部的切线，这两条线只连接两个突壳的两个顶点而不会穿过两个突壳中的任何一个。接下来考虑如何找到这两条切线。

基本想法是首先找到左边突壳最靠右的端点 p，以及右边突壳最靠左的端点 q，然后连接两点，如图 11-16 所示。

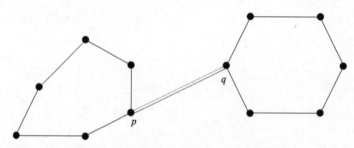

图 11-16　连接两个突壳最右和最左端点

接下来要调整这条连线。对于突壳端点而言，它最多有两个相邻点，我们把这条连线的一端挪到当前端点的另一个相邻点就有可能把线段 $p \rightarrow q$ 往上或往下移动，如图 11-16 所示中突壳 q 点有两个相邻点，一个在它上方，一个在它下方。

如果想获得突壳的上切线，那么就判断，将 p 与 q 的两个相邻点连接后能否实现新线段相比于原线段实现"上扬"，也就是实现逆时针旋转，显然将 p 连接 q 的上面相邻点能实现这一功能，如图 11-17 所示。

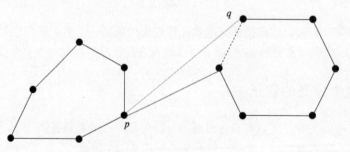

图 11-17　实现 pq 连续"上扬"

从图 11-17 中可以看出，新的连接线相对于原来线段而言是逆时针旋转。接下来在新线段的基础上继续调整，现在看如何调整左边突壳的端点。由于 p 有两个相邻点，因此探测哪个点与现在右边点 q 相连后能实现新线段的"上扬"。

不难看出，此时 p 点上方的相邻点与右边 q 点连接后能实现线段"上扬"，因此下一步调整如图 11-18 所示。

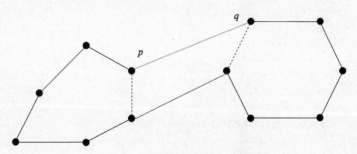

图 11-18　左边突壳节点调整

这里需要注意的是调整后的线段，如果相对于 q 点而言，调整后的线段相比于原来线段是顺时针调整。也就是说，在调整右边端点时，看新线段能否实现逆时针旋转，在调整左边端点时，看能否实现顺时针旋转。

接下来应该调整右边突壳端点，但发现此时 q 的两个相邻点与现在的 p 点连接后所形成线段与当前线段都不可能实现逆时针旋转，因此保持当前 q 点不动，转而调整 p 点。

此时发现与 p 相邻的两点中，左上方的点能实现线段"上扬"，所以将左上方的点选择为下一个 p 点，于是得到图 11-19。

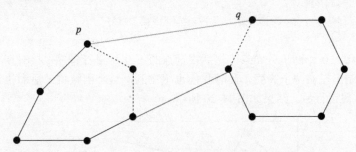

图 11-19　左边突壳端点调整

到了这一步，我们发现当前线段 pq 无论再怎么调整都不可能实现"上扬"，因此确定此时线段 pq 就是两个突壳的上切线。同理，下切线可以使用相同的方法获取，只要对原来找上切线的步骤"取反"即可。

也就是原来调整 q 点时寻求逆时针，在获取下切线时就寻求顺时针，同样在调整 p 点时，寻求顺时针，那么在寻求下切线时就寻求逆时针。根据当前算法描述，相关代码实现如下：

```
N = 20  #平面点的个数
points = []
for i in range(N):
```

```
    x = random.randint(0, 100)
    y = random.randint(0, 100)
    points.append([x,y])
import sys
#将点集按照 x 坐标排序
points.sort(key = lambda x: x[0])
def divide_conquer_convex_hull(points):
    if len(points) <= 10:
        return brute_force_hull(points)
    middle = int(len(points) / 2)
    left_part = points[0: middle]
    right_part = points[middle :]
    left_hull = divide_conquer_convex_hull(left_part)
    right_hull = divide_conquer_convex_hull(right_part)
    return left_hull, right_hull
left, right = divide_conquer_convex_hull(points)
for p in points:
    plt.plot(p[0], p[1], 'o')
for i in range(0, len(left)):
    p1 = left[i][0]
    p2 = left[i][1]
    plt.plot([p1[0], p2[0]], [p1[1], p2[1]], 'r-')
    p = left[i]
for i in range(0, len(right)):
    p1 = right[i][0]
    p2 = right[i][1]
    plt.plot([p1[0], p2[0]], [p1[1], p2[1]], 'b-')
    p = right[i]
```

上面代码先构造 20 个随机分布点，然后根据点的 x 坐标进行排序，接着调用 divide_conquer_convex_hull()来绘制出左右两个突壳，此时我们也感觉到，这个函数将是后面执行分而治之算法的入口所在。上面代码运行后，结果如图 11-20 所示。

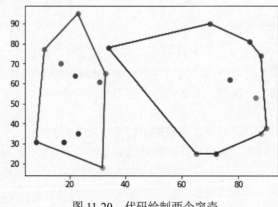

图 11-20　代码绘制两个突壳

接下来实现前面描述的切线寻找算法。相关代码实现如下：

```
def get_point_point_map_from_hull(hull):
    point_edge = {}   #从突壳边中获取节点相邻对应关系 d
    for line in hull:
        for p in line:
            for q in line:
                if q != p:
                    if (p[0], p[1]) not in point_edge:
                        point_edge[(p[0], p[1])] = []
                    if (q[0], q[1]) not in point_edge[(p[0], p[1])]:
                        point_edge[(p[0], p[1])].append((q[0], q[1]))
    return point_edge
def find_up_tangent(left_hull, right_hull):
    left_point_edge = get_point_point_map_from_hull(left_hull)
    right_point_edge = get_point_point_map_from_hull(right_hull)
    lp_x = -sys.maxsize - 1
    l = None
    for line in left_hull:  #找到左边壳的最右节点
        for p in line:
            if p[0] > lp_x:
                lp_x = p[0]
                l = p
    rp_x = sys.maxsize
    r = None
    for line in right_hull:  #找到右边壳的最左节点
        for p in line:
            if p[0] < rp_x:
                rp_x = p[0]
                r = p
    r_next = r
    l_next = l
    while True:
        #从节点 r 引出的边中找到下一点 r_next，使得[l, r]与[l, r_next]形成逆时针旋转
        points = right_point_edge[(r[0], r[1])]
        find_r_next = False
        for p in points:
            cp = cross_product([l, r_next], [l, p])
            if p != r and cross_product([l, r_next], [l, p]) >= 0 :
                r_next = [p[0], p[1]]
                find_r_next = True
        r = r_next
        #plt.plot([l[0], r_next[0]], [l[1], r_next[1]], 'b-')  调试代码时开启
        #从节点 l 引出的边中找出下一点 l_next，使得[r_next, l]与[r_next, l_next]形成顺时针旋转
        points = left_point_edge[(l[0], l[1])]
        find_l_next = False
```

```
        for p in points:
            cp = cross_product([r_next, l_next], [r_next, p])
            if p != l and cross_product([r_next, l_next], [r_next, p]) <= 0:
                l_next = [p[0], p[1]]
                find_l_next = True
        l = l_next
        #plt.plot([l[0], r_next[0]], [l[1], r_next[1]], 'b-')   调试代码时开启
        if find_l_next is False and find_r_next is False:
            return [l, r]   #找到了上切线 d
def  find_bottom_tangent(left_hull, right_hull):
    left_point_edge = get_point_point_map_from_hull(left_hull)
    right_point_edge = get_point_point_map_from_hull(right_hull)
    lp_x = -sys.maxsize - 1
    l = None
    for line in left_hull:   #找到左边壳的最右节点
        for p in line:
            if p[0] > lp_x:
                lp_x = p[0]
                l = p
    rp_x = sys.maxsize
    r = None
    for line in right_hull:   #找到右边壳的最左节点
        for p in line:
            if p[0] < rp_x:
                rp_x = p[0]
                r = p
    r_next = r
    l_next = l
    while True:
        #从节点 r 引出的边中找到下一点 r_next，使得[l，r]与[l，r_next]形成顺时针旋转
        points = right_point_edge[(r[0], r[1])]
        find_r_next = False
        for p in points:
            if p != r and cross_product([l, r_next], [l, p]) <= 0 :
                r_next = [p[0], p[1]]
                find_r_next = True
        #plt.plot([l[0], r_next[0]], [l[1], r_next[1]], 'b-')   调试代码时开启
        r = r_next
        #从节点 l 引出的边中找出下一点 l_next，使得[r_next，l]与[r_next，l_next]形成顺时针旋转
        points = left_point_edge[(l[0], l[1])]
        find_l_next = False
        for p in points:
            if p != l and cross_product([r_next, l_next], [r_next, p]) >= 0 :
                l_next = [p[0], p[1]]
                find_l_next = True
        l = l_next
```

```
        #plt.plot([l_next[0], r_next[0]], [l_next[1], r_next[1]], 'b-')   调试代码时
开启
        if find_l_next is False and find_r_next is False:
            return [l, r]   #找到了下切线 d
```

上面代码根据前面描述的切线查找算法进行实现，两个函数内容差不多，只是在获取邻接点时查找上切线的函数依靠逆时针和顺时针来获取下一个节点，而获取下切线的函数通过顺时针和逆时针来选取下一个节点。

把前面生成的两个突壳输入上面函数，看看效果如何。

```
up_tangent = find_up_tangent(left, right)
down_tangent = find_bottom_tangent(left, right)
for p in points:
    plt.plot(p[0], p[1], 'o')
for i in range(0, len(left)):
    p1 = left[i][0]
    p2 = left[i][1]
    plt.plot([p1[0], p2[0]], [p1[1], p2[1]], 'r-')
    p = left[i]
for i in range(0, len(right)):
    p1 = right[i][0]
    p2 = right[i][1]
    plt.plot([p1[0], p2[0]], [p1[1], p2[1]], 'b-')
    p = right[i]
plt.plot([up_tangent[0][0], up_tangent[1][0]], [up_tangent[0][1],
up_tangent[1][1]], 'b-')
plt.plot([down_tangent[0][0], down_tangent[1][0]], [down_tangent[0][1],
down_tangent[1][1]], 'b-')
```

上面代码运行后，结果如图 11-21 所示。

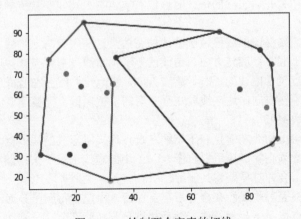

图 11-21　绘制两个突壳的切线

从图 11-21 中可以看到，代码成功绘制了两个突壳的上下切线。由于在寻找切线时，会获取当

前节点相邻的两个节点，因此每次节点被访问的次数不超过 3 次。故对于含有 *n* 个节点的左右突壳而言，算法的时间复杂度是 $O(n)$。

11.2.7　合并两个突壳

有了两个突壳的上下切线后，可以把两个突壳合成一个。从图 11-21 来看，只要把两个突壳上下切线中的线段删除即可。然而如何判断哪些线段应该删除是一个棘手的难点，必须找到可靠的算法判断。

由于突壳的形状可能千奇百怪，因此不能简单地把线段端点坐标落在两条切线内部作为内部线的判断标准。本小节给出在有了切线连接后，如何删除相关线段，使得最终两个突壳合二为一的方法。

判断内部线的方法如下。在左边突壳连接上切线和下切线的左端点，如图 11-22 所示。

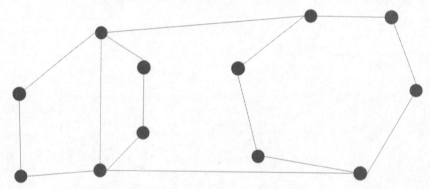

图 11-22　左突壳连接上下切线端点

从图 11-22 中可以看到，左突壳内部有一条虚线对应连接上下切线所形成的线段，此时可以看到虚线右边的线段是要在合并后去除的，此时虚线右端点与上切线左端点的连线相对于虚线而言位于逆时针旋转方向。

那些在突壳合并后需要保留的线段位于虚线的左边，这些端点与上切线左端点连接后所形成的线段相对于虚线而言位于顺时针旋转方向，由此就有了判断线段在突壳合并后是否要删除的标准。

如果线段有一个端点位于虚线的逆时针旋转方向，那么这些线段在合并后删除；如果线段某个端点位于虚线的顺时针旋转方向，这些线段在合并后需要被保留。需要注意的是，在图 11-22 中所绘制的虚线并不属于左边突壳。

但在很多情况下，将上切线左端点和下切线左端点连接所形成的线段就是突壳的一条边，因此它本身在突壳合并后也必须删除。这里要将图 11-22 中的虚线记录下来，然后判断它是否属于突壳的一条边，如果是，那么合并时需要将其删除。

同理可以获得右边突壳哪些线段在合并后需要保留，由此就得到了分而治之算法获取点集突壳的办法。先将点集中的点按照 *x* 坐标排序，然后将点分割成两部分，分别绘制出两部分点集对应的突壳，最后再利用这两小节描述的算法将突壳合并。

点集可以不断地分割，当点集中点足够少，例如不足 10 个点时，利用暴力检测法获得它对应的突壳。相关代码实现如下：

```python
def draw_hull(convex_hull):
    for i in range(0, len(convex_hull)):
        p1 = convex_hull[i][0]
        p2 = convex_hull[i][1]
        plt.plot([p1[0], p2[0]], [p1[1], p2[1]], 'g-')
def divide_conquer_convex_hull(points):
    if len(points) <= 10:  #如果点数量上不大于 10 个，直接使用暴力检测法获得突壳
        return brute_force_hull(points)
    middle = int(len(points) / 2)  #将点集分割成两部分
    left_part = points[0: middle]
    right_part = points[middle :]
    left_hull = divide_conquer_convex_hull(left_part)  #获得左边点集突壳
    draw_hull(left_hull)
    right_hull = divide_conquer_convex_hull(right_part)  #获得右边点集突壳
    draw_hull(right_hull)  #断点设置处
    up_tangent = find_up_tangent(left_hull, right_hull)
    down_tangent = find_bottom_tangent(left_hull, right_hull)


    left_lines_deleted = []
    left_base_line = [up_tangent[0], down_tangent[0]]
    convex_hull = []  #通过去掉左边突壳右边边界和右边突壳左边边界来合并两个突壳
    for l in left_hull:  #在左边突壳，根据点位于上切线和下切线左边端点连线的左边还是右边决定
其对应边是否保留
        #断点设置处
        if cross_product(left_base_line, [up_tangent[0], l[0]]) > 0 or \
                        cross_product(left_base_line, [up_tangent[0], l[1]]) > 0:
            left_lines_deleted.append(l)
        if cross_product(left_base_line, [up_tangent[0], l[0]]) < 0 or \
                        cross_product(left_base_line, [up_tangent[0], l[1]]) < 0:
            left_lines_deleted.append(left_base_line)
    for l in left_hull:
        if [l[0],l[1]] in left_lines_deleted or [l[1],l[0]] in left_lines_deleted:
            plt.plot([l[0][0], l[1][0]], [l[0][1], l[1][1]], 'r-')  #调试作用，将要删
除的边用红色标明
        else:
            convex_hull.append(l)
    right_base_line = [up_tangent[1], down_tangent[1]]
    right_lines_deleted =[]
    for l in right_hull:
        if cross_product(right_base_line, [up_tangent[1], l[0]]) < 0 or \
        cross_product(right_base_line, [up_tangent[1], l[1]]) < 0:
            right_lines_deleted.append(l)
        if cross_product(right_base_line, [up_tangent[1], l[0]]) > 0 or \
        cross_product(right_base_line, [up_tangent[1], l[1]]) > 0:
            right_lines_deleted.append(right_base_line)
```

```
    for l in right_hull:
        if [l[0],l[1]] in right_lines_deleted or [l[1],l[0]] in right_lines_deleted:
            plt.plot([l[0][0], l[1][0]], [l[0][1], l[1][1]], 'r-')
        else:
            convex_hull.append(l)
    convex_hull.append(up_tangent)
    convex_hull.append(down_tangent)    #断点设置处
    return   convex_hull
```

上面代码根据描述的分而治之算法查找点集突壳。注意到代码中笔者特别标注了哪里设置断点，读者在调试时可以在笔者指明的地方设置断点，单步调试看看程序运行过程。接下来随机生成50个点，然后调用上面代码绘制突壳。

```
N = 50  #平面点的个数
points = []
for i in range(N):
    x = random.randint(0, 100)
    y = random.randint(0, 100)
    points.append([x,y])
points.sort(key = lambda x : x[0])    #将点按照 x 坐标排序
for p in points:
    plt.plot(p[0], p[1], 'o')
convex_hull = divide_conquer_convex_hull(points)
for i in range(0, len(convex_hull)):    #将合并后突壳用蓝色边绘制出来
    p1 = convex_hull[i][0]
    p2 = convex_hull[i][1]
    plt.plot([p1[0], p2[0]], [p1[1], p2[1]], 'b-')
    p = convex_hull[i]
```

如果设置断点以调试的方式运行上面代码，则会看到首先代码绘制了两个突壳，其中包围了一些点，如图11-23所示。

然后代码将两个突壳合并为一个，同时增加另外两个突壳，如图11-24所示。

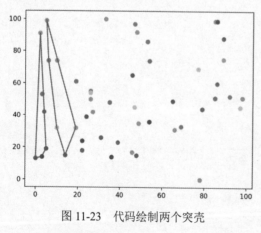

图11-23　代码绘制两个突壳

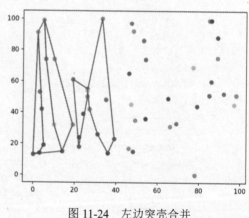

图11-24　左边突壳合并

　　在图 11-24 中，左边突壳合并时内部删除的先被红色线段标明，读者在阅读时可能无法辨别颜色，在亲自上机调试时会看到相应效果。当左边两个突壳合并后右边又绘制了两个突壳，这是分而治之所产生的效果，这两个突壳自己会合并，同时 4 个突壳会合并成一个整体，如图 11-25 所示。

　　就这样不断生成小突壳，将其合并成一个大突壳，最后合成一个能够包含所有点的大突壳，如图 11-26 所示。其中内部被删除的线会被红色线段标明，外部突壳边缘会被蓝色线段标明，上机调试时会看到相应效果。

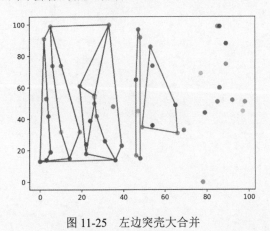

　　图 11-25　左边突壳大合并　　　　　　　　图 11-26　合并完整突壳

　　由此就完成了突壳查找的分而治之算法。由于算法运行前需要将所有点排序，因此时间复杂度为 $O(n*\lg(n))$，算法运行中将点集分成两部分分别绘制突壳，然后用 $O(n)$ 的时间将两个突壳合并，因此算法的时间复杂度可以用如下公式表达：

$$T(n) = 2 * T\left(\frac{n}{2}\right) + O(n)$$

　　根据前面章节的讲解，相信读者一定知道 $T(n)$ 为 $O(n*\lg(n))$，这也是算法的时间复杂度。